现代食品深加工技术丛书
“十三五”国家重点出版物出版规划项目

燕麦深加工技术

周素梅　主　编

刘丽娅　钟　葵　佟立涛　副主编

科学出版社
北京

内 容 简 介

本书分为 7 章，涉及内容包括燕麦基础知识，燕麦原料的品质特性，燕麦原料预处理与制粉技术，中国传统燕麦（莜麦）食品、燕麦类早餐食品、燕麦饮品及方便休闲食品的加工技术，燕麦功能组分分离提取技术等。本书还对近年来国内外在燕麦研究与加工领域的部分重要技术成果及专利进行了整理。

作为一本理论与实践结合的专业书籍，本书旨在为从事燕麦生产与研究的企业技术人员、高校和科研院所的科研人员提供借鉴。同时，关注食物营养健康的消费者也可通过本书获得一些必要的燕麦科学知识与消费信息。

图书在版编目（CIP）数据

燕麦深加工技术 / 周素梅主编. —北京：科学出版社，2019.6
（现代食品深加工技术丛书）
“十三五”国家重点出版物出版规划项目
ISBN 978-7-03-061229-8
Ⅰ. ①燕… Ⅱ. ①周… Ⅲ. ①燕麦-食品加工 Ⅳ. ①TS211
中国版本图书馆 CIP 数据核字(2019)第 090550 号

责任编辑：贾 超 侯亚薇 / 责任校对：杜子昂
责任印制：吴兆东 / 封面设计：东方人华

科学出版社 出版
北京东黄城根北街 16 号
邮政编码：100717
http://www.sciencep.com
北京中石油彩色印刷有限责任公司 印刷
科学出版社发行 各地新华书店经销
*
2019 年 6 月第 一 版 开本：B5（720×1000）
2019 年 6 月第一次印刷 印张：17 1/4
字数：350 000

定价：98.00 元

（如有印装质量问题，我社负责调换）

丛书编委会

联系方式

电话：010-64001695

邮箱：jiachao@mail.sciencep.com

丛 书 序

食品加工是指直接以农、林、牧、渔业产品为原料进行的谷物磨制、食用油提取、制糖、屠宰及肉类加工、水产品加工、蔬菜加工、水果加工、坚果加工等。食品深加工其实就是食品原料进一步加工，改变了食材的初始状态，例如，把肉做成罐头等。现在我国有机农业尚处于初级阶段，产品单调、初级产品多；而在发达国家，80%都是加工产品和精深加工产品。所以，这也是未来一个很好的发展方向。随着人民生活水平的提高、科学技术的不断进步，功能性的深加工食品将成为我国居民消费的热点，其需求量大、市场前景广阔。

改革开放 30 多年来，我国食品产业总产值以年均 10%以上的递增速度持续快速发展，已经成为国民经济中十分重要的独立产业体系，成为集农业、制造业、现代物流服务业于一体的增长最快、最具活力的国民经济支柱产业，成为我国国民经济发展极具潜力的、新的经济增长点。2012 年，我国规模以上食品工业企业 33 692 家，占同期全部工业企业的 10.1%，食品工业总产值达到 8.96 万亿元，同比增长 21.7%，占工业总产值的 9.8%。预计 2020 年食品工业总产值将突破 15 万亿元。随着社会经济的发展，食品产业在保持持续上扬势头的同时，仍将有很大的发展潜力。

民以食为天。食品产业是关系到国民营养与健康的民生产业。随着国民经济的发展和人民生活水平的提高，人民对食品工业提出了更高的要求，食品加工的范围和深度不断扩展，所利用的科学技术也越来越先进。现代食品已朝着方便、营养、健康、美味、实惠的方向发展，传统食品现代化、普通食品功能化是食品工业发展的大趋势。新型食品产业又是高技术产业。近些年，具有高技术、高附加值特点的食品精深加工发展尤为迅猛。国内食品加工中小企业多、技术相对落后，导致产品在市场上的竞争力弱。有鉴于此，我们组织国内外食品加工领域的专家、教授，编著了“现代食品深加工技术丛书”。

本套丛书由多部专著组成。不仅包括传统的肉品深加工、稻谷深加工、水产品深加工、禽蛋深加工、乳品深加工、水果深加工、蔬菜深加工，还包含了新型食材及其副产品的深加工、功能性成分的分离提取，以及现代食品综合加工利用新技术等。

各部专著的作者由工作在食品加工、研究开发第一线的专家担任。所有作者都根据市场的需求，详细论述食品工程中最前沿的相关技术与理念。不求面面俱到，但求精深、透彻，将国际上前沿、先进的理论与技术实践呈现给读者，同时还附有便于读者进一步查阅信息的参考文献。每一部对于大学、科研机构的学生或研究者来说，都是重要的参考。希望能拓宽食品加工领域科研人员和企业技术人员的思路，推进食品技术创新和产品质量提升，提高我国食品的市场竞争力。

中国工程院院士

孙宝国

2014 年 3 月

前　言

燕麦作为世界上最古老的作物之一，近年来因其在降血脂方面的特殊营养保健功能而备受推崇。1997 年，美国食品药品监督管理局（FDA）发布第一个与食品有关的健康声称，即“燕麦及其中的可溶性膳食纤维（β-葡聚糖）具有降低血清胆固醇和冠心病风险的作用”；美国 *Time* 杂志推选的十大健康食物中，燕麦也名列前茅。在我国有食用莜麦（裸燕麦）传统的西北地区，燕麦及其加工食品被誉为“塞外三宝”之一。

近四十年来，受饲用消费量大幅下降的影响，全球燕麦总产量下降近一半，但作为食用消费的燕麦总量却呈现出持续上升的趋势。作为一种营养丰富的谷物，除了淀粉、蛋白质、脂肪等常规营养成分外，燕麦原料中还富含可溶性膳食纤维（β-葡聚糖）、生物碱等功能活性成分。燕麦作为“全谷物”“健康早餐”“第三主粮”等的概念正在被越来越多的消费者所接受和认可，这也使得其从传统的饲料、小杂粮角色向健康食品、功能食品配料等现代食品主流发展方向转变。正因如此，燕麦这一古老作物在当下又焕发出新的生机，燕麦的食品用途与深加工水平也在不断拓展、延伸。除了传统的制粉、制片等初加工外，以燕麦（或莜麦）粉为原料的中式传统面制品、燕麦膨化食品、燕麦焙烤食品等的加工，以燕麦片为原料的快熟、即食、风味谷物早餐食品和燕麦糖果、休闲食品等的加工，以及燕麦饮品加工不断创新与发展，产品规模不断扩大，以燕麦为原料提取燕麦淀粉、燕麦蛋白、燕麦油、β-葡聚糖等组分的分离提取技术等也在不断研究。据不完全统计，目前全世界与燕麦有关的产品种类多达上百种，现代燕麦加工技术手段与装备也在持续更新、与时俱进。

但与我国乃至全球快速发展的燕麦事业不相适应的是，目前虽然有关燕麦的研究报道比较多，但是与燕麦制品及其加工技术有关的专著还较少。为了让更多从事燕麦研究与产业技术开发的工作人员更深入地了解国内外燕麦加工相关知识与技术，中国农业科学院农产品加工研究所粮油加工研究室谷物加工与品质调控科研团队基于多年燕麦科研工作的积累和实践经验，组织相关人员编写了这本集理论知识与实用技术为一体的关于燕麦加工技术的专业书籍，希望能够满足从事燕麦加工或对该产业感兴趣的读者的需求，同时为我国燕麦产业科技进步、促进燕麦加工业发展尽绵薄之力。

本书分为 7 章，主要内容包括燕麦基础知识，燕麦原料的品质特性，燕麦原料预处理与制粉技术，中国传统燕麦（莜麦）食品、燕麦类早餐食品、燕麦饮品及方便休闲食品的加工技术，燕麦功能组分的分离提取技术等。其中，第 1 章及全书统稿由本研究团队负责人周素梅研究员完成；第 2 章和第 5 章由钟葵博士组织编写；第 3 章和第 4 章由刘丽娅博士组织编写；第 6 章和第 7 章由佟立涛博士组织编写；附件材料由周闲容负责收集整理；中国农业科学院农产品加工研究所的硕士研究生赵福利、丁岚、赵波、庞淑婕、杨小雪、耿栋辉、孙小斌，天津科技大学的硕士研究生孟凡欢和江南大学任思等也参与了书稿的整理工作。本书的出版受到农业部公益性行业（农业）科研专项课题“活性稻米、杂粮等食品加工关键技术及装备研究与示范”（201403063）及中国农业科学院科技创新工程的资助。本书中的一部分内容包含了上述项目课题的研究成果。

本书编写过程中还参考和引用了国内外一些同行在燕麦科研与加工领域公开发表或公布的相关文献、专利及研究成果，在此一并致谢。

另受知识、经验所限，本书可能存在不足之处，望广大读者包涵、谅解，并恳请读者提出宝贵意见以促进我们工作的改进，作者将不胜感激。

周素梅

2019 年 5 月于北京

目　　录

第1章 绪　　论

燕麦为一年生草本植物，是北欧、加拿大、俄罗斯以及我国西北高海拔、冷凉地区的传统种植作物，位列世界八大粮食作物之一。

作为世界较古老的作物，燕麦从最初的杂草、牧草、饲料、地方特色作物发展成为世界公认的健康谷物，在世人心目中的地位不断提升。国内市场上，以燕麦片为代表的早餐食品、燕麦米、燕麦饮料、燕麦膨化及休闲食品的市场消费量呈现逐年上升的趋势。但是，由于燕麦的种植区域在国内并不广泛，认识时间也并不长，我国多数人对于燕麦这一健康谷物仍缺乏必要的了解。因此，为了更加全面地认识这种作物以及未来更好地加以利用和消费，本章将从燕麦的植物学归属与分类、起源与分布、植物学特征与生长发育、我国的种植、加工及利用等方面进行概述。

1.1　燕麦的植物学归属与分类

1.1.1　燕麦的植物学归属

依照植物学特征，燕麦（oats）被归类于被子植物门（Angiospermae）、单子叶植物纲（Monocotyledoneae）、禾本目（Graminales）、禾本科（Gramineae）、燕麦属（*Avena*）植物（图 1.1）。

被子植物门Angiospermae
单子叶植物纲Monocotyledoneae
禾本目Graminales
　禾本科Gramineae
　早熟禾本科Pooideae
　燕麦族Aveneae
　燕麦属*Avena*

图 1.1　燕麦在植物中的系统位置

资料来源：中国科学院中国植物志编辑委员会，1987

根据国内外专家对世界已发现燕麦资源的调查，燕麦属下的生物学物种有 25 个，主要分布在亚欧大陆的温寒带，其中在我国发现的有 7 个，另有 2 个变种，主要为栽培种。部分常见燕麦属物种如表 1.1 所示。

表 1.1　燕麦属代表物种及其植物学特征

中文名	拉丁名	植物学特征
异颖燕麦	*Avena eriantha* Dur.	两颖不等长，第一颖长约 16 mm，第二颖长约 20 mm；外稃长约 20 mm（除芒）；背部光滑无毛，仅中部以上粗糙
裂稃燕麦	*Avena barbata* Pott ex Link	两颖近等长，长约 25 mm；外稃长约 25 mm（除芒）；被有长硬毛
长颖燕麦	*Avena ludoviciana* Dur.	小穗轴无关节，不易脱落，芒较长，芒柱长 15～20 mm，芒针长 35～45 mm
南燕麦	*Avena meridionalis* (Malzev) Roshev.	小穗轴有关节，成熟时易脱落，芒较短，芒柱长约 15 mm，芒针长 20～27 mm
莜麦	*Avena chinensis* (Fisch. ex Roem. & Schult.) Metzg.	外稃草质，小穗轴无毛，弯曲，第一节间长约 10 mm
野燕麦（原变种）	*Avena fatua* L. var. *fatua*	外稃被疏密不等的硬毛
光稃野燕麦（变种）	*Avena fatua* L. var. *glabrata* Peterm.	小穗轴节间密被浅棕色或白色硬毛
光轴野燕麦（变种）	*Avena fatua* L. var. *mollis* Keng	小穗轴节间光滑无毛或微被贴生柔毛
燕麦	*Avena sativa* L.	小穗含 1～2 朵小花，小穗轴不易脱节，外稃无毛，第二外稃无芒

资料来源：中国植物物种信息数据库（http://db.kib.ac.cn/）。

1.1.2　燕麦的分类

对于已发掘的燕麦生物种，从专业和生产的角度分类方法多样，国际上通常按照燕麦所携带染色体的倍数、稃粒外形、栽培情况、生长季节以及用途等进行不同的分类。例如，按照燕麦所携带的染色体倍数可分为 3 大类：①二倍体种（$2n$=$2x$=14），包括长毛燕麦、长颖燕麦、裸粒短燕麦等；②四倍体种（$2n$=$4x$=28），包括细燕麦、摩洛哥燕麦、瓦维洛夫燕麦等；③六倍体种（$2n$=$6x$=42），包括普通燕麦（*A. sativa* L.）、裸燕麦、地中海燕麦（*A. byzantina*）、东方燕麦（*A. orientalis* Schreb.）、野燕麦、野红燕麦等。

根据自然界中燕麦的生长特性可将其分为野生种和栽培种。一般野生种燕麦的稃粒多发育不完全，缺乏食用或饲用价值，在农业生产中通常被视为危害正常作物生长的杂草。栽培种燕麦则一般从野生种中演变而来，并经过长期定向选育，从产量、抗性以及用途上能够满足人类食用或饲用的需求，因而得以保留并推广种植。图 1.2 为燕麦田（a）及燕麦植株（b）图。一般野生燕麦多为二倍体种或四倍体种，生产上的栽培品种则主要是六倍体种。目前在全世界范围内人为种植最为广泛的栽培种燕麦为六倍体的普通燕麦，其次是东方燕麦和地中海燕麦。

（a）燕麦田　　（b）燕麦植株

图 1.2　燕麦（李子越拍摄于河北省张家口市沽源县）

根据燕麦籽粒的外形结构特点、籽粒与外稃结合的紧密程度，人们又将燕麦分为带稃型普通燕麦（俗称皮燕麦）、无稃型裸燕麦（俗称莜麦）。皮燕麦按照小穗形态分为野生种和栽培种，裸燕麦按籽粒大小分为小粒裸燕麦（*A. nudibrevis* L.）和大粒裸燕麦（*A. nuda* L.）。在我国有悠久栽培历史的主要是大粒裸燕麦，其种植面积占到我国燕麦总种植面积的 90%以上。

另外，在实际生产中，根据播种、生长季节，燕麦还有春燕麦和冬燕麦之分。全球种植最为广泛的是春燕麦。春燕麦一般春季播种、夏季收获，因其生长期通常仅为 70～90 d，多属早熟品种。冬燕麦则多在 10 月中下旬播种，至来年 6 月中下旬收获，有的品种生长期甚至高达 200 d 以上，因此归于晚熟品种，主要分布于南半球。此外，还有介于这两类之间、夏播秋收的秋燕麦品种，生长期一般在 95～110 d，属于中、晚熟品种。我国华北、西北裸燕麦（莜麦）主产区，燕麦的播种期通常在 5～6 月，收获期则在当年的 9～10 月，因此多属春燕麦的中、晚熟品种。

通常，人们对燕麦的品种分类也会从实际用途上加以考虑。作为传统的饲草作物，世界范围内占总产量 80%以上的燕麦被用作饲料，包括青饲、青贮或干草等形式；同时，燕麦也是主产国的传统粮食作物，在我国传统莜麦主产区，90%以上的莜麦是用于主粮消费的。因此，燕麦又被分为饲用和食用两大类型。自 20 世纪 90 年代以来，随着人们对燕麦营养与功能认识的深入，以及其他饲用粮替代品的增加，全球范围内燕麦生产总量虽有下降，但食用消费燕麦的比例呈逐年上升的趋势。

1.2 燕麦的起源与分布

1.2.1 燕麦的起源与记载

在有文字记载的世界农业史中，燕麦出现要比小麦和大麦晚一些，公元前历史记载中较少见到其身影。在早先的农业栽培史中，燕麦主要被视为影响谷物生产的杂草。最古老的燕麦籽粒图形来自公元前2000年的古埃及王朝，当时燕麦有可能是被当作杂草而记载下来的。

目前业内比较公认的看法是，现代栽培的燕麦是由野红燕麦变异而来的，这一变异种的出现可能发生在公元元年前后的小亚细亚或欧洲东南部地区。目前世界现存最大的燕麦种质资源中心分布在小亚细亚，此处大部分的燕麦亚种都能找到对应的生物学关联。而燕麦自古就是许多欧洲国家和地区，包括英国、德国、斯堪的那维亚半岛等地人们的日常主食和重要粮食作物。且一般认为，直至17世纪早期，随着美洲新大陆的开发，苏格兰人将燕麦带入北美洲，最终成为美国、加拿大等国家常见的粮食作物以及早餐食品。

中国则是世界公认的大粒裸燕麦的发源地。根据我国古文献《尔雅》《史记》等的记载，中华燕麦栽培应始于战国时期，距今可能已超过2500年。燕麦在各地有很多俗称或别名，如莜麦、油麦、玉麦、雀麦、野麦、铃铛麦、乌麦等。燕麦在《尔雅·释草》中被记为“蘥”字;《史记·司马相如传》中称其为“簛”;《新修本草》中称之“雀麦”;《本草纲目》、《救荒本草》及《农政全书》等古书籍中也均有燕麦的记述。此外，在我国古代医书（《新修本草》《本草纲目》等）中还有关于燕麦功效的记载。可见，早在2000多年前我国古人就已获知燕麦食疗保健的相关知识，且与现代营养医学上有关燕麦“保护肠道健康、润肠通便”的功效论断不谋而合。

1.2.2 燕麦的生产分布

相比小麦、黑麦、大麦等常见作物，燕麦喜冷凉、湿润气候，对温度要求较低，能够承受较多的雨水，因此适宜在湿润、高纬度、光照充足的地区生长。燕麦的适宜种植地区主要集中在北纬35°～60°的温带地区，这一区域又称为北半球燕麦带。此区域横跨北欧、俄罗斯、加拿大、美国北部以及我国西部、北部长城沿线等地，其中北纬41°～43°是世界公认的燕麦黄金生长纬度带。此区域的典型地理特征为，海拔1000 m以上的高原地区，年平均气温在2.5℃左右，日照平均时长16 h。而在南半球的南纬20°～40°这一纬度带上，澳大利亚、新西兰、阿根廷等国家的部分国土也是燕麦的适宜生长区。另因燕麦较其他作物耐寒和生长能力更强，在生长季节得以延长的情况下，冰岛、西伯利亚、喜马拉雅山谷等高寒地区也能够实现燕麦的种植。

在世界八大重要禾谷类作物中，燕麦总产量位于小麦、水稻、玉米、大麦和高粱之后，居第六位。自 20 世纪 60 年代以来，燕麦种植面积整体上呈现持续下降的趋势，尤其是从 20 世纪 60 年代初至 60 年代末下降比例超过了 50%；直至 21 世纪初期下降态势回稳，2006 年燕麦种植面积占世界总耕种面积的 1.6%。而近年来，随着人们对燕麦营养健康认识程度的增加，燕麦的食用消费量稳步上升，其在世界范围内的种植面积呈相对上升趋势。

而据美国农业部（USDA）的最新统计数据（表 1.2），2010～2019 年（2014/2015 年度和 2015/2016 年度数据未见报道），全球燕麦产量基本呈现先增加后下降趋势，由 1964.5 万 t 上升至 2417 万 t，接着下降到 2222 万 t。目前燕麦最大的生产地仍在欧洲，欧盟各国的燕麦总产量占到全球总产量的三分之一以上；俄罗斯则是最大的燕麦单产国，产量占到世界总产量的 20%左右；其他主要生产国依次为加拿大、澳大利亚、美国、巴西、阿根廷等；我国由全球产量排名 2010/2011 年度的第 8 降低至 2018/2019 年度的第 11。

表 1.2 燕麦主产国家或地区产量统计 （单位：万 t）

国家或地区	2010/2011 年度	2011/2012 年度	2012/2013 年度	2013/2014 年度	2016/2017 年度	2017/2018 年度	2018/2019 年度
欧盟	750.0	792.7	790.9	838.8	804	807	805
俄罗斯	321.8	533.2	402.7	493.2	475	544	470
加拿大	245.1	315.8	281.2	390.6	323	373	345
澳大利亚	112.8	126.2	112.1	127.6	227	112	90
美国	118.8	72.8	89.2	93.8	94	72	82
阿根廷	66.0	34.5	49.6	44.5	79	49	52
智利	56.4	45.1	68.0	61.0	71	57	43
中国	52.5	60.0	60.0	58.0	29	30	31
乌克兰	45.8	50.6	63.0	46.7	51	48	42
白俄罗斯	44.2	44.8	42.2	35.2	39	50	46
巴西	37.9	35.4	36.1	38.0	83	63	77
挪威	29.9	23.1	23.6	23.6	33	30	30
土耳其	20.4	21.8	21.0	21.0	23	25	23
哈萨克斯坦	13.4	25.8	20.0	30.5	34	29	34
墨西哥	11.1	5.1	8.4	9.0	7	7	9

续表

国家或地区	2010/2011年度	2011/2012年度	2012/2013年度	2013/2014年度	2016/2017年度	2017/2018年度	2018/2019年度
阿尔及利亚	8.8	6.7	11.0	11.0	11	11	11
其他国家或地区	29.6	37.2	31.5	32.8	34	34	32
总计	1964.5	2230.8	2110.5	2355.3	2417	2341	2222

资料来源：美国农业部网站。

1.3　燕麦的植物学特征与生长发育

1.3.1　燕麦的植物学特征

同其他禾谷类作物一样，燕麦在植物学上也分为根、茎、叶、花、颖果（籽粒）等五部分，下面将分别介绍这五部分的植物学特征。

1. 根

燕麦的根分为初生根和次生根，属须根系。初生根又名种子根，燕麦种子发芽之后先生出来的即为初生根，一般为 3～5 条，多的可达 8 条。初生根表面又会生出许多纤细的根毛，这些根毛大约可维持 2 个月，其主要作用是促进土壤中养分和水分的吸收以供给幼苗生长发育之所需。

燕麦幼苗进入分蘖期后会生出许多的次生根，次生根一直伴随燕麦的生长，因此又称为永久根。次生根长于燕麦的分蘖节处，比初生根粗壮，根毛密集，构成了燕麦的主要根系。燕麦的根系主要分布在地表之下 10～30 cm 的耕土层中，但有的也深达 1 m 以上。

2. 茎

燕麦的茎表面光滑、圆而中空，一般为直立单生或丛生。茎秆直径在 4 mm 左右，茎壁厚约 0.3 mm，茎腔较大。茎高一般为 60～120 cm，高者可达 200 cm。茎有节，茎节数一般为 4～8 节。地上各节除最上面的一节，其余各节均有一个潜伏芽，这些芽通常不会发育，但是当主茎的生长受到抑制时，个别潜伏芽也能长出茎秆，能够抽穗结实，形成丛生现象。有研究显示，结穗的茎节（穗节）长度会随着株高而发生变化，当株高为 100 cm 时，穗节长度约为 50 cm；株高为 120 cm 时，穗节长度约 70 cm；穗节以下各节的总长度则一般为 50 cm。生产实践中，通常将穗节与其下各节总长度的比值作为鉴定燕麦品种是否为抗倒伏品种的依据之一。

3. 叶

燕麦的叶是由叶鞘、叶片、叶关节和叶舌等四部分组成的。叶鞘的端或基部长于节间，包围着茎秆，较为松弛，基部呈闭合状，外部光滑或有毛。叶片质地较软，微粗糙或下部平滑，边缘呈锯齿形，多为长而狭窄形，也有短而宽形。叶长14～25 cm，宽1.3～3 cm。燕麦叶片的颜色会因品种而异，常见的有深绿色、绿色或黄绿色。燕麦无叶耳，通常有较发达的叶舌，叶舌为膜质，白色，长2～3 mm，顶端边缘呈锯齿状。燕麦叶缘和叶背的细毛特征也可作为品种鉴定的依据之一。

4. 花

燕麦所开的花为穗状花，呈圆锥花序或复总状花序，由穗轴和各级穗分枝组成。根据花穗的分枝和与穗轴着生的状态将其分为周散型和侧散型两种（图1.3）。周散型穗即花穗分枝环绕穗轴均衡散开排布，而侧散型穗则为花穗分枝集中在穗轴一侧排布。花穗分枝在穗轴上为半轮生状生长，每一个半轮生的穗分枝作为一个轮层，一般每穗具有4～9个轮层，每个轮层上又生有许多穗分枝。生在穗轴上的穗分枝称为一级分枝，生在一级分枝上的穗分枝称为二级分枝，其余命名可依此类推。

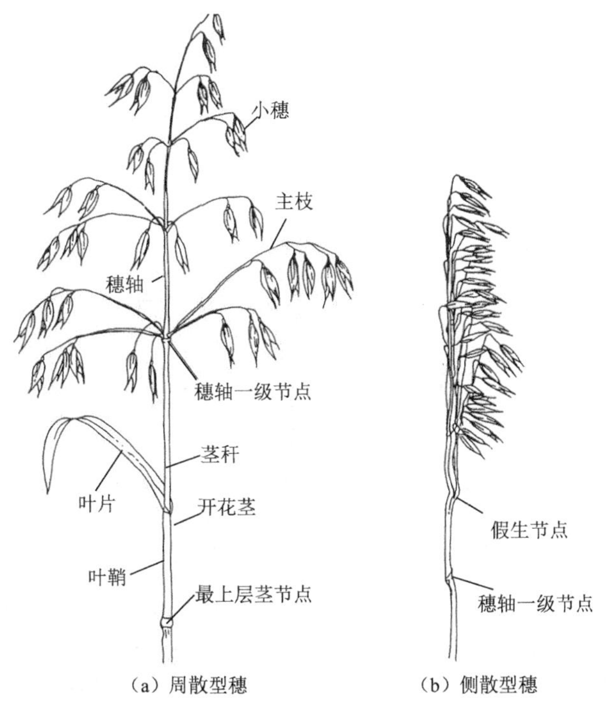

图1.3 燕麦植株的穗形与茎秆示意图

资料来源：中国农业百科全书总编辑委员会，1988

各级穗分枝的顶端另着生有一或多个的小穗。小穗由枝梗、护颖、外稃、内稃、芒（有些品种缺乏）、小花组成。小穗的形状受到小穗中的小花数量和花柄长短影响，常见的有鞭炮形、串铃形和纺锤形等。一般每穗有 15～40 个小穗，多的甚至高达 100 个以上。一般皮燕麦上的小穗有 2～3 朵小花，裸燕麦则较多，为 4～8 朵。燕麦的小花由外稃、内稃、3 枚雄蕊、1 枚雌蕊及 2 个鳞片组成。一般情况下顶端的小花退化不结实，结实率以基部的第二朵小花为最高；同一穗中的小花所结籽粒大小也有差别，通常基部小花所结籽粒最大，依次递减。

5. 颖果

燕麦小花所结果实（或称为籽实、籽粒）为颖果。与小麦、大麦等禾谷类作物的籽粒相比，燕麦的籽粒形状较为瘦长、腹沟较深，长度一般为 0.8～1.0 cm，宽为 0.16～0.32 cm，常见的有卵圆形、纺锤形或长筒形，籽粒大小因品种不同差别很大。带有外稃的皮燕麦籽粒紧裹在外稃与内稃之间，千粒重一般为 20～40 g；裸燕麦籽粒无稃，但表面披被茸毛，冠毛发达，千粒重一般在 16～25 g；野生燕麦的籽粒不仅含稃、细长、秕小，通常还生有较长的芒（图 1.4）。另从燕麦籽粒的颜色上看，最为常见的是黄色，但会因品种、生长区域及周期的不同区分为浅黄、明黄及黄褐色。

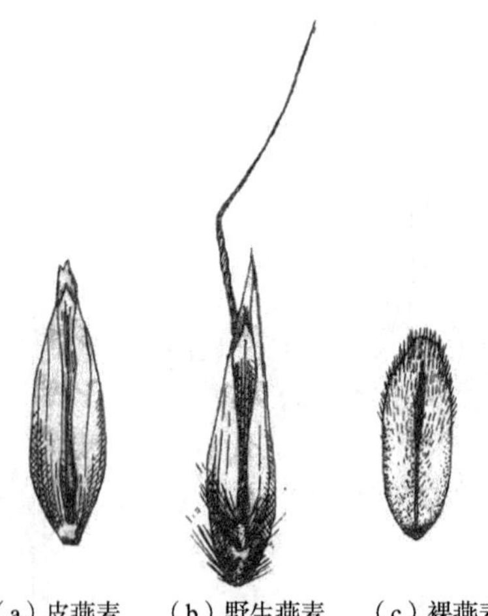

（a）皮燕麦　（b）野生燕麦　（c）裸燕麦

图 1.4　燕麦籽粒形状示意图

资料来源：中国农业百科全书总编辑委员会，1988

燕麦籽粒的内部构造与小麦的大致相同。但燕麦的糊粉层含有双层细胞，而小麦的只有一层（图 1.5）。普通燕麦的籽粒形状多为长椭圆形，顶端着生茸毛，下端为胚（胚芽）。籽粒的背面呈圆弧形，腹部有一较深的纵向腹沟。燕麦的皮层由果皮、种皮及珠心层融合在一起构成。糊粉层尽管从植物学角度属于胚乳的最外层，包围着整个胚乳和大部分的胚芽，但因其在磨粉加工中会与籽粒皮层一起被分离出来，因此糊粉层也通常被视为燕麦麸皮的组成部分。糊粉层在燕麦种子的萌发中起着至关重要的作用，因为此部位包含丰富的酶类物质，发挥着降解和输送胚乳中营养物质的作用。燕麦的胚乳在其籽粒中所占的比重最大，在80%左右。胚乳仅由单一类型的细胞所组成，包含单个或复合淀粉粒和不同球形的蛋白体。燕麦的胚芽位于籽粒背面的基部，被皮层所覆盖，紧挨着胚乳。位于燕麦胚芽与胚乳之间的盾片在燕麦的生长发育过程中也发挥着重要作用，可为胚芽的萌发提供可降解营养物质的相关酶类物质。

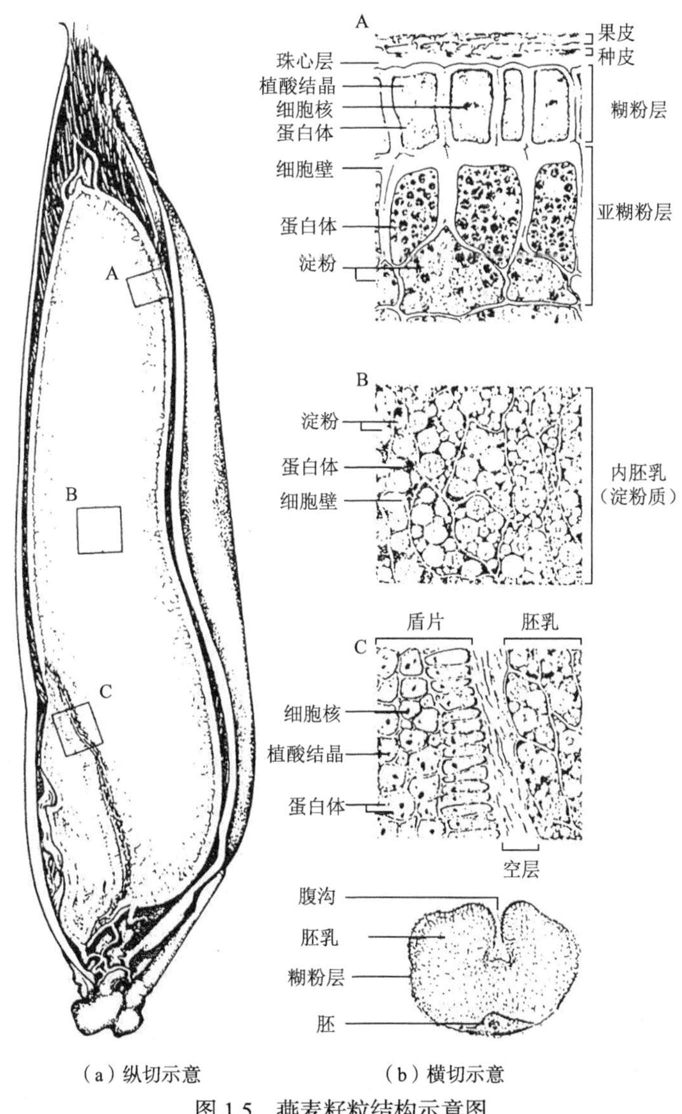

（a）纵切示意　　（b）横切示意

图1.5 燕麦籽粒结构示意图

A 表示麸皮；B 表示胚乳；C 表示胚乳与胚芽

资料来源：Webster and Wood，2011

1.3.2 燕麦的生长发育过程

燕麦的生长发育大体上可分为三个阶段，即营养生长阶段、营养与生殖生长并进阶段以及生殖生长阶段。营养生长阶段是指从燕麦出苗到抽穗的阶段，即燕麦的根、茎、叶等营养器官形成的阶段，此阶段将决定燕麦植株的大小。生殖生长阶段是指从幼穗分化到籽粒成熟的阶段，即燕麦生殖器官的发育和种子形成阶段，此阶段为籽粒的增重期，对粒籽质量将起到决定性影响。从燕麦的整个生长发育阶段看，营养生长与生殖生长这两个阶段并不是截然分开的，两者相互交错，互为因果。营养与生殖生长并进阶段占了燕麦从三叶至抽穗的大部分时间，应该说是燕麦生长发育的关键阶段。此阶段对于生产环境中水分、养分、温度以及光照等要素条件的要求较高，如果外界条件不能满足则极有可能导致大幅减产。

进一步细分，燕麦的整个生长发育进程又可分为萌发、出苗、三叶（分蘖）、拔节、挑旗（孕穗）、抽穗、开花、成熟等八个时期。燕麦的出苗期较短，一般在 2～5℃的温度下 10～16 d 即可完成。通常燕麦的生长期会随着播种季节的不同而有显著差异，例如，北方春播区一般生长期为 80～125 d，南方秋播区则长达 230～250 d。

1.3.3 燕麦的生长环境与要求

燕麦属喜凉爽作物，在其生育周期内，仅需要≥5℃的积温 1300～2100℃。春燕麦的幼苗仅能耐－2～－4℃的低温，在麦类作物中抗寒性相对较弱。此外，燕麦的耐高温能力也较差，光合作用的最适温度为 20～25℃，超过 25℃即急剧下降。在开花期，环境温度 38～40℃下经 4～5 h，其气孔就不能自由开闭。特别是燕麦在生长中经受高温干热天气，易出现结实不良或秕粒现象。燕麦对光照时间的反应比较敏感，延长日照可促进其生长发育。

燕麦较适宜在湿润环境中生长，属需水较多的作物，其种子需吸收达自身质量 65%的水分才能萌发，蒸腾系数为 597，较大麦（534）和小麦（513）的偏高。燕麦在不同生长发育阶段对水分的需求不同，苗期的耗水量约占整个生育期的 9%，分蘖至抽穗阶段的耗水量约占到 70%，灌浆至成熟期约占到 20%。需水量从拔节期开始快速增加，至抽穗前 12～15 d 是需水的临界期，若此时缺水将导致燕麦严重减产。利用燕麦生育期的需水规律，人们可以采取有效的农艺措施来提高水分利用率。例如，在我国北方推广的某些中熟燕麦品种，可将播种期适当延迟至 5 月底到 6 月初，使燕麦需水旺盛期与北方的雨季有效对接，由此可保证燕麦产量的显著提升。

对于生长的土壤条件，燕麦的要求并不那么严格，其适宜生长的土壤包括黏土、草甸土、壤土等，但最好是富含腐殖质的黏壤土、壤土。在阴滩地、坡梁地上均能够种植，但阴滩地、砂壤地的产量相对较高。燕麦对酸、碱、盐的耐受能力也比较强，在 pH 5.5～6.5 的酸性土壤、中性土壤以及盐渍土壤上均能够良好生长。由于燕麦所适宜的土壤类型宽泛，因此环境条件中的温度、湿度就成为燕麦生长中的关键限制条件。

燕麦生长中对营养元素的需求也比较多元化，除氮、磷、钾三大营养要素外，钙、镁、铜、铁、钼、锰等元素的充足保障也可促进其增产。从实践经验上看，氮元素的缺乏容易造成植株发育不良、茎叶发黄、产量下降；氮肥施用过多则容易造成茎叶徒长、茎秆软、易倒伏的现象，燕麦产量也会下降。燕麦整个生长周期中对于氮素的需求呈现单峰曲线规律：出苗至分蘖期，幼苗较小，对氮素的需求较少；分蘖至抽穗期，随着茎叶增长，氮的需用量急剧上升；抽齐穗后则又会相对减少。因此，掌握好燕麦对于氮元素的需求规律，施好种肥，保障分蘖、拔节期间对氮素的需求即可保证燕麦产量。

施用磷肥，前期可促进根系和分蘖的发育，后期能促使籽粒饱满和早熟。通常氮、磷配合比单独施用的增产效果显著。我国华北燕麦主产区一般土壤中磷元素缺乏，增施氮、磷复合肥往往增产明显。钾元素则可使植株强壮、增强抗性。燕麦生长中可使用农家肥（如草木灰、牲畜粪便）来补充钾肥。过去我国燕麦产区生产方式较为粗放，土壤较为贫瘠，难以满足燕麦充分生长发育所需营养元素。目前通过合理施用有机或无机肥料，将有利于提高燕麦单产。

相对于其他大宗粮食作物，燕麦属于低产作物。世界燕麦的平均单产约为 2000 kg/hm^2，英国、荷兰、德国、法国、丹麦、新西兰等国单产较高，约为 5000 kg/hm^2。相比之下，我国燕麦的生产相对比较粗放，产量普遍较低，平均单产仅约为 1700 kg/hm^2。

1.4　燕麦在我国的种植

我国是燕麦（尤其是裸燕麦）的传统生产国之一，位列全球八大燕麦主产区之一。据记载，公元前 2500 年左右我国就开始种植燕麦。根据国内的统计数据，2014 年我国燕麦种植面积为 20 万 hm^2，产量为 58 万 t[①]，而美国农业部数据显示，2017/2018 年度我国燕麦产量仅为 30 万 t，总体年产量维持在 31 万 t 左右。

1.4.1　燕麦种植区域

我国裸燕麦种植区域相对广泛，目前全国有内蒙古、河北、山西、甘肃、陕西、宁夏、新疆、青海、西藏、云南、贵州、四川、黑龙江、辽宁、吉林等省区的超过 200 个县有种植。有长期种植传统的产区则主要包括河北（坝上）、内蒙古

① 资料来源：http://www.chyxx.com/industry/201511/362220.html。

（阴山南北）、山西（太行、吕梁山区）、甘肃（定西）四省区，此区域燕麦的播种面积约占全国燕麦总种植面积的 85%，其次是陕西、甘肃、宁夏的六盘山，青海和甘肃的祁连山，云南、贵州、四川的大凉山和小凉山等高海拔地带，播种面积约占全国总种植面积的 15%。

总体上看，目前我国燕麦产区主要集中在三个片区，一是华北的早熟裸燕麦区，包括内蒙古的土默特平原（土默川）和山西的大同盆地；二是北方的中、晚熟裸燕麦区，包括新疆、甘肃、青海、陕西、宁夏、内蒙古的阴山南北、山西晋西北高原及太行山和吕梁地区、河北坝上地区、北京的燕山山区和黑龙江大小兴安岭；三是西南部的晚熟燕麦区，主要分布在云南、贵州、四川的高山和贵州的平坝区。种植区域集中于山区、高原和北部高寒冷凉地带，主要产地为内蒙古、青海、山西、河北、吉林、甘肃等低温干旱地区。近年来，吉林省白城市农业科学院针对吉林省西部半干旱特殊生态区的实际情况，引入并改良了加拿大优良燕麦品种，经过多年的引育试验，吉林省西部及周边地区已推广数千公顷。目前，以白城市为中心的吉林西部地区也已成为我国重要的燕麦主产区。

1. 华北燕麦区

华北早熟燕麦亚区包括河北张家口的平川地区、山西的大同盆地和忻定盆地、内蒙古的土默特平原等地，历年播种面积 6×10^4 hm^2 左右，占全国燕麦总产量的 5%～7%。一般实行春播夏收，故也称为夏燕麦区。该地区所种植燕麦品种表现出早熟（生育期 90 d 左右）、春性强、分蘖力弱，抗寒、抗旱、抗倒伏性强，植株矮、籽粒较少等特点，千粒重一般在 16～20 g。

2. 北方燕麦区

北方中、晚熟燕麦亚区包括新疆中西部，宁夏贺兰山和六盘山南麓的定西、临夏地区，青海湟水、黄河流域山区，陕西秦岭北麓、榆林、延安地区，宁夏固原地区，内蒙古阴山南北，山西晋西北高原、太行山和吕梁山区，河北坝上与坝下高寒地区，北京燕山山区以及黑龙江大小兴安岭南麓等广大地区。这一区域的燕麦播种面积占全国总面积的 80%以上，目前可达到 25×10^4 hm^2 左右。该区一般实行夏播秋收，故也称为秋燕麦区。主栽燕麦品种分为三种类型：①丘陵山区旱地晚熟种。该类型前期幼苗匍匐，分蘖能力强，生长发育缓慢，雨季后生长迅速，植株高大，茎秆较弱，抗倒伏能力差，籽粒较大，千粒重 22～25 g。一般 5 月中、下旬播种，8 月底到 9 月初收获，生育期 95～110 d。②丘陵山区旱地早熟种。这一类型与前一类型品种基本相似，不同之处是植株较低矮，生育期较短（80 d 左右），千粒重一般在 20 g 左右。③滩川地中熟种。该类型品种因种植在水位较高、土壤肥力较高的地带，一般幼苗直立或半直立，叶片较短而宽，植株较高大，茎秆坚韧，抗倒伏能力强，耐水肥，结实性良好。一般 5 月下旬播种，8 月底至 9

月初收获，生育期 90 d 左右。

2. 西南部燕麦区

我国西南地区的高山晚熟燕麦亚区主要指云南、贵州、四川的大凉山和小凉山，四川北部的甘孜、阿坝，云南的高黎贡山等地。燕麦播种面积常年在 $6\times10^4\ hm^2$ 左右。该区域燕麦品种的特点是幼苗匍匐，叶片细长，分蘖能力强，植株高大，茎秆柔软，抗寒、抗旱性强，抗倒伏能力差，籽粒较小，千粒重在 15 g 左右。一般 10 月中、下旬播种，来年 6 月中、下旬收获，生育期为 220～240 d。

西南平坝晚熟燕麦亚区包括贵州及云南、四川的大凉山和小凉山及贵州省的平坝区。该区气候条件与高山晚熟燕麦亚区类似，不同之处是土壤和水利条件较好，耕作管理较精细，是西南燕麦的主产区。该区燕麦的品种特点是幼苗匍匐期较长，生长发育缓慢，灌浆期较长，叶片宽大，植株高大，茎秆较硬，抗倒伏能力强，千粒重在 17 g 左右。一般 10 月中、下旬播种，来年 6 月中、下旬收获，生育期 200～220 d。

3. 燕麦主产省区

如果按照主产省区来划分，则全国范围内以河北的种植面积和产量居首，其历年播种面积在 6×10^4～$10\times10^4 hm^2$，主要集中于坝上地区，年产裸燕麦 10 万 t 左右。山西位居第二，历年种植面积 5×10^4～$7\times10^4 hm^2$，主要集中于北部地区，年产裸燕麦 5 万～8 万 t。内蒙古数第三，历年种植面积在 4×10^4～$6\times10^4 hm^2$，主要集中于阴山南北地区，年产裸燕麦 4 万～7 万 t。青海省的种植面积约为 $4\times10^4\ hm^2$，但主要是皮燕麦，年产量在 8 万 t 左右，以饲用为主。

1.4.2 燕麦的品种资源

1. 品种资源收集情况

根据联合国粮食及农业组织（FAO）统计，目前全世界收集保存燕麦的种质资源包括地方品种、育成品种及中间材料、野生燕麦和亲缘植物等，共计 22.25 万份，次于小麦、大麦、稻谷、玉米等作物，位居第 5 位。

我国燕麦种质资源，是在 20 世纪 50 年代收集整理农家品种的基础上开始的。1980 年和 1996 年先后编辑出版了两册燕麦品种资源目录，共计编入目录资源 2978 份，其中裸燕麦 1699 份（国内 1663 份，国外 36 份），皮燕麦 1278 份（国内 309 份，国外 969 份），野燕麦 1 份。其中，原产于 13 个省的裸燕麦资源 1663 份，以山西、内蒙古、河北为多，分别有 953 份、458 份和 81 份。分布在 9 个省的皮燕麦资源只有 309 份，以青海、内蒙古、新疆较多，分别为 95 份、64 份和 62 份。经过 20 多年的种质资源统计、分类工作，我国已对燕麦的植物学特征、生物学特性和经济性状进行了鉴定和分析，筛选出抗旱、抗寒、抗倒、耐瘠等抗逆性强的品种，以及大粒（千粒重 30 g 以上）、高蛋白（含量 18%～20%）、高亚油酸（含量 40%以上）、高 β-葡聚糖（含量 5%以上）等品质优质型品种，并在燕麦的育种和加工等方面得到了有效利用。所有燕麦种质资源分别在国家长期库、复份库以及地方中期库得以保存。

根据最新数据统计，我国目前拥有燕麦种质资源 3243 份，其中，皮燕麦 1283 份，裸燕麦 1960 份，已有的裸燕麦种质资源数量居世界首位。在现有燕麦种质资源中，1008 份是从国外引进的，其中 972 份皮燕麦引自 4 大洲的 25 个国家，36 份裸燕麦引自 3 大洲的 7 个国家。引入燕麦资源较多的（份数）国家有丹麦（502 份）、加拿大（103 份）、俄罗斯（84 份）、美国（63 份）和匈牙利（52 份）。此外，全国燕麦科研、教学单位还有 1400 余份资源未入编目录，因此，实际上我国拥有燕麦种质资源数为 4400～4500 份。

2. 品种选育

国外很早就开始了燕麦品种的系统选育工作。1870 年，美国的 C.普林格（Pringle）最早开始燕麦的杂交育种工作。20 世纪 70 年代，美国曾用大燕麦、野红燕麦、普通野燕麦、地中海燕麦与普通燕麦杂交，选育出抗旱、抗病、抗寒力强的丰产或高蛋白品系。我国燕麦的育种工作从 1949 年后才开始。20 世纪 50 年代，华北燕麦产区的农业科研单位先后开展了以搜集当地农家品种、引种鉴定和系统选育为内容的燕麦新品种选育工作。60 年代中国农业科学院设立了专门机构，负责收集、整理和保存国内外燕麦品种资源。与此同时，育种单位联合开展了裸燕麦品种区域试验，先后培育出‘三分三’‘华北 1 号’‘华北 2 号’‘同系号’‘雁红号’等裸燕麦品种，较当时的农家品种普遍增产 12%～20%。

20 世纪 60～70 年代，针对裸燕麦茎秆较软、抗倒伏性差、籽粒小、产量低等问题，我国开展了皮、裸燕麦种间杂交育种工作，培育出适应不同生态条件种植的裸燕麦新品种（系）23 个，如适应高肥水滩地的‘冀张莜 2 号’‘内燕 2 号’，适应中肥水滩地的‘品 6’‘品 5’‘晋燕 7 号’，适应瘠薄旱坡地的‘晋燕 8 号’‘内燕 1 号’‘品 14’‘品 26’等。除了在提高产量和抗逆性方面进行品种改良外，进入 80 年代，在原中国农业科学院作物品种资源研究所的倡导下，各育种单位开始关注燕麦的品质特性，着手选育高蛋白、高亚油酸、高 β-葡聚糖的优异品种以提高燕麦的营养和保健功能，获得了降血脂功能表现优异的‘G5’保健燕麦片加工品种。张家口市农业科学院、内蒙古农牧业科学研究院、山西省农业科学院、甘肃省定西市农业科学研究院等地方科研机构为我国燕麦育种工作做出了重要贡献。

3. 国内推广燕麦品种

1）‘坝莜4号’

张家口市农业科学院培育的皮燕麦新品种。中熟品种，生育期95 d左右，株高105.9 cm。幼苗半直立，苗色深绿，生长势强，株型中等，叶片下披；周散型穗，纺锤铃，籽粒浅黄；主穗小穗数35.3个，穗粒数77.1粒，穗粒重2.6 g，千粒重36.0 g，穗部经济性状好。蛋白质含量9.32%，脂肪含量4.98%，碳水化合物含量57.97%，水分含量8.23%，籽粒品质好。抗旱抗倒、品质优、高产稳产。单产量最高可达5286.13 kg/hm^2。

2）‘坝莜5号’

张家口市农业科学院培育的皮燕麦新品种。中晚熟品种，生育期95～97 d，平均株高111 cm，最高可达150 cm。幼苗直立，苗色深绿，生长势强；株型紧凑，叶片上冲；周散型穗，短串铃，内颖为白色；主穗平均小穗数27.4个，穗粒数52.5粒，穗粒重1.26 g，千粒重24.00 g；籽粒整齐，粒形椭圆，粒色浅黄，皮燕麦率0.52%。蛋白质含量16.30%，脂肪含量6.40%，β-葡聚糖含量5.33%。抗旱耐瘠、抗倒抗病（抗黄矮病和秆锈病）、群体结构好、成穗率高、适应性广，是适应旱坡地种植的粮草双高产的粮饲兼用型品种。平均产量3265.65 kg/hm^2。

3）‘冀张燕4号’

张家口市农业科学院选育。中早熟品种，生育期92.4 d，株高86.43 cm。幼苗直立，苗绿色，周散型穗，燕尾铃，单株穗铃数20.36个，穗粒数42.05个，穗粒重1.26 g，千粒重35.73 g，壳黄白色，籽粒整齐度好。蛋白质含量13.74%，粗脂肪含量5.95%。抗倒伏、耐水肥。出米率82.09%，脱壳后籽粒整齐度高，适宜作为麦片加工专用型品种。单产量最高可达5450.25 kg/hm^2。

4）‘白燕18号’

吉林省白城市农业科学院选育的裸燕麦品种。早熟品种，生育期80 d左右，株高107 cm。幼苗直立，叶片鲜绿色，茎秆有蜡被；周散型穗，穗长19.5 cm，芒弯曲，黑色，小穗串铃形，小穗数31个，穗粒数65粒，穗粒重1.65 g。籽粒椭圆形，黄色，千粒重27.2 g。蛋白质含量15.4%，脂肪含量7.83%，淀粉含量54.77%。在吉林西部地区种植，单产量最高可达3147.9 kg/hm^2。

5）‘白燕19号’

吉林省白城市农业科学院选育的皮燕麦品种。中熟品种，生育期80 d左右。幼苗直立，叶片鲜绿色，株高97 cm。茎秆有蜡被，周紧型穗，穗长19 cm，小穗纺锤形，小穗数43个，穗粒数72粒，穗粒重2.29 g。籽粒椭圆形，黄色，千粒重34.38 g。蛋白质含量10.99%，脂肪含量4.28%，淀粉含量44.03%。适合在吉林西部地区具备水浇条件的中等以上肥力的土壤种植，单产量最高可达4074.6 kg/hm^2。

6）‘沈燕 2 号’

沈阳市农业科学院选育。早熟品种，生育期 80 d，与辽宁春小麦相近，株高 96.9 cm。幼苗直立，叶片上举，主穗小穗数 19.67 个，穗粒数 43.3 粒，穗粒重 1.29 g，分蘖数 3.6 个，籽粒纺锤形，浅黄色，千粒重 29.8 g，丰产稳产性好。粗蛋白含量 10.68%，粗脂肪含量 14.93%。抗倒伏倒折，抗旱耐瘠，抗燕麦坚黑穗病。适宜辽宁地区种植，特别是辽西北干旱、半干旱地区及土壤肥力较低的低洼地、盐碱地、沙化地地区。一般旱地种植籽粒产量为 3119.8 kg/hm^2。

7）‘蒙燕 2 号’

内蒙古农牧业科学院选育。早熟品种，生育期 99 d，株高 108.4 cm。幼苗直立，浓绿色，叶色深绿，旗叶上举；植株直立，茎秆粗壮；穗呈周散型，穗长 19.0cm，颖壳黄色，穗铃数 28.5 个，穗粒数 71.9 粒，穗粒重 1.77 g；粒纺锤形，粒色浅黄，千粒重 24.6 g。籽粒粗脂肪含量 6.99%，粗蛋白含量 14.16%；根系发达，抗倒伏，适合中、高水肥种植，是粮用、饲用、高产、抗病、适应沙地、盐碱地种植的裸燕麦新品种。单产量最高可达 3098.9 kg/hm^2。

8）‘航燕 1 号’

甘肃省白银市农业科学研究所与中国农业科学院航天育种中心合作选育的裸燕麦品种。早熟品种，生育期 97 d，平均株高 117.5 cm。幼苗直立，苗绿色，叶向上举，茎秆蜡粉重；主穗长 24 cm，穗粒数 77.5 粒，周散型穗，小穗鞭炮形，穗下节无茸毛，无芒。籽粒长形，白色，千粒重 27.1 g。蛋白质含量 19.71%，脂肪含量 8.26%，淀粉含量 6.14%，β-葡聚糖含量 4.73%。其中蛋白质含量和脂肪含量明显高于国内裸燕麦平均水平（分别为 15%和 7%）。适宜在白银市干旱、半干旱雨养农业区及同类地区种植。平均产量为 2646.0 kg/hm^2。

9）‘青燕 1 号’

西南民族大学青藏高原研究院选育。早熟品种，生育期 82～122 d，成熟期株高 125～157 cm。圆锥花序，周散型穗，颖果椭圆状纺锤形，黑褐色，腹面具纵沟，顶端具冠毛，颖果被内外稃紧包，不易剥离；籽粒黑褐色，颖果，千粒重 24～33.2 g。粗蛋白含量 16.13%，粗脂肪含量 4.75%。具有生长整齐、高产、稳产、耐旱、耐贫瘠、适应性强、对土壤要求不严、较抗倒伏的特点。最高产量为 3402.3～4610.8 kg/hm^2。

10）‘定莜 9 号’

甘肃省定西市农业科学研究院选育。中熟品种，生育期 106 d，株高 128 cm。呈直立状，周散型穗，圆锥花序，内外颖黄色，轮层数 3～5 层，主穗铃数 38.85 个，籽粒呈淡黄色、卵圆形，单株粒数 95.7 粒，单株粒重 1.85 g，千粒重 21 g。粗蛋白含量 211.7 g/kg，粗脂肪含量 65.8 g/kg。抗旱性强，抗坚黑穗病。适宜在甘肃中部降水量 340～500 mm、海拔 1400～2600 mm 的干旱、半干旱、二阴区种植，也可在宁夏固原、青海海北、内蒙古乌兰察布、山西右玉等同类生态区域种植。平均单产量1537.5 kg/hm²。

11）‘晋燕13号’

山西省农业科学院选育。生育期100～105 d。生长整齐，生长势强，幼苗直立，绿色，株高126.5 cm，周散型圆锥花序，穗长15～18 cm，单株小穗数25个，主穗粒数64.2粒，主穗粒重1.16 g，千粒重23.0 g，种皮黄色，长椭圆形硬粒。蛋白质含量16.37%，脂肪含量7.17%。成穗率高，茎秆粗壮，抗倒性较强，抗旱、耐盐性较强，抗病性好，平均单产量2272.5 kg/hm²

12）‘G5’

‘G5’是裸燕麦（莜燕）品种，幼苗直立，深绿色；植株高度100 cm左右，叶片上举，株型紧凑；穗周散型，短串铃形；籽粒浅黄色，椭圆形，比较整齐，千粒重25 g左右。粗蛋白含量16%，粗脂肪含量9.77%，β-葡聚糖含量6%，淀粉含量57.39%。‘G5’抗倒伏性强，抗旱性较好，病害（红叶、黄矮、秆锈病）发生轻，全生育期需要比较好的条件。平均单产量3000 kg/hm²。

1.5 燕麦的加工与利用

自古以来燕麦就被当作动物（牲畜）和人类的食物。燕麦各主产国的饲用和食用消费比例差别较大，在欧洲的德国、波兰、意大利等国家，燕麦饲用消费的比例曾经高达85%～90%；而在英国、阿根廷及我国，燕麦食用消费的比例则将近50%。20世纪90年代，燕麦的世界平均消费情况为饲用消费占世界总产量的74%，食用、工业利用及种子用占22%，其余用于贸易流通（Welch，1995）。进入21世纪后，燕麦的消费用途发生了一些变化，主要表现为食用与贸易消费的比例相对增加。

1.5.1 燕麦的食用消费与加工

在世界范围内，许多燕麦主产国，燕麦的食用消费量较20世纪中期有一定下降，但是相比其他粮食作物，其消费量的下降相对较少，尤其近年来，燕麦的食用消费量还呈现出一定的上升趋势。以美国为例，20世纪80年代，燕麦占谷物年消费总量的8%，而21世纪初这一比例上升至25%左右。

世界燕麦的食用消费形式可主要概括为以下3个系列：

（1）纯燕麦制品系列：包括传统燕麦片、燕麦粉、切粒燕麦等。

（2）加工燕麦食品系列：以燕麦为主要原料，配以其他食用原料加工而成的方便或即食食品，如即食营养燕麦片、燕麦面包、燕麦蛋糕、燕麦饼干、燕麦方便面、燕麦饮料、婴儿燕麦粉等。

（3）燕麦功能食品或配料系列：包括从燕麦中提取、制备的具有特定功能或生理活性的物质以及由此加工的食品。最成功的例子是美国某公司推出的“Oatrim”产品，其含有至少 5%的 β-葡聚糖和部分水解的燕麦淀粉，可作为脂肪替代物应用于肉制品、焙烤制品中用以生产低热量食品。

燕麦的蛋白质、膳食纤维含量普遍高于其他谷物；燕麦经常作为全籽粒被加工食用，这样最大限度地保留了维生素和矿物质营养，所以说燕麦食品的营养价值高于其他谷物是确有依据的。20 世纪 90 年代以来，燕麦中可溶性膳食纤维（β-葡聚糖）在降血脂方面的功效备受世人关注。燕麦有益于心脏健康、能够降低心血管疾病发病率的生理功效或健康声称得到了世界权威专业机构 FDA 的认可。燕麦的降血糖、辅助调节消化道等功能也得到了科学证实，对这些营养健康功效的认识应该说是促进燕麦食用消费上升的最主要的推动力。

芬兰农业与林业部曾对世界燕麦生产、消费和加工的情况进行了全面的研究，提出随着人类食用需求的不断增长，全球燕麦消费预计将逐步从饲用转向食用。目前，燕麦的食用消费量仍较低，美国人均每年消费量为 3.5 kg，欧盟为 1.5 kg，而我国仅为 0.4 kg。从燕麦的营养特性与保健功能角度考虑，未来燕麦的食用消费应该还有很大的发展空间。

在我国，燕麦食品的加工主要包括以莜麦面为主的传统燕麦食品的加工和燕麦片为主的现代食品加工。传统的燕麦食品在我国燕麦主产区有着悠久的历史，主要包括莜面窝窝、莜面蒸饺、莜面炒面等。现代燕麦食品则主要包括燕麦片、燕麦米、燕麦粉及其制品（如燕麦面包）、燕麦饮料等。

1.5.2 燕麦的饲用消费

自燕麦被广泛种植以来，其对人类的主要贡献即在于为家畜提供营养。除了直接将籽粒作为饲料，燕麦草或秸秆还可作为牧草、干草或青贮饲料。燕麦籽粒富含蛋白质、脂肪、纤维、矿物质。其蛋白质含量为 15%～20%，比玉米高 4%～8%；脂肪含量为 5%～10%，也普遍高于其他粮食作物；但是由于其淀粉含量偏低（50%～60%），且籽粒的膳食纤维含量高，因而能量值低于玉米。与玉米相比，不适合作为猪、禽等肥育动物的饲料，适宜饲喂马、牛等生长周期较长的牲畜。燕麦是马饲料中最具代表性的原料，是公畜和竞赛马匹的最好饲料。此外，燕麦对于改善病、弱畜体质也有明显效果。

青刈燕麦柔嫩多汁、适口性好；干草叶量丰富、颜色青绿、气味芳香，燕麦草（或秸秆）作为青饲、青贮或调制干草饲料均十分适宜。据分析，裸燕麦秸秆中含粗蛋白 5.2%、粗脂肪 2.2%、无氮浸出物 44.6%，上述指标比谷草、麦草、玉米秆高；难消化纤维质 28.2%，比小麦、玉米秸低 4.9%～16.4%，属于优质饲草。

世界燕麦总消费量近四十年来一直呈下降趋势，与其作为饲料作物的用量大幅减少有着直接关系。与玉米、大麦等作物相比，燕麦的低产量和低热能值使得其饲料作物的地位受到影响，许多耕作条件较好的国家和地区因此减少了燕麦的种植。相形之下，燕麦的非饲用消费量近年来相对稳定且有上升趋势。

1.5.3 燕麦的其他工业利用

除食用和饲用外，目前在世界范围内，燕麦还有一些其他的用途。尤其是随着对燕麦组分研究和了解的深入，燕麦作为工业原料的用途被逐渐开发出来。市场上已经有一些商品化的产品，如燕麦淀粉、燕麦蛋白、燕麦胶、燕麦油、燕麦酚等，主要用在爽身粉、肥皂、洗发水、皮肤护理液等日用品和化妆品中，以及用来生产医用产品、黏合剂、钻井液等。在此方向的利用上，加拿大、美国走在世界前列，虽然企业现有规模不大，但相对于传统食品加工的附加值高得多，有望成为燕麦工业新的经济增长点。

例如，皮燕麦的外壳，作为燕麦米加工的副产物，可作为燃料用于发电，或作为食用菌的培养基、纸材以及生物可降解塑料的原料。另外，因燕麦壳中戊聚糖含量相当丰富，其也可像稻壳一样用来生产糠醛。糠醛是许多重要化工产品的中间原料，能够用来生产尼龙、润滑油、丁二烯、树脂胶、橡胶胎面等化工材料。

1.5.4 影响燕麦加工利用的主要因素

1. 燕麦籽粒的品质

虽然燕麦籽粒中蛋白质含量和营养价值较高，但是燕麦蛋白质中不含面筋蛋白，无法单独形成面团，这也是燕麦粉无法像小麦粉那样制作馒头、面包、面条等面制品主食的主要原因。因此，燕麦类面制食品能蒸制、烤制但不能煮制。

相对于其他谷物，燕麦籽粒中淀粉的含量偏低且颗粒较为细腻。但是，燕麦淀粉存在冻融稳定性差、易老化、透明度较差等问题，影响其在冷冻类食品中的应用。同时，燕麦籽粒脂肪含量较高，高者可达到9%左右。也正因如此，燕麦在制粉过程中很难被筛理。燕麦油脂组成中的脂肪酸主要以不饱和脂肪酸为主（占60%～70%），且在天然燕麦中脂肪酶活性很高，因此燕麦在食品加工过程中很容易发生脂肪酸败，并产生不良的哈喇味和苦涩味。

2. 燕麦的内源酶问题

燕麦籽粒因富含脂酶、脂肪氧化酶以及β-葡聚糖酶等内源酶，在燕麦加工过程中处理不当会对品质造成不可逆的负面影响。例如，破坏表皮会加速燕麦的酸败。因此，在燕麦加工前一般要预先采取灭酶处理。

3. 燕麦专用品种

燕麦籽粒的品质直接影响燕麦食品的品质。例如，燕麦片营养保健的功能载体主要是 β-葡聚糖，不同品种的燕麦中 β-葡聚糖含量差异较大（2%～8%），β-葡聚糖的分子量、黏度等性质差异较大，将导致最终产品的保健功能产生显著差异。目前我国还没有对不同品种燕麦籽粒的品质进行系统的研究，缺少燕麦食品加工的专用燕麦品种。

第 2 章　燕麦原料的品质特性

燕麦原料的品质特性是影响燕麦商品价值和加工用途的重要因素，也是从事燕麦种植、生产、加工人员所关注的核心内容。燕麦产业链不同环节对燕麦原料需求的差异，导致不同生产领域对燕麦原料品质性状的要求并不一致。最初的燕麦品质评价主要基于种质资源和品种培育的需求，经济效益和生长适宜性是燕麦种植和育种专家在最初燕麦种质资源筛选过程中主要考虑的因素，与种质资源相关的品质性状，包括生物学性状、农艺学性状等，如产量、抗病性等更受关注。对从事燕麦初加工工艺（如燕麦脱壳、碾磨等）的生产人员而言，燕麦脱壳后籽粒的品质指标，如脱壳产量、得率、破碎率等则更为重要。从燕麦食用角度出发，燕麦的营养品质指标则更为重要，如淀粉、蛋白质、脂肪、膳食纤维、β-葡聚糖含量等。随着人们对燕麦营养功能的逐渐认识，燕麦中多酚、矿物质、维生素等物质含量逐渐成为人们关注的重要营养品质指标。因此，燕麦育种专家在燕麦种质资源筛选时，把燕麦碾磨加工中的物理性状和人们关注的营养品质指标纳入到新品种培育的筛选指标范畴。

随着近年来人们消费水平的提升，燕麦产品的类型日益丰富，除传统的燕麦粉、燕麦片以外，各种以燕麦为原料的主食或者休闲、健康食品日益增多。消费者希望获得安全、营养、天然的谷物燕麦食品，对燕麦食品的安全性和整体产品感官品质提出了更高的要求，如洁净度、色泽、风味、病虫害或破损籽粒、安全性（农残、真菌毒素等）。这些消费者感兴趣的品质特性也是燕麦种质筛选中必须考虑的指标。由此可见，燕麦原料的品质评价工作是燕麦产业链中每个环节都必须重点考虑和开展的内容。图 2.1 列出了燕麦产业链中不同环节对原料品质特性的要求。

育种人员 ⇒ 生产人员 ⇒ 加工/运输人员 ⇒ 磨粉人员 ⇒ 食品加工人员 ⇒ 消费者

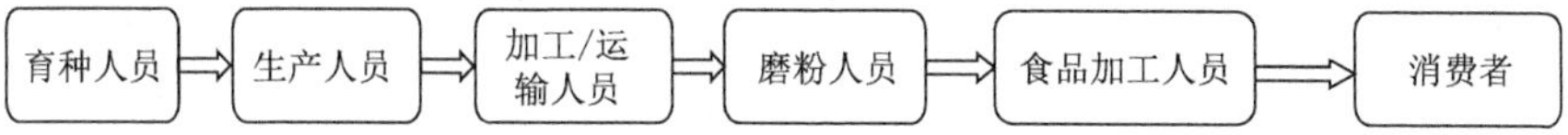

	市场机会	加工的品种	营养组成	营养标签和声称	健康功效
考虑所有的因素	谷物颜色；无芽；无冻伤	籽粒颜色/完整率	无杂色/造粒性/功能特性/低酶性	功能特性/感官特性/货架期稳定性	终端产品色泽，风味，质地和外观
	谷物产量/级别	谷物供应，谷物物理性质	碾磨得率；籽粒一致性	配料供应；终端产品价位	消费价格，方便性
	无病害，低污染	谷物外观，无污染	洁净度；无真菌病害	无真菌病害	食品安全

图 2.1　燕麦产业链中不同环节对原料品质特性的要求

资料来源：Chu，2013

2.1　燕麦原料的品质特性分类

燕麦按照是否带稃（壳）分为带稃（壳）型（皮燕麦）和裸粒型（裸燕麦）两大类。脱去外层稃壳后，燕麦籽粒由麸皮、淀粉质胚乳和胚（胚芽）三部分组成，比例大致为 40%：57%：3%（Lásztity，1998）。本节中提及的燕麦原料的品质特性主要指皮燕麦脱去稃壳的籽粒或裸燕麦籽粒的品质特性。通常，燕麦原料的品质特性分为物理特性、营养特性和加工特性三个部分。

2.1.1　燕麦原料的物理特性

燕麦原料的物理特性是燕麦碾磨和产品加工时须重点考虑的重要性状，对燕麦碾磨时的加工品质和最终制品的感官品质影响较大，主要包括籽粒的尺寸、形状、色泽和质量等。物理特性是燕麦分级时的重要指标参数，美国燕麦分级标准中，不同级别燕麦籽粒在容重、完整率等指标上均有最低限度（表 2.1）；加拿大燕麦分级标准与美国有所差异，增加了稃壳率指标，并对燕麦籽粒的破损情况进一步细化（表 2.2）。

表 2.1　美国燕麦分级标准

级别	最低限度		最高限度		
	容重/（lb/bu）	整仁率/%	热损颗粒/%	外来物质/%	野生燕麦/%
U.S. No.1	36.0	97.0	0.1	2.0	2.0
U.S. No.2	33.0	94.0	0.3	3.0	3.0
U.S. No.3	30.0	90.0	1.0	4.0	5.0
U.S. No.4	27.0	80.0	3.0	5.0	10.0

注：容重单位 lb/bu 中，1 lb = 0.453592 kg，1 bu（US）=3.5239×10^{-2} m^3 = 35.239 L。

表 2.2　加拿大谷物委员会的燕麦分级标准

级别	品质标准			破损情况				
	最小容重/[kg/hL（g/0.5L）]	整仁率/%	稃壳率/%	火伤粒率/%	冻伤粒率/%	枯萎粒率/%	热损粒率/%	合计/%
No.1 CW	56（260）	98%	6	Nil	0.1	0.1	Nil	2
No.2 CW	53（245）	96%	8	Nil	4	2	0.1	4
No.3 CW	51（235）	94%	20	Nil	6	4	0.5	6
No.4 CW	48（220）	92%	无限制	0.25	无限制	6	1	8

注：CW 表示加拿大西部；Nil 表示无值。

1. 燕麦原料的品质性状

目前世界各国栽培的燕麦以皮燕麦为主，中国栽培的燕麦以裸燕麦为主。裸燕麦通常完成清理、分级等预处理工艺后直接进行加工。皮燕麦表层包裹一层坚硬的外稃，颖果腹面有纵沟，被有稀疏茸毛；成熟时内外稃紧抱籽粒，不易分离，必须脱去外稃（壳）后才能进一步加工处理。对于皮燕麦，脱稃（壳）是加工过程中的重要环节，籽粒表现出的物理性质直接影响到燕麦原料的品质，也是燕麦碾磨加工中和育种专家所关注的重要性状。相关的品质性状包括燕麦仁的稃壳率、脱壳率、整仁率和加工出品率等。

1）稃壳率

皮燕麦的籽粒紧紧裹在内、外稃壳之间，其外稃壳较为坚硬，在燕麦仁外形成一圈完整的保护层，在燕麦栽培和生长发育过程中起到良好的保护作用。但燕麦稃壳不具有可食性，通常作为燕麦加工的副产物被废弃掉。稃壳偏厚或占整个皮燕麦籽粒质量比例较高时，会在燕麦加工时增加脱壳的难度和强度，同时加工后燕麦仁的加工出品率则偏低，直接影响最终的经济效益。稃壳太薄或比例太低，容易减弱燕麦生长发育、收获和储藏过程中稃壳对燕麦仁的保护作用，导致腐败、病害、虫蚀或破碎籽粒增多，同时增加燕麦脱壳加工过程中破碎籽粒的概率。因此，稃壳率对于燕麦的栽培和加工过程均是一个重要的物理指标。稃壳率是燕麦中稃壳质量占到整个燕麦籽粒质量的比例，通常为 25%～40%，不同品种、产地和年份的皮燕麦稃壳率存在显著差异。筛选适宜比例稃壳率的燕麦品种是育种专家开发燕麦新品种过程中必须考虑的重要因素。

2）脱壳率和整仁率

在燕麦脱壳加工过程中，脱壳率和整仁率是评价燕麦原料品质的重要物理参数。脱壳率是指燕麦脱壳加工结束后完整脱去稃壳的燕麦籽粒数量占加工前燕麦籽粒数量的比例。通常表示燕麦脱壳加工过程的有效性和加工效率，数值越高代表脱壳的效果越好。燕麦脱壳加工过程会导致少部分燕麦籽粒发生破碎现象，这是燕麦加工中所不希望看到的现象，燕麦加工时通常采用整仁率来评价燕麦的脱壳加工过程。整仁率代表脱壳加工时燕麦籽粒的破碎程度，是脱壳加工后完整燕麦仁的籽粒数量占加工前燕麦原料的籽粒数量的比例，数值越高代表加工过程中的破碎籽粒越少。燕麦籽粒原料分级标准中，不同级别的燕麦对整仁率均有最低的标准。整仁率随燕麦的品种和生长环境不同而存在差异，通常稃壳率高、硬度较高的燕麦品种在加工过程中的整仁率较高。燕麦籽粒的化学成分含量也会影响整仁率，高蛋白质、β-葡聚糖含量的燕麦品种的整仁率较高，而高淀粉含量的品种整仁率偏低（Engleson and Fulcher，2002）。

3）加工出品率

加工出品率是燕麦原料的重要物理性状，是指最终脱掉壳、完整的燕麦仁的质量占最初燕麦原料质量的比例。加工出品率越高，代表生产同样质量、完整的燕麦籽粒所需要的燕麦原料的数量越少，原料燕麦的品质越高。在生产过程稳定的前提下，尽量提高加工出品率是加工人员的追求目标之一。

2. 燕麦籽粒的尺寸与形状

燕麦籽粒形状瘦长，呈长椭圆形，有腹沟，一般长为 0.8～1.0 cm，宽为 0.16～0.32 cm。籽粒的尺寸与形状也用体积及其比表面积（指单位体积所具有的表面积）表示，随品种或生长环境（如土壤、水分、温度、光照、湿度、肥料）差异，差别较大。这种差异直接导致加工中许多特性不同，如加工破碎率、加工出品率等。通常，较长、瘦和大的籽粒比表面积大，皮层含量高，胚乳少，加工出品率较低；较为短、圆和小的籽粒比表面积小，皮层含量低，加工出品率较高。

1）千粒重

千粒重是度量燕麦饱满程度和粒度的直接指标。通常指 1000 粒燕麦籽粒所具有的质量，以克为单位。千粒重数值越大表示胚乳部分占整个燕麦籽粒的质量比例越大，籽粒越饱满。胚乳中主要化学成分是蛋白质和淀粉，两者相对密度最大，因此胚乳部分所占比例相对较高时颗粒表现越饱满。通常燕麦千粒重在 20～40 g，皮燕麦的千粒重大于裸燕麦。

2）容重

容重也是燕麦物理品质的一项重要指标，是燕麦籽粒大小、质量、形状、整齐度、腹沟深浅、胚乳质地等性状和特征的综合反映，代表籽粒的群体性状。容重定义为单位体积的燕麦质量，以 g/L 为单位。容重通常用容重器进行测定，大小取决于燕麦的密度和空隙度。容重与籽粒厚度呈正相关，与长度、宽度之比呈负相关。容重高表示燕麦籽粒饱满，胚乳部分所占比例较大，内部细胞结构紧密。相对其他谷物，燕麦容重偏低。由于稃壳存在，皮燕麦的容重较裸燕麦低。皮燕麦容重分布范围为 380～560 g/L，裸燕麦为 620～760 g/L（小麦 680～820 g/L）（周素梅等，2009）。同一品种谷物，容重越高，品质越好；对于不同谷物，容重高不一定代表谷物品质就好。容重高的谷物，单位体积的货物量大，有利于降低储藏和运输成本。

3. 色泽和风味

常见的燕麦籽粒天然颜色为黄色、浅灰色、褐色、白色，也有一些稀少的品种为红、黑色。随品种不同，燕麦籽粒颜色存在一定差异，不良的生长或储藏条件会影响燕麦的光泽甚至发生颜色变化。高湿度的生长环境（如雨水过多）或真菌病害易发区会引起籽粒颜色较深、出现斑点、缺乏光泽。储藏时间过长或期间受潮会造成籽粒缺乏光泽或异色产生。有些燕麦品种对环境尤为敏感，在育种与品种推广种植过程中须重点考虑。

对于饲用和食用燕麦而言，燕麦的色泽是一项重要的品质性状指标。燕麦籽粒的蛋白质含量高于小麦和玉米，脂肪和膳食纤维含量丰富，作为赛马的优质精料，能量高而不易长膘。赛马饲用的燕麦通常要求具有较白的色泽。对于大部分消费者，也倾向于选择颜色偏白、偏亮的燕麦类食品。颜色发深、发暗的食品，消费者的购买欲望较低。色泽直接影响到燕麦的终端消费市场。

正常的燕麦籽粒应具有燕麦特有的香味。如果风味不正常，表明籽粒发生了变质或吸附了其他异味物质。容易引起风味不正常的原因主要有：因脂肪氧化造成的酸败味，受潮霉变导致的霉味，感染黑穗病引起的腥味，包装材料或运输工具不洁净，受化肥、煤油、卫生球等物品的污染而带来的异味等。对于色泽、风味不正常的燕麦，生产中要采取相应措施，在不影响燕麦粉、燕麦片等质量安全与成品品质的前提下，可按一定比例搭配加工，否则不能用于食品加工。

2.1.2　燕麦原料的营养特性

燕麦原料的营养特性主要是指原料的营养组成（营养成分）对于动物（饲用）或者消费者（食用）的营养需求的满足情况。本章的营养特性指的是燕麦籽粒的营养特性。

燕麦是禾谷类中营养价值最高的作物之一，被誉为“九粮之尊”（小麦、水稻、谷子、玉米、大麦、荞麦、高粱、黄米、燕麦）。与其他常见作物相比，燕麦的主要营养成分、释热量及磷、铁、钙等元素含量和维生素、膳食纤维等营养素几乎都居于首位。裸燕麦中蛋白质（15.6 g/100g）和脂肪（8.8 g/100g）含量高，释放的热量高于其他粮食作物；碳水化合物含量低（64.8 g/100g），属于低血糖指数食品；粗纤维含量高（2.1 g/100g），膳食纤维组成成分多，特别是燕麦麸皮中纤维素含量高，分别是小麦粉和稻米的 3.5 倍和 7 倍。燕麦还含有丰富的营养元素和维生素 B_1、维生素 B_2、尼克酸等。燕麦品种、产地及气候环境变化均会对燕麦营养乃至功能成分产生影响。

1. 淀粉

燕麦籽粒中淀粉含量最高，皮燕麦籽粒中淀粉含量为 39%～55%，脱壳后籽粒中淀粉含量为 39%～65%；裸燕麦籽粒中淀粉含量为 43%～64%。图 2.2 是燕麦淀粉的扫描电镜图。燕麦淀粉颗粒表面光滑，无明显裂缝，呈多角形或不规则形状，多呈椭圆形或棱角状，颗粒较小，直径范围在 2～11 μm，小于小麦和大麦的淀粉颗粒直径（Webster and Wood，2011）。

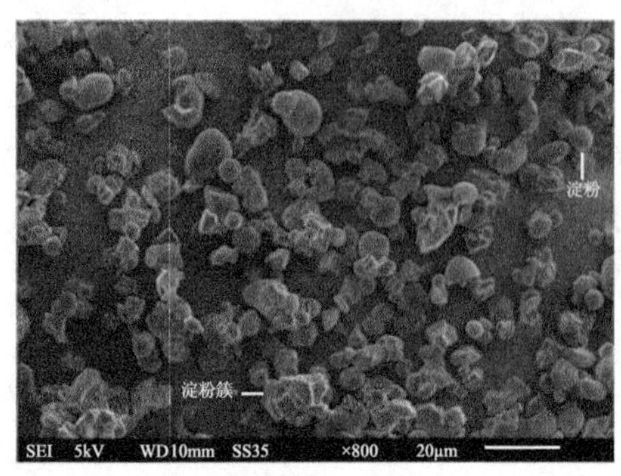

（a）×800放大倍数

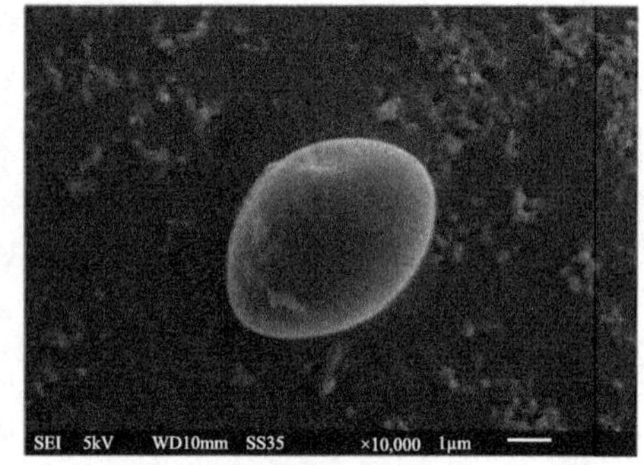

（b）×10000放大倍数

图 2.2　燕麦淀粉微观形态

资料来源：Kumar et al.，2018

燕麦中总直链淀粉含量为总淀粉含量的 19.4%～33.6%，与小麦、大麦和玉米中直链淀粉含量近似（Webster and Wood，2011）（表 2.3）。直链淀粉占总淀粉含量的比例是淀粉的重要性质指标，直接关系淀粉的溶解度、膨润力及淀粉的老化与回生，加工时会对产品的蒸煮品质产生影响。直链淀粉含量较低的原料加工成制品后，产品食味表现为黏性；同时由于空间位阻小，直链淀粉糊化后易发生凝沉和回生现象，不利于面制品的加工。

表 2.3　不同谷物淀粉中直链淀粉含量

种类	燕麦	小麦	大麦	玉米	稻米
总直链淀粉含量/%	19.4～33.6	26.3～30.6	25.3～30.1	25.8～32.5	12.2～28.6

资料来源：Webster and Wood，2011。

相对于其他谷物淀粉，燕麦淀粉中脂质含量高，为 1%～3%，通常以淀粉-脂质复合物形式存在。燕麦淀粉中脂质比其他谷物淀粉中脂质复杂，淀粉-脂质复合物解离更为困难。燕麦淀粉具有细腻、柔和的粉体特性，可以使纸或皮肤的表面光洁、平滑，附加值高，可广泛用于食品、医药和化妆品中。燕麦淀粉粒度与大米淀粉相近，可形成稳定又富有延伸性的凝胶体，使食品呈现致密、滑润和奶油状结构。

2. 蛋白质

燕麦蛋白质组成中以球蛋白含量较高，占总量的 50%以上；其次是麦醇溶蛋白（10%～16%）和麦谷蛋白（5%～20%），另外含有少量清蛋白。燕麦中粗蛋白含量较其他谷物高，分别约为大米、小麦的 2.7 倍和 1.7 倍。皮燕麦颗粒和脱稃壳后籽粒的蛋白质含量分别为 11.1%～13.0%和 12.3%～16.3%（Mitchell Fetch et al.，

2003，2006）。2008～2012 年加拿大燕麦种植统计数据表明，燕麦籽粒的蛋白质含量范围为 10.6%～22.6%。据《中国燕麦品种资源目录》第一册记载，722 份裸燕麦籽粒蛋白质平均含量为 16.09%，含量范围为 11.9%～19.6%，蛋白质含量 15%以下的品种比例较大。地域、品种和年份不同的燕麦中蛋白质含量存在显著差异。

燕麦蛋白质中含有 18 种氨基酸，氨基酸组成比较平衡和全面，其中谷氨酸含量最高，其次为天冬氨酸、亮氨酸、精氨酸、缬氨酸与脯氨酸，含量最低的为色氨酸。燕麦蛋白质中，谷物类普遍缺乏的氨基酸——赖氨酸，高达 0.701 g/100g，是其他粮食作物所不及的（表 2.4）。赖氨酸有益于增进智力和骨骼发育，经常补充食用燕麦食品，能弥补我国传统膳食结构所导致的"赖氨酸缺乏症"的缺陷。

表 2.4　常见谷物的氨基酸组成　（单位：g/100g）

种类	燕麦	小麦粉	玉米片	大米	糙米
异亮氨酸	0.694	0.443	0.291	0.308	0.336
亮氨酸	1.284	0.898	0.996	0.589	0.657
赖氨酸	0.701	0.359	0.228	0.258	0.303
甲硫氨酸	0.312	0.228	0.170	0.168	0.179
苯丙氨酸	0.895	0.682	0.399	0.381	0.410
苏氨酸	0.575	0.367	0.305	0.255	0.291
色氨酸	0.234	0.174	0.057	0.083	0.101
缬氨酸	0.937	0.564	0.411	0.435	0.466
丙氨酸	0.881	0.489	0.608	0.413	0.463
精氨酸	1.192	0.648	0.405	0.594	0.602
天冬氨酸	1.448	0.722	0.565	0.670	0.743
半胱氨酸	0.408	0.275	0.146	0.146	0.096
谷氨酸	3.712	4.328	1.525	1.389	1.618
甘氨酸	0.841	0.569	0.333	0.325	0.39
脯氨酸	0.934	2.075	0.709	0.335	0.372
丝氨酸	0.750	0.620	0.386	0.375	0.411
酪氨酸	0.573	0.275	0.330	0.238	0.298

注：小麦粉和玉米片为全谷物食品。

燕麦蛋白具有较高的营养价值和功能活性。燕麦蛋白的生物价（BV）为 70.4～72.8，净利用率高（59.1～65.4）（Mohamed et al.，2009）。20 世纪 80 年代，国内有学者提出"从燕麦全粉中分离的不溶性蛋白级分也具有明显的降脂效果"。近年来也有研究表明，大鼠脂质调节试验中高蛋白质含量的燕麦品种具有更佳的脂质调节功效。Welch 等（1995）研究发现含 4.5%和 6%分离燕麦蛋白的鸡饲料具有明显的降低血浆胆固醇的作用。

3. 脂质

谷物中燕麦的脂质含量较高，为 3%～10%，平均含量达到 6%～7%，分别是大米、小麦粉和玉米面的 10 倍、6 倍和 2 倍。这与燕麦适宜生长在偏寒凉环境有关，较低的生长温度有利于脂质的合成。瑞典有研究报道高油的燕麦品种‘Matilda’，油脂含量达到 13.5%。燕麦油脂无明显异味，熔点 12～15℃，碘价 109.2～117.8 gI_2/100g，平均分子量约为 930.4。

与大多数全谷物一样，燕麦脂质的脂肪酸组成中以长碳链脂肪酸占多数（表 2.5）。棕榈酸、油酸和亚油酸含量约占总脂肪酸含量的 96%，其中棕榈酸 13%～28%，硬脂酸 1%～4%，油酸 19%～53%，亚油酸 24%～53%，亚麻酸 1%～5%，另外含有少量的月桂酸、棕榈油酸、花生四烯酸、二十碳不饱和脂肪酸及微量木蜡酸和神经酸。燕麦油脂中，油酸含量与玉米片、糙米和高粱类似，但显著高于小麦和大麦。除糙米外，与其他几种谷物相比，燕麦油脂中亚油酸含量偏低。油酸是单不饱和脂肪酸，具有降低低密度脂蛋白胆固醇、预防动脉硬化、降低冠心病死亡率等功效。亚油酸和亚麻酸属多不饱和脂肪酸，是人体的必需脂肪酸，在人体内可通过代谢转变为花生四烯酸，其对于合成磷脂及细胞各种界膜和膜脂组成具有重要的生化作用，同时对于防止血清中胆固醇的增加和沉积、软化血管、防止高血压和心血管疾病均具有重要功效。

表 2.5 燕麦和其他全谷物籽粒的脂肪酸组成 （单位：g/100g 总脂肪酸）

种类	燕麦片	小麦	玉米片	糙米	全谷物黑麦	大麦	高粱
棕榈酸（16：0）	19	18	12	22	15	22	13
硬脂酸（18：0）	2	2	2	2	1	1	2
油酸（18：1）	36	18	32	34	17	13	34
亚油酸（18：2）	38	56	50	38	58	56	46
亚麻酸（18：3）	2	3	2	2	7	5	2

资料来源：Welch，1995。

燕麦脂质含量往往取决于其遗传性状、环境因素及测定方法。有研究报道燕麦中油脂含量与脂肪酸组成之间存在一定相关性。总脂质含量和油酸含量通常存在正相关关系，而与棕榈酸和亚麻酸含量存在负相关关系（Bryngelsson et al.，2002）。戚向阳等（2014）报道燕麦中油脂含量与硬脂酸[线性相关系数（r）= 0.3198]

和油酸（$r = 0.8126$）均呈正相关性，而与棕榈酸（$r = 0.6352$）、亚油酸（$r = 0.614$）和亚麻酸（$r = 0.3891$）呈负相关性。

燕麦脂质含量高，容易被氧化，导致燕麦原料的哈败，产生不良风味，因此在加工、储藏和运输过程中需要注意。燕麦籽粒中含有脂肪氧化酶、脂肪酶及 β-葡聚糖酶等内源酶，即使燕麦经过干燥处理能长时间稳定储藏，脂质在脂酶作用下水解，也可导致游离脂肪酸迅速增加而使其失去风味，对燕麦的储藏加工造成一定的影响。

燕麦中丰富的不饱和脂肪酸具有抗氧化作用，同时含有多种甾醇（酯）和维生素 E 等，可以提高燕麦油脂抗氧化酸败的能力，延长燕麦油的储藏稳定性，也可作为食品、医药保健、美容化妆、营养滋补等行业的重要原料。李林和张大顺（2010）采用超临界 CO_2、添加夹带剂的超临界 CO_2、正己烷、甲醇 4 种方法萃取燕麦油的抗氧化性的研究结果显示，4 种方法得到的燕麦油均对 DPPH 自由基活性具有良好清除作用，能力大小依次为：维生素 C＞甲醇提取燕麦油＞添加夹带剂的超临界 CO_2 提取的燕麦油＞维生素 E＞正己烷提取的燕麦油＞无夹带剂超临界 CO_2 提取的燕麦油。提取溶剂极性越强，燕麦油中不饱和脂肪酸和反油酸含量越低，燕麦油的 DPPH 自由基清除能力越强（陈浩等，2013）。燕麦油与化妆品行业中的茶籽油脂肪酸组成十分相近，且主要脂肪酸组成与人体皮肤相近（表 2.6）。燕麦脂质中的双半乳糖甘油二酯能增强保湿功能，可以用来生产局部乳油。研究人员对添加橄榄油、霍霍巴油、杏仁油和燕麦油的护肤品的保湿性进行了对比，发现添加燕麦油的护肤品水合率较低，但保水性好。美国在 1997 年就已经有燕麦油香皂和防晒霜等产品的专利，并指出燕麦油具有防止皮肤因紫外线照射而引起过氧化的作用。近年来还有研究表明，燕麦油具有良好的脂质调节作用，能有效降低高脂饲养大鼠的血脂水平（Tong et al.，2014）。

表 2.6　燕麦油、茶籽油与人体皮肤脂肪酸组成对比　（单位：%）

种类	肉豆蔻酸	软脂酸	硬脂酸	棕榈油酸	油酸	亚油酸	亚麻酸
燕麦油	—	17.2	1.4	—	40.9	39.1	1.1
茶籽油	0.1	16.2	4.0	0.1	46.8	27.5	0.4
人体皮肤	2.1	20.2	11.2	3.8	30.8	15.1	0.3

资料来源：王燕，2012。

4. 总膳食纤维

膳食纤维（DF）是指植物性食品中不能被人类胃肠道消化酶消化，但能被大肠内某些微生物部分酵解和利用的多糖。这类多糖主要是来自植物细胞壁的复合碳水化合物，可以称为非淀粉多糖，通常分为（水）可溶性膳食纤维（SDF）和

（水）不溶性膳食纤维（IDF）。膳食纤维与人体健康关系日益受到人们的重视，因此有学者将膳食纤维称为人体第七营养素。膳食纤维的生理保健功能是营养学的热门研究课题。

燕麦籽粒中总膳食纤维含量丰富，含量为 10%～15%，包括可溶性膳食纤维和不溶性膳食纤维，被誉为天然膳食纤维家族中的“贵族”（表 2.7）。燕麦中的不溶性膳食纤维主要是纤维素和一些非纤维素多糖。燕麦不溶性膳食纤维能促进肠胃蠕动和消化，有效预防便秘，促进排毒，对皮肤及血液循环系统有辅助的调理作用。燕麦中可溶性膳食纤维主要是 β-葡聚糖，占 40%～50%（Manthey et al., 1999）。此外也有少量其他可溶性纤维，如阿拉伯木聚糖和阿拉伯半乳聚糖。尽管含量不高，但同样对人体具有良好的健康和生理功效。目前关于燕麦中可溶性阿拉伯木聚糖的黏度和健康功效的研究偏少，主要还是集中在 β-葡聚糖的生理研究方面。

表 2.7　不同食品中膳食纤维的含量　（单位：%）

种类	TDF	SDF	IDF
食用级小麦麸皮	42.2	38.9	3.3
燕麦麸皮	27.8	13.8	14
燕麦片	13.9	6.2	7.7
玉米片	12.2	5	7.2
葡萄	13	7.4	5.6
斑豆	10.5	6	4.5
白豆	8.7	4	3.7
芸豆	10.2	5.5	4.7
菜豆	9.7	6.4	3.3

注：TDF 表示膳食纤维的总量。

5. β-葡聚糖

β-葡聚糖是谷物中重要的非淀粉多糖，谷物中以燕麦和大麦的 β-葡聚糖含量最高（表 2.8）。但燕麦中可溶性 β-葡聚糖比例为 88%，要高于大麦（69%）。β-葡聚糖主要分布在燕麦亚糊粉层和胚乳细胞壁中，籽粒中含量通常为 2%～8%，随燕麦的产地、品种及 β-葡聚糖的测定方法不同，其含量存在较大变化（Welch, 1995）。邓万和等（2005）研究来自全国不同地区的 211 个燕麦品种，在 2 个不同生态地区种植，测得籽粒 β-葡聚糖含量平均为 4.90%，变幅为 3.1%～7.3%。

Andersson 等（2008）研究发现，环境对燕麦 β-葡聚糖分子量的影响大于对 β-葡聚糖含量的影响，而品种对燕麦 β-葡聚糖含量的影响大于对 β-葡聚糖分子量的影响，β-葡聚糖的分子量与 β-葡聚糖含量存在显著的相关性。

表 2.8　燕麦和其他全谷物籽粒的 β-葡聚糖含量

种类	燕麦片	小麦	玉米片	糙米	全谷物黑麦	大麦
总 β-葡聚糖/（g/100g 干基）	4.40	0.83	0.30	0.11	2.07	4.20
可溶性 β-葡聚糖/（g/100g 干基）	3.88	0.33	0.2	—	0.83	2.90
可溶性 β-葡聚糖比例/%	88	40	67	—	40	69

资料来源：Englyst et al.，1989。

燕麦 β-葡聚糖是纤维三糖和纤维四糖经单个 β-(1,3)或 β-(1,4)糖苷键连接而成，其中 β-(1,4)糖苷键约为 70%，β-(1,3)糖苷键约为 30%（Andersson et al.，2008）（图 2.3）。β-葡聚糖是一种高分子聚合物，分子量随来源或提取工艺不同有所差异，一般从 2.0×10^3 Da 到 3.0×10^8 Da 不等。

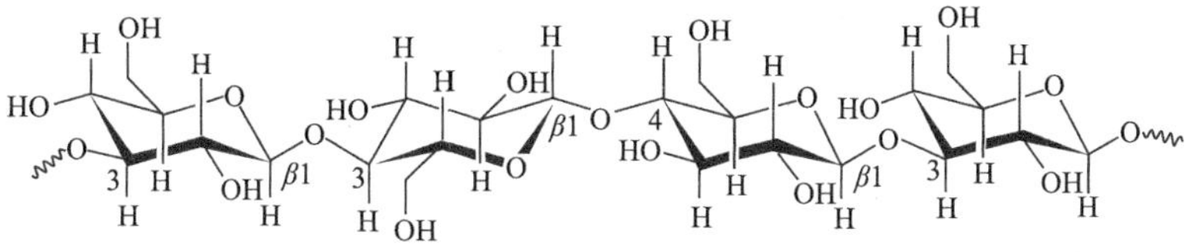

图 2.3　燕麦 β-葡聚糖主链结构图

美国食品药品监督管理局的健康声称指出，燕麦中的可溶性膳食纤维可显著降低心血管发病率，适量摄取可以降低血清中的血脂浓度，进而降低冠心病的发病率。作为燕麦可溶性膳食纤维的主要成分，β-葡聚糖及其所起到的作用成为人们关注和研究的热点。不少研究指出，在对糖尿病患者的治疗过程中，燕麦 β-葡聚糖的使用对降低患者血糖和胰岛素反应具有明显作用。燕麦 β-葡聚糖可降低血脂水平，调节脂质代谢的紊乱，减少氧自由基的生成，清除过氧化物，保护生物膜，这对于防止高脂血症诱发的动脉粥样硬化病变具有重要的意义。此外，β-葡聚糖可以调节人体免疫反应，提高人体对病毒的抵抗力；对促进肠道中双歧杆菌和乳酸杆菌增殖、肠道发酵产生减少肿瘤细胞生长的丁酸、预防结肠癌等均具有良好功效。

6. 燕麦多酚

燕麦中含有多种酚类物质，主要包括简单的酚类（如各种酚酸）、燕麦蒽酰胺和黄酮类化合物。发现的酚酸有咖啡酸、阿魏酸、*p*-香豆酸、对羟基苯甲酸、香草酸、芥子酸、原儿茶酸、丁香酸、没食子酸、水杨酸和苯乙酸等。燕麦蒽酰胺又称为燕麦生物碱，是燕麦中特有的一类酚类化合物，目前在燕麦中发现的蒽酰胺至少有 24 种，含量最高的是 *p*-香豆酸、阿魏酸和咖啡酸分别与 5-羟基邻氨基苯甲酸通过酰胺键连接而成的物质，分别简称 Bc、Bp、Bf（即 Collins 定义的燕麦生物碱 C、A、B，结构如图 2.4 所示），是燕麦多酚的主要成分。燕麦生物碱的热稳定性和抗氧化能力均显著高于咖啡酸、阿魏酸、*p*-香豆酸（Peterson et al., 2001）。燕麦中黄酮类化合物含量较少。酚类物质在燕麦籽粒中的分布并不规则，但大多数低分子量的酚类物质和细胞壁多糖相连，在籽粒外部表面浓度最高（周素梅等，2009）。

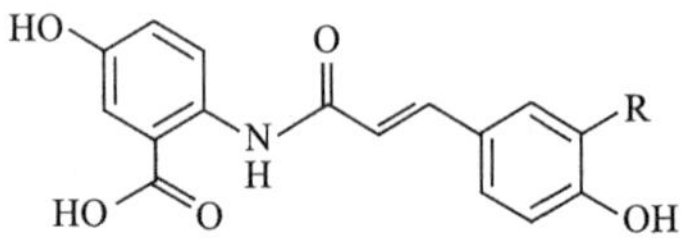

图 2.4　Bc、Bp、Bf 结构图

Bc：R=OH；Bp：R=H；Bf：R=OCH_3

燕麦多酚类物质是燕麦抗氧化功能的最主要来源。研究证实，燕麦酚类提取物对活性氧自由基具有较强的清除能力，能够抑制胡萝卜素褪色及亚油酸氧化，并能提高机体内超氧化物歧化酶和谷胱甘肽过氧化物酶的活性，是天然抗氧化剂的重要来源之一。影响燕麦中多酚物质抗氧化能力的因素很多，不同燕麦品种之间抗氧化能力差异较大。提取溶剂对燕麦中酚类物质的抗氧化能力也有影响，在还原能力和清除自由基能力方面：燕麦甲醇提取物＞异丙醇提取物＞乙醚提取物，但乙醚提取物具有较好的抑制脂质体系氧化的能力。Peterson（2001）对 Bc、Bp、Bf 清除 DPPH 自由基的能力进行研究，结果表明，清除能力大小依次为：Bc＞Bf＞Bp。Ji 等（2003）考察了燕麦亚麻酸对于小鼠的抗氧化作用，在 0.1 g/kg Bc 剂量下饲喂 50 d，结果表明，燕麦蒽酰胺可以提高超氧化物歧化酶活性，减缓因运动导致的活性氧产生及心脏脂肪过氧化，同时不影响细胞的能量代谢。

7. 矿物质和维生素

燕麦中还含有丰富的微量成分，如矿物质和维生素。矿物质也常被称为灰分，一般存在于谷物籽粒的外层，如麸皮或谷糠中，胚乳部分含量极低。大部分谷物中，钾、磷和镁含量比较丰富，其次是钙，而燕麦中这三种矿质元素含量居谷物之首。微量矿质元素，如铁、锌和锰等尽管在谷物中含量都不高，但总体来说，仍以燕麦中含量为高（表 2.9）。

表 2.9　不同全谷物作物中矿物质的含量（单位：mg/100g 鲜重）

种类	燕麦片	小麦	玉米片	糙米	全谷物黑麦	大麦	高粱
钾	389	373	319	247	337	286	318
磷	459	333	266	302	367	242	289
镁	145	129	134	127	107	80	156
钙	54	36	12	22	32	24	28
钠	9	4	38	4	3	5	15
铁	4.3	3.9	3.2	1.6	2.7	2.7	4.8
锌	3.4	2.9	1.9	1.9	3.4	2.1	2.2
锰	4.1	3.5	0.6	3.0	1.7	1.2	1.8
铜	0.44	0.42	0.3	0.56	0.44	0.39	0.98

维生素是食品中微量的小分子营养物质，尽管对食品的质地不会产生影响，但与食品的营养质量关系密切，是一种重要的营养强化剂，对改善国民的营养状况有明显效果。目前，已经确认的维生素有 13 种，按照溶解性分为脂溶性维生素和水溶性维生素两类，其中维生素 A、维生素 D、维生素 E 和维生素 K 属于脂溶性维生素。谷物中维生素 B、维生素 E、维生素 H 和胆碱含量均较为丰富，特别是维生素 B 种类繁多，包含维生素 B_1、维生素 B_2、维生素 B_5、维生素 B_6 等。燕麦中维生素 B_1、维生素 H、胆碱和维生素 E 含量较高，特别是维生素 B_1 含量显著高于其他谷物，达到 0.73 mg/100 g 鲜重（表 2.10）。维生素 B_1 又称为硫胺素，可抑制胆碱酯酶活性，减轻皮肤炎症反应，有防治脂溢性皮炎和湿疹、增进皮肤健康之功效。相对于其他谷物，燕麦中维生素 PP、维生素 B_6 含量偏低。

表 2.10　不同全谷物作物 100g 鲜样中维生素的含量

种类	燕麦片	小麦	玉米片	糙米	全谷物黑麦	大麦	高粱
维生素 E/mg	1.2	1.1	0.5	1.0	1.4	0.33	1.13
维生素 PP/mg	0.88	6.0	2.9	4.9	2.6	4.5	3.4
维生素 PP+色氨酸/mg	3.93	9.38	3.93	6.5	4.65	6.95	5.42
维生素 B_5/mg	1.23	0.90	0.51	1.35	1.23	0.31	1.2
维生素 B_1/mg	0.73	0.47	0.39	0.47	0.36	0.23	0.29
维生素 B_6/mg	0.22	0.42	0.42	0.60	0.32	0.29	0.50

续表

种类	燕麦片	小麦	玉米片	糙米	全谷物黑麦	大麦	高粱
维生素 B_2/mg	0.13	0.15	0.16	0.07	0.24	0.08	0.15
维生素 B_{11}/μg	49	51	33	30	69	17	19
维生素 H/μg	21	7	10	7	6	~	42
胆碱/mg	40	31	22	31	30	38	~

2.1.3 燕麦原料的加工特性

原料的加工特性是指原料自身固有的、会对加工过程和最终产品感官品质产生较大影响的品质性状。淀粉是燕麦籽粒中含量最高的组分，对于燕麦原料而言，最重要的加工特性主要是淀粉的品质特性，其直接影响燕麦食品的加工过程和最终产品的品质。淀粉的品质特性中，糊化和凝胶性质对其应用影响最大，不同产品形式对淀粉性质要求差别也很大。例如，高温罐制食品，一般要求淀粉糊具有较好的热稳定性；冷冻食品要求淀粉的冻融稳定性好；凝冻类产品则要求淀粉的胶凝能力强。

熟化工艺是燕麦食品加工过程中重要的工艺步骤，通过加热高温处理来保证燕麦加工时淀粉充分地糊化和熟化。设置熟化工艺参数时需要充分考虑燕麦淀粉的糊化温度。燕麦食品的品质，如燕麦片的质地和汤汁的浓稠度，与燕麦原料中淀粉凝胶的质构特性关系密切，淀粉的老化和回生直接影响燕麦产品的口感和货架期。不同燕麦品种和生长环境会造成燕麦中淀粉的特性差异很大，燕麦食品加工时燕麦淀粉的特性常常会作为燕麦品种筛选的重要指标之一。

1. 淀粉的凝胶特性

淀粉粒吸水后发生膨润形成囊状物，加工过程的热处理导致淀粉粒中的线型直链淀粉分子从膨润的淀粉粒中不断逸出，并通过分子间的交联最终在整个体系中构成具有三维网状结构的连续相。而存在于体系中的支链淀粉粒构成分散相，这两类大分子在冷却后形成非均匀相的混合体——淀粉凝胶。淀粉凝胶的质构特性与食品品质关系密切，可以间接反映加工制品的品质特性，如形态、质构、口感、货架期等。我国传统燕麦制品（如莜面窝窝、蒸饺和面条等）的质地和口感很大程度上取决于淀粉凝胶的质构特性。

目前关于燕麦淀粉凝胶性质的研究较少，但研究证实不同品种和生长环境的燕麦原料中淀粉凝胶特性的差异很大。淀粉中脂质含量也会影响到凝胶的质构特性，较高的脂肪含量会影响淀粉凝胶的硬度。差示扫描量热仪（DSC）测定燕麦淀粉的凝胶和热退化特性发现，燕麦含有两个吸热转变，较低温度（66.8℃）的吸热转变对应燕麦晶体的熔点，较高温度（104.3℃）的吸热转变对应直链淀粉-脂肪复合体的熔点。天然的燕麦淀粉重新加热后具有较好的直链淀粉-脂肪复合体的熔化和形成的可逆性，但燕麦晶体的熔化和形成的可逆性消失了。将燕麦淀粉脱脂后重新加热测定发现，较低温度下燕麦晶体恢复了熔化和形成的可逆性。

2. 淀粉的糊化特性

淀粉颗粒在受热条件下吸水膨胀转变为胶体状态的变化称为淀粉糊化。糊化特性是反映淀粉品质的重要指标，不同谷物淀粉由于其淀粉结构和性质的差异具有不同的糊化特性，同一谷物淀粉由于品种、生长和储藏环境及原料中 α-淀粉酶活性等不同，糊化特性的差异也较大。评价淀粉品质的主要指标是糊化温度、峰值黏度、破损值和回生值。起始糊化温度表示淀粉黏度快速增加时对应的加热温度，峰值黏度表示淀粉糊化的最高黏度，衰减值是峰值黏度和低谷黏度的差值，这 3 项对淀粉糊化特性的应用具有重要的指导意义。

快速黏度分析仪（RVA）是测定淀粉糊化特性常用的仪器，其原理为将一定浓度的谷物粉或淀粉的水悬浮液，按一定升温速率加热，使淀粉糊化。开始糊化后，由于淀粉吸水膨胀，悬浮液逐渐变成糊状物，黏度不断增加，随着温度升高，淀粉充分糊化，产生最高黏度值；随后淀粉颗粒破裂，黏度下降。当糊化物按一定降温速率冷却时，糊化物胶凝，黏度值又进一步升高，冷却至 50℃时的黏度值即为最终黏度值。通过黏度仪的传感器、传感轴、测力盘簧，将整个糊化过程中黏度变化而产生的阻力变化反映到自动记录器上，描绘出黏度曲线，读出评价谷物及淀粉糊化特性的各项指标，包括开始糊化温度、最高黏度值、最高黏度时的温度、最低黏度值及胶凝后的最终黏度值等。

燕麦淀粉易于糊化，糊化温度范围为 56.0～74.0℃；峰值黏度低，表明燕麦淀粉中直链淀粉含量高；黏度衰减值小，表明淀粉糊的热稳定性好；回生值大，表明淀粉容易老化（Hoover and Zhou，2003）。与其他谷物粉相比，燕麦淀粉的峰值黏度、最大黏度和最终黏度远高于普通小麦粉，热稳定性也较好，破损值则与小麦粉相差不大；燕麦淀粉的溶解度、膨润力显著高于玉米淀粉和豌豆淀粉；与马铃薯淀粉相比，其冻融稳定性和透明度较差。

由于燕麦蛋白不能形成面筋，燕麦制品的成型主要依靠燕麦淀粉的糊化，包括传统的燕麦面制食品（如莜面窝窝）、挤压类燕麦早餐或休闲食品（如燕麦圈、燕麦棒等）。因此，燕麦的糊化特性对燕麦加工过程影响很大。燕麦面制食品的加工过程中，通常选择淀粉峰值黏度高的燕麦品种。

2.2 原料品质性状的测定方法

2.2.1 物理品质性状测定方法

1. 稃壳率

稃壳率是皮燕麦原料脱壳加工后，稃壳的质量占处理原料质量的比例。

$$稃壳率(\%)=\frac{W_1}{W_0}\times 100\% \tag{2.1}$$

式中，W_1——稃壳的质量，g；

W_0——原料籽粒的质量，g。

2. 脱壳率

脱壳率是指燕麦脱壳加工结束后完整脱去稃壳的燕麦籽粒数量占加工前燕麦籽粒数量的比例。

$$脱壳率(\%)=\frac{N_1}{N_0}\times 100\% \tag{2.2}$$

式中，N_1——完整脱去稃壳的燕麦样品的数量；

N_0——燕麦籽粒样品的数量。

3. 整仁率

整仁率代表了脱壳加工时燕麦籽粒的破碎程度，是脱壳加工后完整燕麦仁的籽粒数量占加工前燕麦原料的籽粒数量的比例。

$$整仁率(\%)=\frac{N_1}{N_0}\times 100\% \tag{2.3}$$

式中，N_1——加工后完整燕麦仁的籽粒数量；

N_0——燕麦籽粒样品的数量。

4. 加工出品率

加工出品率是指最终脱掉壳的、完整的燕麦仁的质量占最初燕麦原料质量的比例。

$$加工出品率(\%)=\frac{W_1}{W_0}\times 100\% \tag{2.4}$$

式中，W_1——完整的燕麦仁的质量，g；
W_0——原料籽粒的质量，g。

5. 千粒重

样品除去杂质后，用四分法分样，将试样分至大约 500 粒，挑出完整、饱满籽粒，数其粒数，准确称其质量（精确至 0.0001 g），折算成 1000 粒的质量。

$$千粒重(g)=\frac{W}{N}\times 1000 \tag{2.5}$$

式中，W——样品质量，g；
N——样品的数量。

6. 容重

单位体积中燕麦的质量，以 g/L 或 kg/m^3 为单位。

7. 籽粒形状

燕麦籽粒的形状测定主要包括长度（L）、宽度（W）和厚度（T）。定义 L 为籽粒基部到顶端的距离，W 为籽粒两侧之间的距离，T 为腹背之间的距离。一般情况下，$L>W>T$。随机从样品中取出 20 粒燕麦，用游标卡尺测量其 L、W 和 T。

8. 白度

燕麦籽粒的白度采用亨特（Hunter）完全白度公式计算（朱克瑞等，2008）。

$$W_{\text{h}}=100-\sqrt{(100-L)^2+a^2+b^2} \tag{2.6}$$

式中，L——亨特明度指数；
a——亨特色品指数红绿值；
b——亨特色品指数黄蓝值；
W_{h}——亨特完全白度，值越大表示白色程度越高。

2.2.2　营养品质性状测定方法

1. 淀粉

1）总淀粉含量

总淀粉含量测定参照 AOAC 996.11 进行检测，重复进行 3 次。主要操作步骤：精确称量燕麦粉样品约 0.1000 g 于 15 mL 具塞试管，加入 80%（体积分数）的乙醇水溶液 0.2 mL，在漩涡振荡仪上振荡以分散样品。加入 3 mL 耐热 α-淀粉酶

（100 U/mL），剧烈振荡后于沸水中保温 6 min，其间每隔 2 min 振荡一次。加入 0.1 mL 淀粉葡萄糖苷酶（200 U/mL），振荡试管，在 50℃水浴锅中保温 30 min。将试管中混合物定容至 100 mL 并于 3600 *g* 离心 10 min。精确移取 0.1 mL 上清液至 15 mL 试管底部，加入葡萄糖氧化酶-过氧化酶（GOPOD）试剂 3.0 mL，50℃水浴中保温 20 min，在 510 nm 下测定样品的吸光度。葡萄糖标准样品包括 0.1 mL 葡萄糖标准溶液（1 mg/mL）和 3.0 mL 葡萄糖氧化酶-过氧化酶试剂；试剂空白包括 0.1 mL 蒸馏水和 3.0 mL 葡萄糖氧化酶-过氧化酶试剂。按式（2.7）计算淀粉含量。

$$\text{总淀粉含量}(\%)=\Delta A\times F\times 1000\times\frac{1}{1000}\times\frac{100}{W}\times\frac{162}{180}=\Delta A\times\frac{F}{W}\times 90 \quad (2.7)$$

式中，ΔA——样品吸光度与反应空白吸光度的差值；

F——吸光度转化为 μg 葡萄糖的转换因子，$F=\dfrac{100\mu\text{g葡萄糖的质量}}{100\mu\text{g葡萄糖的吸光度}}$；

1000——体积校正因子（从 100 mL 取 0.1 mL 用于分析）；

1/1000——从 μg 转换成 mg；

100/*W*——淀粉占原料的百分率；

W——样品质量，mg；

162/180——游离葡萄糖转化为淀粉中脱水葡萄糖的转换因子。

2）直链淀粉含量

直链淀粉的测定采用酶法（Megazyme 试剂盒），重复进行 3 次。主要操作步骤如下。

（1）淀粉预处理：

精确称取样品 20～25 mg（精确到 0.1 mg）及标准品于 10 mL 玻璃离心管；记录样品质量。添加 1 mL 二甲基亚砜（DMSO）于样品中，在涡旋振荡仪上摇匀，然后置沸水浴中 1 min，确保所有样品都溶解，底部无结块。快速涡旋振荡使其均匀，然后在沸水浴煮 15 min，其间间断振荡。将样品置室温 5 min，然后添加 2 mL 95%乙醇（体积分数），并不断摇晃使其完全溶解，再添加 4 mL 乙醇，密封混合，静置 15 min 或过夜，将会形成淀粉沉淀。2000 *g* 离心 5 min，弃去上清液，并用吸水纸吸干离心管挂的水，即倒置 10 min 或用吸水纸吸水 10 min，确保所有乙醇都被清除，用于后面的直链淀粉和总淀粉的分析。添加 2 mL DMSO 于上面盛有淀粉的离心管中，置沸水浴 15 min，使其完全溶解，确保无块状物。从水浴锅中移出离心管后，立即加入 4 mL 伴刀豆球蛋白（ConA）溶液，摇匀并将样品转移至 25 mL 容量瓶中（反复用 ConA 洗涤离心管），用 ConA 溶剂定容（此溶液为 A 溶液）。注意：此液要在 2 h 内使用。

（2）ConA 沉淀支链淀粉和直链淀粉的检测：

转移 1.0 mL A 溶液于 2.0 mL 离心管；加入 0.50 mL ConA 溶液，盖上盖反复翻转使其混匀，不要将液体倒出。室温下静置 1 h，然后 14000 *g* 离心 10 min。转移 1.0 mL 上清液于 15 mL 离心管，加入 3 mL、100 mmoL、pH 4.5 乙酸钠缓冲液，混匀，慢慢停止。盖上盖置沸水浴加热 5 min 使 ConA 变性。将离心管放置于 40℃水浴内，平衡 5 min；然后加入 0.1 mL 淀粉葡萄糖苷酶/*α*-淀粉酶液，再次放入 40℃水浴保温 30 min，最后 2000 *g* 离心 5 min。向 1.0 mL 上清液中加入 4 mL GOPOD 试剂。40℃水浴保温 20 min，同时水浴空白样。

注意：空白样的准备为 1.0 mL、100 mmoL 乙酸钠于 4.0 mL GOPOD 试剂，40℃水浴 20 min。测定每个样品及标样在 510 nm 下的吸光度，并和空白样做对照。

（3）总淀粉含量测定：

混合 0.5 mL A 溶液和 4 mL 100 mmoL 乙酸钠缓冲液。添加 0.1 mL 的淀粉葡萄糖苷酶/*α*-淀粉酶溶液，40℃水浴保温 10 min。转移 1.0 mL 上述溶液于试管，添加 4 mL GOPOD 试剂，混合均匀，40℃水浴保温 20 min。这步处理与第（2）步中的样品和标样一起实施。510 nm 下测定样品的吸光度。

（4）直链淀粉含量计算：

$$\begin{aligned}\text{直链淀粉(\%，质量分数)} &= \frac{\text{ConA上清液吸光度}}{\text{总淀粉吸光度}}\times\frac{6.15}{9.2}\times\frac{100}{1} \\ &= \frac{\text{ConA上清液吸光度}}{\text{总淀粉吸光度}}\times 66.85\end{aligned} \tag{2.8}$$

式中，6.15 和 9.2——ConA 和总淀粉的稀释系数。

2. 蛋白质

1）蛋白质含量

粗蛋白测定参照 GB/T 5009.5—2016。称取燕麦粉样品约 1 g（精确至 0.0001 g）置于消化管中，加入 6.0 g 左右硫酸铜与硫酸钾的混合物，加入 10 mL 浓硫酸，盖好盖子后放入消化炉中，消化温度为 420℃，待温度上升至 420℃时计时 40 min。消化结束后冷却至室温，定氮（蛋白转换因子 5.83），实验重复 3 次。

2）氨基酸组成测定

氨基酸组成测定参照 GB/T 5009.124—2016。将样品烘干后置于 6 mol/L 盐酸中 110℃下水解 24 h，采用高速氨基酸分析仪测定氨基酸的组成。

3）蛋白质组成测定

使用十二烷基硫酸钠-聚丙烯酰胺凝胶电泳（SDS-PAGE）实验分析燕麦蛋白组成。采用 Leanmli 系统，分离胶浓度 13%，浓缩胶浓度 4%，恒压 80 V（约 0.5 h）电泳，样品进入分离胶后恒压 120 V（约 3 h），考马斯亮蓝 R-250 染色。当溴酚蓝指示剂到达距胶底部 0.5～1 cm 时，停止电泳，剥下胶片。采用考马斯亮蓝染色后，蒸馏水漂洗数次，于摇床振荡脱色。以蛋白质标准品的迁移率对分子质量作图得标准曲线，通过对比得蛋白质样品分子量。

4）营养价值评价

（1）氨基酸评分（AAS）:

$$\mathrm{AAS}=\frac{A_{\mathrm{x}}(\mathrm{mg/g})}{A_{\mathrm{s}}(\mathrm{mg/g})}\times 100\% \tag{2.9}$$

式中，A_{x}——待测蛋白质中某一必需氨基酸的含量；

A_{s}——联合国粮食及农业组织/世界卫生组织评分模式氨基酸的含量。

（2）化学评分（CS）:

$$\mathrm{CS}=\frac{A_{\mathrm{x}}\cdot E_{\mathrm{e}}}{A_{\mathrm{e}}\cdot E_{\mathrm{x}}}\times 100\% \tag{2.10}$$

式中，A_{x}——待测蛋白质中某一必需氨基酸的含量；

A_{e}——待测蛋白质中必需氨基酸的总含量；

E_{x}——标准鸡蛋蛋白中相应必需氨基酸的含量；

E_{e}——标准鸡蛋蛋白中必需氨基酸的总含量。

（3）必需氨基酸指数（EAAI）:

$$\mathrm{EAAI}=\sqrt[n]{\frac{\mathrm{Lys}^{p}}{\mathrm{Lys}^{s}}\times\frac{\mathrm{Val}^{p}}{\mathrm{Val}^{s}}\times\cdots\times\frac{\mathrm{Leu}^{p}}{\mathrm{Leu}^{s}}}\times 100\% \tag{2.11}$$

式中，p——待测蛋白质中某一必需氨基酸的含量；

s——标准鸡蛋蛋白中某一必需氨基酸的含量；

n——比较的氨基酸数。

（4）营养指数（NI）:

$$\mathrm{NI}=\frac{\mathrm{EAAI}\cdot pp}{100} \tag{2.12}$$

式中，pp——蛋白质含量百分数。

（5）氨基酸比值系数（RCAA）和氨基酸比值系数分（SRCAA）:

$$\text{氨基酸比值}=\frac{A_{\mathrm{x}}(\mathrm{mg/g})}{A_{\mathrm{s}}(\mathrm{mg/g})} \tag{2.13}$$

$$\mathrm{RCAA}=\frac{\text{氨基酸比值}}{\text{氨基酸比值之均值}} \tag{2.14}$$

$$\mathrm{SRCAA}=100-\mathrm{CV}\times 100 \tag{2.15}$$

式中，CV——RCAA 的变异系数。

3. 脂质

1）粗脂肪含量

粗脂肪含量测定参照 GB/T 5009.6—2016。将浸提杯置于 105℃烘箱恒重 0.5 h，在干燥器中冷却至室温后称量（精确至 0.0001 g）。称取燕麦粉样品约 1 g（精确至 0.0001 g）置于洁净的纸套筒中，在纸套筒口内加入少量脱脂棉，于浸提烧杯中加入沸程为 60～90℃的石油醚 80 mL。使用自动脂肪抽提仪，在 135℃下浸提 20 min，喷淋 40 min，回收 30 min，干燥 10 min，充分提取样品中的脂肪。提取结束后将浸提杯置于 105℃烘箱中恒重 30 min，在干燥器中冷却至室温后称量（精确至 0.0001 g）。按下式计算粗脂肪含量。重复进行 3 次。

$$脂肪(\%)=\frac{W_2-W_1}{W_0}\times 100\% \tag{2.16}$$

式中，W_0——样品质量，g；

W_1——浸提烧杯质量，g；

W_2——浸提烧杯与脂肪总质量，g。

2）脂肪酸组成

采用气相色谱测定燕麦油脂中的脂肪酸组成及其含量。

甲酯化：称取油脂 50 mg，加入 1%硫酸-甲醇溶液 2 mL。将溶液摇匀，70℃水浴加热 40 min，每隔 10 min 振摇一次。水浴冷却后，加入 2 mL 正己烷，并振摇，再加 10 mL 蒸馏水至 15 mL 试管瓶颈。吸取上清液至 10 mL 容量瓶中，再向上述试管中加入 1 mL 的正己烷，回收上清液到容量瓶中，最后用正己烷定容，待测。

气相色谱柱为 HP-INNOWAX（30 m×320 μm×0.25 μm）。升温程序：初始 150℃，保持 1 min；以 10℃/min 升至 230℃，保持 15 min。检测器：FID，300℃。空气流速 300 mL/min；氢气流速 30 mL/min；尾吹气流速 29 mL/min；进样口温度 280℃，载气流速 1 mL/min。

4. 总膳食纤维

总膳食纤维含量测定参照 AOAC 991.43 的改进方法进行测定，具体步骤如下：称取两份样品约 1.0000 g（两者之间相差小于 20 mg），至于 400 mL 烧杯中，加入 50 mL、0.08 mol/L 磷酸盐（pH 6.0），加入 50 μL 耐热α-淀粉酶，用锡箔纸封盖。沸水浴磁力搅拌反应 30 min 后冷却至室温。用 0.275 mol/L 氢氧化钠调 pH 至 7.5±0.1，之后加入 100 μL 蛋白酶，封盖，60℃水浴磁力搅拌反应 30 min 后冷却至室温。用 0.325 mol/L 盐酸调 pH 至 4.5±0.2，加入 200 μL 淀粉葡萄糖苷酶（AMG），封盖，60℃水浴磁力搅拌反应 30 min。加入 280 mL 95%乙醇，室温沉淀 60 min。称量坩埚质量（内含硅藻土约 0.5 g，恒重），用 78%乙醇喷洒硅藻土，使其湿润并分布均匀。抽滤，使沉淀物从酶解液中转移至硅藻土上。分别用 20 mL 78%的乙醇洗涤残渣 3 次，10 mL 95%乙醇和 10 mL 丙酮分别洗涤 2 次，105℃干燥箱中过夜干燥。干燥器中冷却，称量质量，扣除坩埚与硅藻土质量，计算残渣质量。其中一份残渣用凯氏定氮仪测定蛋白质含量，另一份于 525℃干燥 5 h，干燥器中冷却，称量，测定其灰分含量。

$$\text{总膳食纤维含量}(\%)=\frac{R_{\mathrm{w}}-P-A}{W}\times 100\% \quad (2.17)$$

式中，R_{w}——残渣质量，mg；

P——残渣中蛋白质含量，mg；

A——残渣中灰分含量，mg；

W——样品质量，mg。

5. *β*-葡聚糖

β-葡聚糖的测定方法较多，有刚果红法、国际标准酶法、改进酶法等。刚果红法所需仪器简单，检测快速便捷，适用于批量多、长期、连续测定的工业化生产需求，成本低、操作简单。酶法精确度高，适用于少量样本的准确测定，成本较高，不适于工业生产的大规模使用。这里主要介绍 AOAC 995.16 方法，具体步骤如下。

称取燕麦粉样品约 1 g（精确至 0.0001 g）于 25 mL 具塞试管中，用 0.2 mL 50%乙醇润湿并在涡旋振荡仪上剧烈振荡后加入 4.0 mL 磷酸盐缓冲液，振荡混匀后沸水中保温 60 s，再次剧烈振荡后置于沸水浴中保温 2 min（在两次沸水浴中均要不停晃动试管，避免燕麦粉末结块）。保温结束后，再次振荡试管，并将试管置于 50℃恒温水浴中平衡 5 min。然后加入地衣酶（50 U/mL）0.2 mL，并在 50℃水浴中保温 1 h，其间将试管每隔 15 min 振荡 1 次。酶解结束后，加入 200 mmol/L 乙酸盐缓冲液 5.0 mL，混匀后在室温下平衡 5 min。然后于 1000 *g* 离心 10 min，分别移取上清液 0.1 mL 至 3 支试管中，并向前两支试管加入 *β*-葡萄糖苷酶（2 U/mL）0.1 mL（用于样品反应），在第三支试管中加入 50 mmol/L 乙酸盐缓冲液 0.1 mL（用作反应空白）。50℃水浴中保温 10 min 后所有试管加入 GOPOD 试剂 3.0 mL，混匀后在 50℃水浴中继续保温 20 min。取出试管，并在 510 nm 下测量样品的吸光度，所有样品应在 1 h 内测完。其中，试剂空白包括 0.1 mL 乙酸盐缓冲液（50 mmol/L）、0.1 mL 蒸馏水和 3.0 mL GOPOD 试剂，葡萄糖标准样品包括 0.1 mL

乙酸盐缓冲液（50 mmol/L）、0.1 mL 葡萄糖标准溶液（1 mg/mL）和 3.0 mL GOPOD 试剂。按式（2.18）计算 β-葡聚糖含量。

$$\begin{aligned}\beta\text{-葡聚糖}(\%) &= \Delta A \times F \times 94 \times \frac{1}{1000} \times \frac{100}{W} \times \frac{162}{180} \\ &= \Delta A \times \frac{F}{W} \times 8.46\end{aligned} \tag{2.18}$$

$$F = \frac{100\mu\text{g葡萄糖的质量}}{100\mu\text{g葡萄糖的吸光度}} \tag{2.19}$$

式中，ΔA——样品吸光度与反应空白吸光度的差值；

F——吸光度转化为 μg 葡萄糖的转换因子；

94——体积校正因子（从 9.4 mL 取 0.1 mL 用于分析）；

1/1000——从 μg 转换成 mg；

100/W——表示 β-葡聚糖占原料的百分数；

W——样品质量，mg；

162/180——游离葡萄糖转化为 β-葡聚糖中脱水葡萄糖的转换因子。

2.2.3　加工品质性状测定方法

1. 燕麦的糊化特性

参考 GB/T 14490—2008 及美国谷物化学师协会（AACC）的规定。准确称取 12 g 左右的燕麦全粉样品，配制成 6%（质量分数）淀粉乳，置于微量快速黏度仪测量筒中。测定参数设定：30℃开始计时，以 7.5℃/min 的速度升温至 93℃，93℃保温 5 min，再以 7.5℃/min 的速度冷却至 50℃，50℃保温 2 min，测量时搅拌机转速 250 r/min，黏度单位为 BU。统计起始糊化温度、峰值黏度、升温到 93℃时的黏度、淀粉糊在 93℃保温 5 min 后的黏度、淀粉糊冷却到 50℃时的黏度、淀粉糊 50℃保温后的黏度。

2. 淀粉的凝胶特性

配制浓度 7.5%（质量分数）的生淀粉乳，95℃下加热并保温糊化 20 min。糊化结束后，趁热将淀粉糊倒入铝盒（Φ4.0 cm×1.5 cm）中，冷却至室温加盖密封，防止水分蒸发，在 4℃冰箱中放置 12 h，由物性测试仪测定淀粉凝胶质构，采用两次下压的 TPA 测定模式。测定条件：P/0.5R 圆柱探头，测定前探头速度 2.0 mm/s，测定时速度 0.8 mm/s，测定后速度 2.0 mm/s，压缩距离为样品总高度的 50%，触发类型为自动，触发力 5.0 g，两次压缩间隔时间 5 s。根据淀粉凝胶 TPA 曲线，可获得硬度、黏聚性、弹性、黏附性、咀嚼度等凝胶质构参数。

硬度：第一次压缩时的最大峰值，g。

黏聚性：表示测试样品经过第一次压缩变形后所表现出来的对第二次压缩的相对抵抗能力，在曲线上表现为两次压缩所做正功之比。

弹性：表示样品经过第一次压缩以后能够再恢复的程度，常用第二次压缩中所检测到的样品恢复高度和第一次的压缩变形量之比来表示。

黏附性：第一次压缩曲线达到零点到第二次压缩曲线开始之间的曲线的负面积，反映的是由于测试样品的黏着作用探头所消耗的功。

咀嚼度：计算公式为硬度×弹性×黏聚性。

3. 淀粉的热力学特性

采用差示扫描量热仪测定淀粉的热特性。用十万分之一电子天平精确称取淀粉样品约 3 mg 置于铝盒中，按淀粉：水≈1：3（质量比）加入蒸馏水，然后用配套铝盖密封，室温平衡 5 h，以 5℃/min 的加热速率使铝盒温度从 30℃上升到 100℃。密封空白铝盒作为对照，每个样品重复测定 2 次。从吸热曲线上峰的形成到结束可以得到起始糊化温度、峰值糊化温度和终止糊化温度，峰面积则表示糊化所需的热焓。DSC 在测试前用铟校正，测试参比为空的密封铝盒，样品室的氮气流量为 30 mL/min。

2.3　我国裸燕麦原料品质特性的品种差异性分析

我国裸燕麦品种资源丰富，国家种质资源库现存 1960 余份裸燕麦品种，其中 95%以上源自我国（周素梅等，2009）。由于我国燕麦种植区域广、品种多样化，基因、气候环境条件各异，燕麦品质存在较大差异性。关于燕麦品种品质的相关研究较多，但最初的品质特性指标主要是农艺性状指标，目的是为育种人员在品种培育和筛选时提供指标依据。随着人们对燕麦营养和保健功效的逐渐认识，燕麦原料的营养特性，特别是蛋白质、油脂和 β-葡聚糖等品质指标引起人们的关注，营养特性指标也成为育种和燕麦加工人员在原料筛选时的重要筛选指标。越来越多的消费者将燕麦纳入日常膳食的一部分，市面上燕麦类食品的种类也日益丰富，除传统的面制主食和早餐食品外，还出现以燕麦为主要原料或配料的休闲食品，如燕麦棒、燕麦饮料等。因此，燕麦的加工特性，特别是淀粉的凝胶、糊化特性，也逐渐成为原料品质筛选和评价的重要指标。

目前国内关于燕麦原料的品质评价的研究多局限于局部地区、单年份燕麦品种的分析。周素梅研究团队从 2007 年至 2012 年，连续 6 年收集我国燕麦主产区的燕麦品种 184 个，对不同品种、年份燕麦的原料特性进行研究（表 2.11）。2007～2012 年我国燕麦主产区燕麦品种的主要理化和营养品质特性具体结果如表 2.12 所示。

表 2.11　不同年份燕麦品种收集数量

年份	2007	2008	2009	2010	2011	2012	总计
数量/个	34	13	11	39	56	31	184

表 2.12　2007～2012 年燕麦籽粒基本品质的统计分析

年份	项目	粗蛋白/%	粗脂肪/%	β-葡聚糖/%	总淀粉/%	千粒重/g	灰分/%
2007	平均值	17.14	7.14	4.41	57.22	22.80	2.43
	变幅	12.40～22.13	4.70～10.47	3.20～5.70	48.76～64.62	16.30～28.20	1.46～3.06
	变异系数/%	12.86	18.91	14.43	6.75	12.51	17.46
2008	平均值	14.55	7.06	4.87	56.45	23.11	2.63
	变幅	11.64～16.34	4.05～10.97	4.05～6.14	49.89～59.89	19.53～28.44	2.02～3.33
	变异系数/%	8.95	27.59	11.78	5.21	13.29	14.31
2009	平均值	17.66	6.90	4.46	56.16	21.87	2.46
	变幅	12.64～20.87	4.88～9.96	2.69～5.31	52.12～62.07	18.47～29.40	2.29～2.62
	变异系数/%	15.53	22.58	16.91	5.82	14.42	5.41
2010	平均值	17.89	5.46	4.88	57.41	23.43	2.11
	变幅	13.03～20.88	2.60～9.28	2.35～5.92	52.44～63.06	16.26～31.90	1.73～2.40
	变异系数/%	10.60	27.82	15.75	4.04	14.39	7.74
2011	平均值	15.82	6.11	4.39	57.42	22.86	1.83
	变幅	9.80～21.43	4.02～8.91	3.01～6.79	44.14～65.85	17.83～31.30	1.23～2.56
	变异系数/%	16.41	17.90	17.82	7.03	12.55	17.16
2012	平均值	15.77	5.32	4.56	56.09	23.28	2.01
	变幅	11.81～18.84	3.21～8.12	2.79～5.63	48.32～64.05	16.39～28.17	1.51～2.51
	变异系数/%	18.84	21.56	15.47	6.50	11.28	10.26

资料来源：路长喜，2009；林伟静，2010；徐向英，2012；路威，2013。

2.3.1　基本物理特性的品种差异性分析

1. 籽粒大小和形状

表 2.12 列出了 2007～2012 年我国燕麦主产区燕麦品种的籽粒大小，即千粒重的品种差异。184 个样品中，燕麦籽粒的千粒重最小值和最大值分别为 16.26 g 和 31.90 g，年份平均值范围为 21.87～23.28 g。同一年份、不同品种燕麦籽粒的千粒重变异系数（CV）在 11%～15%，表明品种间差异较大；但年份对燕麦品种

的千粒重变异性影响较小，年度平均值变化差异小。

王燕（2012）对 2011 年收集的 49 个国内裸燕麦品种的千粒重进行了分析。不同品种燕麦籽粒千粒重分布从 16.26 g 到 31.90 g，平均值为 23.10 g。燕麦样品的千粒重分布如表 2.13 所示，分别有 65%和 14%的燕麦样品千粒重集中在 20.00～26.00 g 和 26.00～29.00 g 范围内。

表 2.13　不同燕麦样品千粒重的分布

千粒重/g	＜20.00	20.00～23.00	23.00～26.00	26.00～29.00	＞29.00
品种数/个	7	21	11	7	3

林伟静（2010）连续 3 年（2007～2009 年）共收集我国燕麦主产区 30 个燕麦品种，对燕麦的千粒重、容重、籽粒性状的品种和年份差异性进行了研究（表 2.14）。30 个燕麦品种的千粒重的变化范围为 18.47～29.40 g，平均值为 22.58 g；容重变化范围为 604～789 g/L，平均值为 688 g/L。容重的品种变异性较小，变异系数仅为 6.02%，但千粒重的品种差异性较大（13.23%）。不同燕麦品种其籽粒长度的变幅为 6.57～9.22 mm，平均值为 7.86 mm，其变异系数为 8.13%，与宽度变异系数相近（8.46%）。相比之下，籽粒厚度的变异系数较小（6.43%）。籽粒的长宽比和长厚比的变异系数也较大，分别为 14.15%和 11.45%。

表 2.14　燕麦籽粒物理品质和籽粒形态测定结果

指标	平均值	变幅	变异系数/%
容重/（g/L）	688	604～789	6.02
千粒重/g	22.58	18.47～29.40	13.23
长度/mm	7.86	6.57～9.22	8.13
宽度/mm	2.41	2.02～2.74	8.46
厚度/mm	2.00	1.76～2.26	6.43
长宽比	3.30	2.64～4.56	14.15
长厚比	3.94	3.23～5.12	11.45

如表 2.15 所示，年份对燕麦品种的容重变异性影响较大，但平均千粒重则差异不大。2009 年的平均容重最大，当年平均千粒重最小。三年燕麦籽粒的平均长、宽和厚的具体关系分别为 2007 年＞2008 年＞2009 年、2008 年＞2009 年＞2007 年和 2008 年＞2007 年=2009 年。而根据长宽比和长厚比的结果，2007 年的平均值较大，分别为 3.56 和 4.14，而 2008 年的平均值相对最小。

表 2.15　2007～2009 年国内燕麦籽粒物理品质与形态比较

指标	2007 年		2008 年		2009 年	
	平均值	变幅	平均值	变幅	平均值	变幅
容重/（g/L）	684	630～744	673	604～721	710	665～789
千粒重/g	22.61	18.90～26.40	23.11	19.53～28.44	21.87	18.47～29.40
长度/mm	8.05	6.96～8.76	7.98	7.06～9.05	7.56	6.57～8.51
宽度/mm	2.30	2.02～2.58	2.52	2.17～2.74	2.34	2.13～2.70
厚度/mm	1.95	1.78～2.08	2.07	1.96～2.13	1.95	1.76～2.23
长宽比	3.56	2.81～4.55	3.18	2.83～4.10	3.26	2.64～3.92
长厚比	4.14	3.45～5.12	3.86	3.33～4.49	3.91	3.23～4.67

燕麦籽粒主要物理性质与形态的相关性分析结果如表 2.16 所示。结果表明，籽粒长度与其长宽比和长厚比呈极显著正相关，其相关系数分别为 0.80 和 0.82，而宽度则与长宽比和长厚比呈极显著负相关，相关系数分别为–0.82 和–0.71。籽粒千粒重与长度基本没有相关性，而与宽度和厚度则呈极显著的正相关，表明宽度或厚度较大，即籽粒外形较圆润饱满，其千粒重较大。另外千粒重与长宽比和长厚比的负相关性显著。籽粒容重与长度呈现极显著的负相关性，系数为–0.52，表明越长的燕麦籽粒其容重越小，同样的相关性也体现在容重与长宽比和长厚比之间。考虑各个指标之间的相关性，研究认为长度、长宽比和长厚比是评价燕麦籽粒形态较重要的因素。

表 2.16　燕麦籽粒主要物理性质与形态的相关性分析

相关系数	长度	宽度	厚度	长宽比	长厚比	千粒重	容重
长度	1						
宽度	–0.33	1					
厚度	–0.19	0.82**	1				
长宽比	0.80**	–0.82**	–0.63**	1			
长厚比	0.82**	–0.71**	–0.71**	0.94**	1		
千粒重	–0.03	0.59**	0.73**	–0.36*	–0.41*	1	
容重	–0.52**	0.30	0.28	–0.49**	–0.52**	0.34	1

*表示两者呈显著相关性（$P<0.05$）；**表示两者呈极显著相关性（$P<0.01$）。

2. 色泽（白度）

路威（2013）对 2011 年我国 56 个燕麦主栽品种的白度进行分析。燕麦白度的平均值为 44.06，变幅为 40.22～47.30。燕麦白度的品种变异性小，变异系数仅为 4.07%，约有 41%燕麦样品的白度集中在 43～45，如图 2.5 所示。燕麦产品的色泽是重要品质指标，直接影响终端消费者购买欲望和产品销售。因此，筛选白度较高且适宜加工的燕麦品种是燕麦加工中需要重点考虑的步骤。

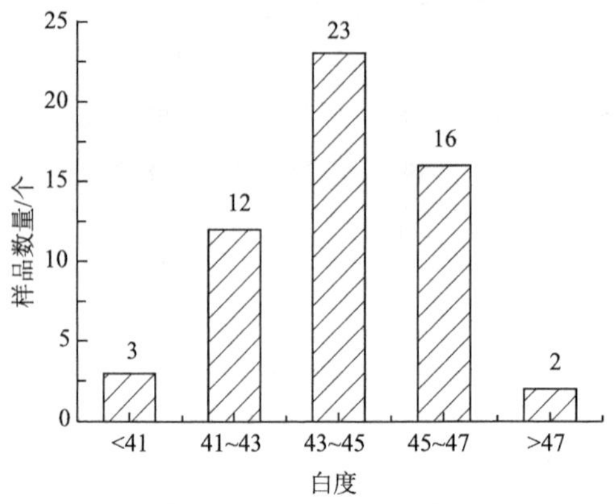

图 2.5　不同燕麦品种的白度分布

2.3.2　营养特性的品种差异性分析

1. 淀粉

表 2.12 数据表明，对于 2007～2012 年 184 个我国燕麦主产区燕麦品种而言，淀粉含量最大值和最小值分为 65.85%和 44.14%，年份平均值范围为 56.09%～57.42%，年份差异小。同年份的燕麦籽粒的淀粉变异系数偏小，表明品种差异小。品种差异性小，推测与淀粉测定方法一致有关。

郑建梅等（2012）选取 10 个裸燕麦品种分别同时在我国两大燕麦主产区内蒙古和河北种植，通过多重比较分析品种的变异性和地区之间的差异性。内蒙古种植的 10 个裸燕麦品种总淀粉含量平均为 55.23%，含量范围为 40.53%～64.02%。品种之间的总淀粉含量差异大，变异系数为 16.67%。河北种植的 10 个裸燕麦品种总淀粉含量平均 60.54%，含量范围为 54.99%～70.99%，变异系数为 16.01%。因此，种植环境对燕麦淀粉含量存在显著影响（表 2.17）。

表 2.17　不同裸燕麦品种的淀粉性状

种植区域	品种	抗性淀粉/%	总淀粉/%	淀粉水解率/%
内蒙古	‘Ly03—01’	0.13	46.69	95.52
	‘Ly03—02’	0.13	46.90	88.28
	‘Ly03—03’	0.15	64.02	89.16
	‘Ly03—04’	0.16	62.56	85.30

续表

种植区域	品种	抗性淀粉/%	总淀粉/%	淀粉水解率/%
内蒙古	‘Ly03—05’	0.19	61.46	90.22
	‘Ly03—06’	0.16	45.03	93.01
	‘Ly03—07’	0.18	60.70	89.72
	‘Ly03—08’	0.17	60.92	85.02
	‘Ly03—09’	0.17	40.53	94.26
	‘Ly03—10’	0.15	63.51	90.09
	平均值/%	0.16	55.23	90.06
	变异系数/%	11.48	16.67	3.85
河北	‘Ly03—01’	0.10	65.74	69.93
	‘Ly03—02’	0.10	65.28	70.84
	‘Ly03—03’	0.16	58.49	85.59
	‘Ly03—04’	0.08	58.40	81.41
	‘Ly03—05’	0.17	59.80	81.35
	‘Ly03—06’	0.15	55.67	87.20
	‘Ly03—07’	0.15	70.99	71.33
	‘Ly03—08’	0.14	56.93	79.12
	‘Ly03—09’	0.16	54.99	89.87
	‘Ly03—10’	0.18	59.09	80.84
	平均值/%	0.14	60.54	79.75
	变异系数/%	24.10	16.01	8.82

路威（2013）比较了 2011 年 56 个不同品种及产地燕麦籽粒（脱稃壳后 14 个皮燕麦籽粒和 42 个裸燕麦籽粒）的直链淀粉含量。直链淀粉含量为 8.06%～15.49%，平均值为 11.60%。裸燕麦和皮燕麦籽粒直链淀粉含量分别为 11.80%和 10.99%，两者无显著差异（表 2.18）。其中，直链淀粉含量分布在 11%～13%的燕麦样品有 28 个，直链淀粉含量＜9%的有 1 个，直链淀粉含量＞15%的有 1 个（图 2.6）。

表 2.18　裸燕麦和皮燕麦籽粒淀粉含量差异

种类	总淀粉/%	直链淀粉/%
裸燕麦	59.16±2.73	11.80±1.68
皮燕麦	52.20±2.53	10.99±1.67

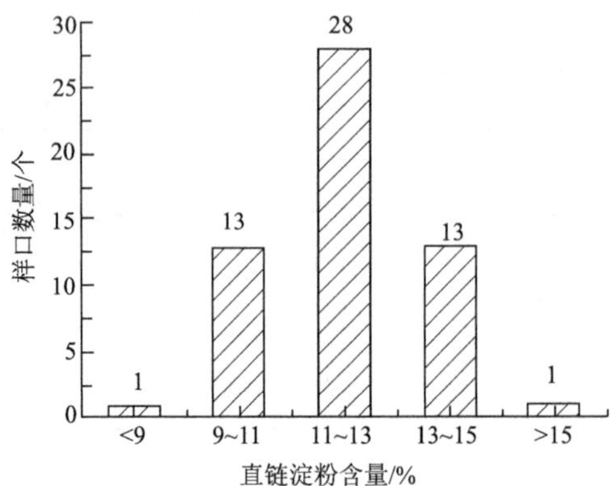

图 2.6　不同燕麦品种直链淀粉含量分布

2. 蛋白质

1）蛋白质含量

对2007～2012年184个我国燕麦主产区燕麦品种蛋白质含量测定结果分析发现，蛋白质含量分布范围为 9.8%～22.13%。其中，2008 年蛋白质含量平均值最低，为 14.55%；2010 年蛋白质含量平均值最高，为 17.89%。不同年份蛋白质变异系数的变化范围为 8.95%～18.84%，燕麦蛋白质含量的品种差异性和年份差异性均较大，表明年份和品种对蛋白质含量影响显著（表 2.12）。

对我国 2010 年 39 个燕麦主产区主栽裸燕麦品种的蛋白质含量分布进行分析（徐向英，2012）。不同品种燕麦粗蛋白含量的变幅为 13.03%～20.88%，平均值为 17.89%。由图 2.7 可知，不同品种燕麦粗蛋白含量呈正态分布，主要集中在 16%～20%，占品种总数的 71.8%。其中，定莜系列燕麦品种蛋白质含量较高。崔林和刘龙龙（2009）对 475 个燕麦品种资源进行了研究，发现裸燕麦的蛋白质浓度为 15.99%±1.04%（11.00%～19.62%）。普通燕麦（*A. sativa*）的蛋白质含量为 12.4%～

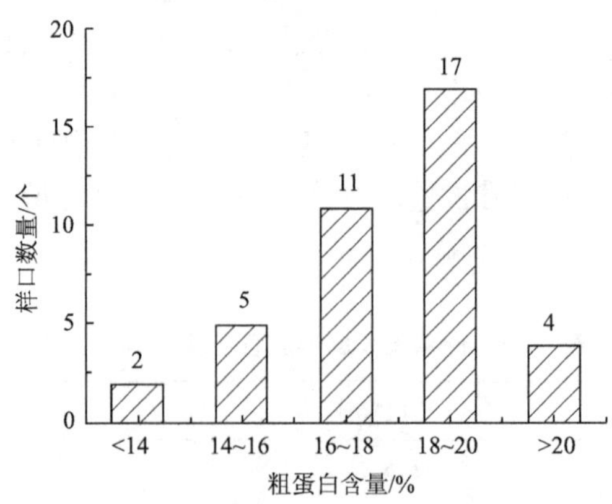

图 2.7　燕麦籽粒中蛋白质含量分布

24.4%（n=289），平均值为 17.1%。蛋白质含量的差异可能受收集年份气候、产地、品种等因素影响。

2）蛋白质氨基酸组成

徐向英（2012）采用酸水解法分析了燕麦品种蛋白质氨基酸含量分布。共检出 17 种氨基酸（色氨酸除外），其中必需氨基酸 7 种，半必需氨基酸 5 种，非必需氨基酸 5 种（表 2.19）。其中，谷氨酸含量最高，含量为 3.74%；其次为天冬氨酸、亮氨酸、精氨酸、缬氨酸与苯丙氨酸，含量最低的为胱氨酸（0.25%）。

表 2.19　燕麦籽粒氨基酸组成及含量

	氨基酸	平均值/%	变幅/%	变异系数/%
必需氨基酸	赖氨酸（Lys）	0.74±0.08	0.55～0.90	10.27
	苯丙氨酸（Phe）	0.89±0.09	0.68～1.06	10.31
	甲硫氨酸（Met）	0.29±0.06	0.20～0.42	19.39
	苏氨酸（Thr）	0.58±0.06	0.43～0.69	10.38
	亮氨酸（Leu）	1.30±0.16	0.96～1.61	12.46
	异亮氨酸（Ile）	0.64±0.08	0.46～0.80	12.57
	缬氨酸（Val）	0.90±0.10	0.68～1.08	11.42
半必需氨基酸	精氨酸（Arg）	1.19±0.19	0.72～1.56	17.00
	甘氨酸（Gly）	0.82±0.08	0.76～1.54	15.92
	丝氨酸（Ser）	0.77±0.08	0.59～0.94	10.11
	酪氨酸（Tyr）	0.55±0.19	0.22～0.98	34.04
	胱氨酸（Cys）	0.25±0.02	0.21～0.30	9.52
非必需氨基酸	谷氨酸（Glu）	3.74±0.49	2.63～4.64	13.17
	脯氨酸（Pro）	0.76±0.10	0.50～0.97	13.29
	天冬氨酸（Asp）	1.42±0.17	1.04～1.73	11.90
	丙氨酸（Ala）	0.76±0.08	0.56～0.91	10.77
	组氨酸（His）	0.38±0.06	0.27～0.49	14.83

必需氨基酸占总氨基酸含量比值越大，其营养价值越高。燕麦蛋白必需氨基酸平均值为 342.29 mg/g 蛋白质，低于全鸡蛋蛋白的 473 mg/g 蛋白质，接近 FAO/WHO 推荐值——350 mg/g 蛋白质（表 2.20）。必需氨基酸/氨基酸总量（E/T）平均值为 33.46%，变异系数 4.18%，接近 FAO/WHO 的推荐值（36%）。燕麦蛋白的第一限制性氨基酸仍是谷物中普遍缺少的赖氨酸，第二限制性氨基酸是苏氨酸，第三限制性氨基酸是含硫氨基酸（甲硫氨酸+胱氨酸）。

表 2.20　燕麦蛋白的必需氨基酸组成与比较

必需氨基酸	平均值 /（mg/g 蛋白质）	变幅/%	全鸡蛋蛋白 /（mg/g 蛋白质）	FAO/WHO 推荐值 /（mg/g 蛋白质）
赖氨酸	41.42	36.45～48.73	70	55
苯丙氨酸+酪氨酸	79.97	60.27～104.10	93	60
甲硫氨酸+胱氨酸	30.09	24.11～35.92	57	35
苏氨酸	32.40	28.51～36.34	47	40
亮氨酸	72.53	63.51～78.00	86	70
异亮氨酸	35.89	30.31～39.08	54	40
缬氨酸	49.99	44.75～54.32	66	50
必需氨基酸总和	342.29	287.91～396.49	473	350
E/T/%	33.46	30.56～41.28	48.9	36

注：表中必需氨基酸总和不含色氨酸，色氨酸易水解而未被测出。

3）燕麦蛋白质的营养价值

徐向英（2012）根据 FAO/WHO 制定的模式，对 2010 年不同产地燕麦品种蛋白质的营养价值进行分析，采用 AAS、CS 及 EAAI 等营养指标进行评价。AAS 使用第一限制性氨基酸评分值作为其评分值；CS 使用鸡蛋模式作为评价标准；EAAI 用以评价食物蛋白质的质量，是供试蛋白质中所有必需氨基酸相对于高价参比蛋白质（通常为标准鸡蛋蛋白）中所有必需氨基酸之比；NI 使用蛋白质含量及氨基酸组来表示蛋白质的营养价值，供试蛋白质的百分含量越高，必需氨基酸指数值越大，NI 值就越高；相对于 AAS 法，SRCAA 法用各种必需氨基酸偏离氨基酸模式的离散度来衡量蛋白质质量，更能全面反映蛋白质的营养价值，SRCAA 越接近 100，其蛋白质氨基酸组成与 FAO/WHO 模式氨基酸组成越一致。研究发现（表 2.21），不同地区间燕麦蛋白含量存在差异，平均值从 15%到 19%不等，甘肃和宁夏的样品粗蛋白含量较高（18.58%～19.54%），内蒙古的蛋白质含量低（15.15%±0.17%）。

表 2.21　不同产地间燕麦蛋白营养品质比较

产地	甘肃	河北	内蒙古	宁夏	山西
赖氨酸/%	$0.79±0.06^{A}$	$0.74±0.06^{AB}$	$0.62±0.09^{B}$	$0.76±0.06^{A}$	$0.76±0.13^{AB}$
粗蛋白/%	$19.54±0.93^{A}$	$17.9±1.51^{AB}$	$15.15±0.17^{B}$	$18.58±0.77^{A}$	$17.77±2.7^{AB}$
AAS	$73.13±2.29^{A}$	$75.47±3.83^{A}$	$74.91±9.66^{A}$	$74.00±2.81^{A}$	$77.26±2.24^{A}$
CS	$73.64±2.46^{A}$	$71.32±3.68^{A}$	$73.72±3.13^{A}$	$73.75±4.78^{A}$	$75.01±1.70^{A}$
EAAI	$64.6±3.08^{A}$	$66.96±3.84^{A}$	$63.29±7.80^{A}$	$63.60±4.10^{A}$	$67.62±4.54^{A}$
NI	$12.64±1.11^{A}$	$11.97±1.12^{AB}$	$9.60±1.26^{B}$	$11.84±1.24^{AB}$	$12.08±2.51^{A}$
SRCAA	$80.71±2.77^{A}$	$78.11±4.45^{A}$	$82.40±4.09^{A}$	$82.00±2.34^{A}$	$79.61±4.87^{A}$

注：表中同列不同字母数值间差异显著（P<0.01）。

崔林和刘龙龙（2009）分析了 3243 份燕麦品种资源，也发现甘肃品种蛋白质含量最高，而云南、贵州、四川、内蒙古品种则含量低。林伟静等（2011）分析 2007～2009 年所收集国内燕麦品种的品质也发现，甘肃地区燕麦品种在蛋白质含量上高于河北、山西地区。

赖氨酸含量和粗蛋白含量存在一定相关性。蛋白质含量高的品种，其赖氨酸含量偏高。不同地区的燕麦品种营养指标 AAS、CS、EAAI 和 SRCAA 差异性不显著（$P>0.05$），不同品种燕麦蛋白营养品质总体上差异不显著（$P>0.05$）。NI 值变化趋势与蛋白质含量及赖氨酸含量基本类似。通常来说，一般氨基酸总量高的品种其必需氨基酸含量也高。

4）蛋白质组成

徐向英（2012）对 39 个燕麦品种蛋白分子量分布进行分析。燕麦蛋白分子量主要有 5 个条带分布，3 个分别在 20.1～24 kDa、31～37 kDa 及 45 kDa 左右，高分子量范围也有少量分布，大概在 70～72 kDa 及 60～66 kDa。其中，31～37 kDa 范围和 20.1～24 kDa 及少量的 60 kDa 分子量条带为球蛋白，含量占 50%～60%；14.4～20 kDa 范围的蛋白条带是麦谷蛋白和部分清蛋白及少量麦醇溶蛋白混合分布区间。不同品种间条带的含量差异较大，但条带分布差异不明显（图 2.8）。研究结果与前人报道类似，球蛋白为燕麦蛋白中的主要成分。

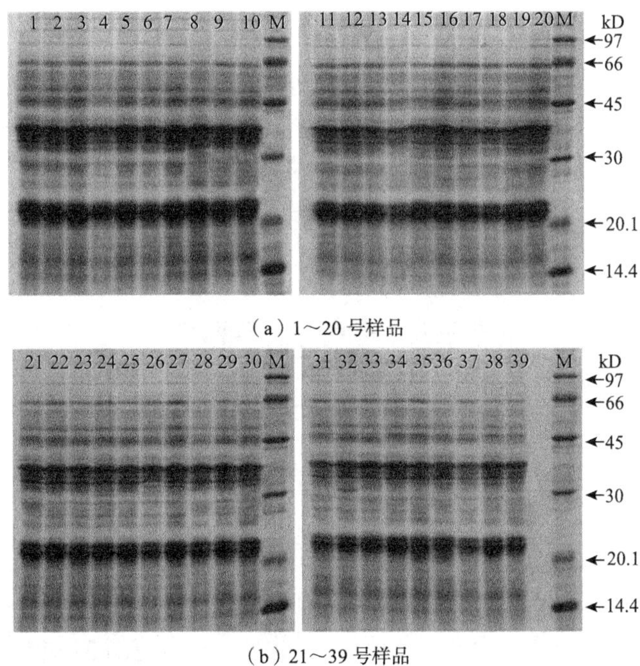

（a）1～20 号样品

（b）21～39 号样品

图 2.8　燕麦样品蛋白质 SDS-PAGE 电泳图

3. 脂肪

1）脂肪含量

分析 2007～2012 年 184 个我国燕麦主产区燕麦品种粗脂肪含量的结果表明，燕麦中脂肪含量的分布范围为 2.60%～10.97%。其中，2012 年脂肪含量平均值最低，为 5.32%；2007 年脂肪含量平均值最高，为 7.14%。不同年份变异系数的变化范围为 17.9%～27.82%，表明燕麦脂肪含量的品种差异性较大（表 2.12）。

王燕（2012）对 2010 年 50 个不同品种和来源的燕麦籽粒的粗脂肪分布进行分析，分析结果表明，粗脂肪含量范围在 2.60%～9.28%，平均值为 5.32%。不同品种之间脂肪含量差异较大，变异系数为 26.64%。84%左右的品种粗脂肪含量主要分布在 3.00%～7.00%之间（表 2.22）。林伟静（2010）对 2007～2009 年的 58 个燕麦品种进行分析，粗脂肪含量为 4.0%～11.0%，平均值为 7.1%，这种结果差异与年份和品种有关。

表 2.22 不同燕麦样品粗脂肪含量的分布

粗脂肪/%	<3.00	3.00～5.00	5.00～7.00	7.00～9.00	>9.00
品种个数/个	1	22	20	6	1

2）脂肪酸组成

王燕（2012）对 2010 年 50 个不同品种和来源的燕麦籽粒脂肪酸组成进行分析（表 2.23）。脂肪酸组成中，油酸和亚油酸含量分别为 38.25%和 38.50%，软脂酸含量为 20.24%。不同品种、来源的燕麦油脂脂肪酸组成比例存在不同程度变异，含量较高的油酸、亚油酸和软脂酸的品种变异性较小，变异系数均不到 10%；硬脂酸和亚麻酸变异系数较大，约为 22%。

表 2.23 燕麦油脂肪酸组成分析

种类	软脂酸	硬脂酸	油酸	亚油酸	亚麻酸
平均值/%	20.24	1.68	38.25	38.50	1.14
变幅/%	17.34～23.34	1.08～3.06	30.43～43.68	31.98～44.58	0.76～1.77
变异系数/%	6.83	22.16	9.03	7.42	22.36

王燕（2012）进一步发现，50 个燕麦品种的油酸含量分布从 30.43%到 43.68%，平均值为 38.25%；亚油酸含量平均值为 38.50%，分布范围 31.98%～44.58%；亚麻酸含量分布从 0.76%到 1.77%，平均值为 1.14%。其中，92%燕麦样品油酸含量分布范围为 31%～43%；94%燕麦样品的亚油酸含量分布范围为 34%～44%；86%

的燕麦样品亚麻酸含量分布范围为 0.85%～1.55%，如图 2.9～图 2.11 所示。油酸、亚油酸和亚麻酸是燕麦油脂中的不饱和脂肪酸，也是油脂发挥抗氧化、降血脂、

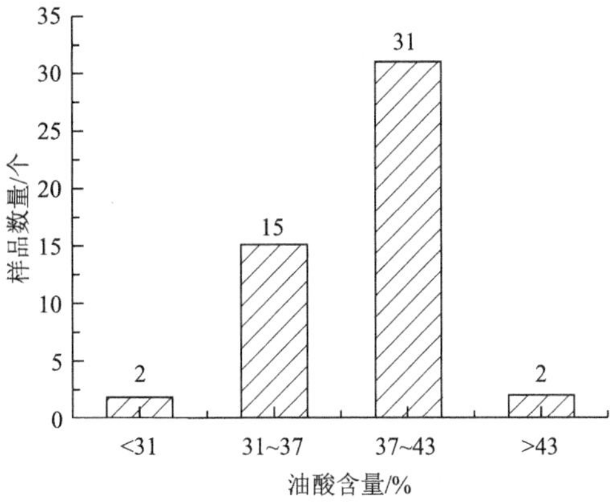

图 2.9　不同燕麦样品油酸含量的分布

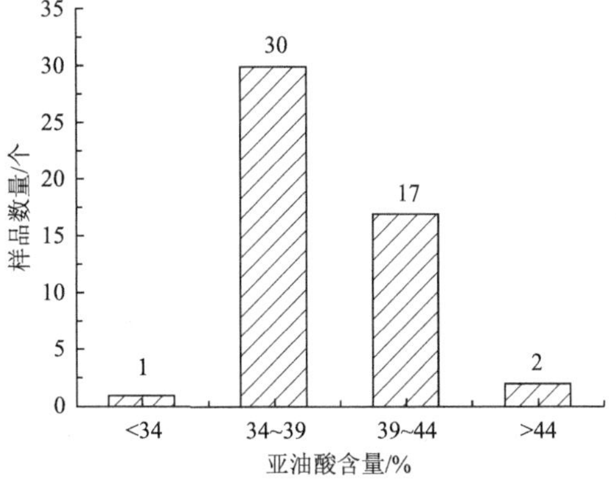

图 2.10　不同燕麦样品亚油酸含量的分布

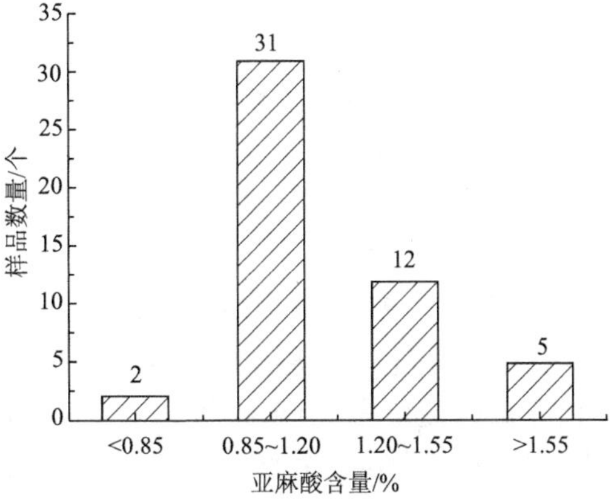

图 2.11　不同燕麦样品亚麻酸含量的分布

软化血管、延缓衰老作用的物质基础。不同品种燕麦油脂的脂肪酸组成存在显著差异，推测其功能性质也具有差异。可根据燕麦油脂脂肪酸组成的差异筛选不饱和脂肪酸具有数量特征的燕麦样品，以供燕麦深加工利用。

林伟静（2010）对2007～2009年58个燕麦品种进行分析，指出油酸含量为32.40%～47.60%，平均值为 40.9%；亚油酸含量为 33.90%～44.10%，平均值为39.1%。根据表 2.24 所示，软脂酸（C16：0）、油酸（C18：1）等 6 种饱和与不饱和脂肪酸的含量变幅较大的为 2009 年燕麦品种。对于人体的必需脂肪酸亚油酸和亚麻酸，2007 年燕麦品种的平均含量均最高，三年的平均亚油酸和亚麻酸含量的具体关系均为 2007 年＞2009 年＞2008 年。此外，2008 年和 2009 年的亚油酸变化幅度相对较大，分别为 34.20%～44.10%和 33.90%～43.00%，但由于含量较高，变异系数相对较低，分别为 6.97%和 7.51%。由于亚麻酸的含量较低且变幅较大，变异系数也相对较大，三年亚麻酸含量变异系数分别为 20.34%、23.96%和 20.59%。

表 2.24　2007～2009 年燕麦脂肪酸组成及其含量的比较分析　（单位：%）

脂肪酸种类	2007 年		2008 年		2009 年	
	平均值	变幅	平均值	变幅	平均值	变幅
肉豆蔻酸（C14：0）	0.25	0.21～0.32	0.26	0.15～0.60	0.31	0.21～0.48
软脂酸（C16：0）	16.21	14.34～17.71	18.55	14.90～24.10	15.16	10.50～19.70
硬脂酸（C18：0）	1.24	1.03～1.49	1.41	0.84～1.90	1.14	0.17～1.56
油酸（C18：1）	39.90	35.31～43.37	40.97	32.40～45.90	42.52	35.50～47.60
亚油酸（C18：2）	41.39	38.90～44.10	37.25	34.20～44.10	39.52	33.90～43.00
亚麻酸（C18：3）	1.26	0.99～1.71	0.97	0.65～1.51	0.98	0.63～1.16

4. β-葡聚糖

1）β-葡聚糖含量

对于 2007～2012 年 184 个我国燕麦主产区燕麦品种进行分析，β-葡聚糖含量最大值和最小值分别为 6.14%（2008 年）和 2.35%（2010 年），平均值范围为4.39%～4.88%，年份间差异较小。不同年份燕麦籽粒的 β-葡聚糖含量变异系数为11.78%～17.82%，表明品种差异较大（表 2.12）。

林伟静（2010）对 2007～2009 年 30 个品种 β-葡聚糖含量进行测定，发现不同品种之间存在较显著差异，为高 β-葡聚糖含量的优异燕麦品种筛选提供依据。不同燕麦品种 β-葡聚糖含量的变幅为 2.69%～6.14%，平均值为 4.64%。图 2.12 表示具有不同 β-葡聚糖含量的各个燕麦品种的分布，21 个燕麦品种的 β-葡聚糖含量集中在 4%～5%，占品种总数 70%；β-葡聚糖含量＜3%有 1 个，占 3.33%。

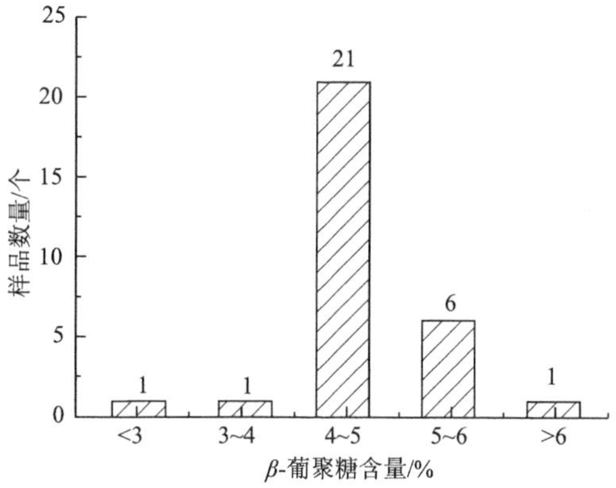

图 2.12　不同 β-葡聚糖含量的燕麦品种分布

2）β-葡聚糖平均分子量

林伟静（2010）运用凝胶渗透色谱和激光光散射联用仪（GPC-LLS）对 25 个燕麦品种 β-葡聚糖的数均分子量（M_n）、重均分子量（M_w）、分散度（M_w/M_n）等进行测定。不同燕麦品种的 β-葡聚糖的重均分子量变幅为 11.32×10^4～80.16×10^4 Da，其中 11 个品种的分子量集中在 40×10^4～60×10^4 Da 范围内，如图 2.13 所示。

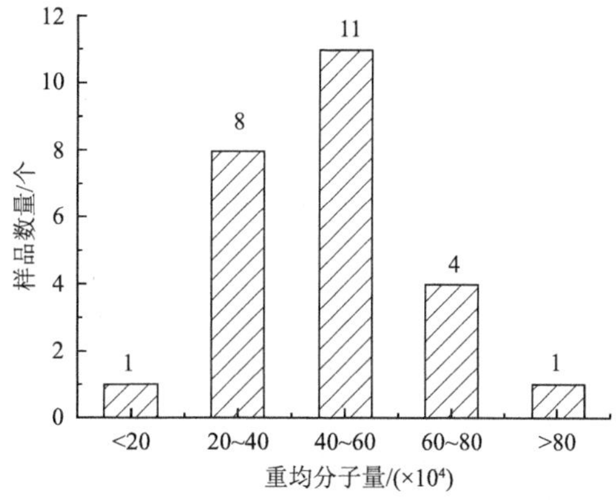

图 2.13　不同重均分子量的燕麦 β-葡聚糖品种分布

M_w/M_n 是多分散系数，又称作分子量分散度，是衡量分子量分布宽度的指标，其值越小表明样品分子量分散范围越窄，分布相对均一；其值越大表明分子量分散越宽，分布不均匀。研究结果表明，不同燕麦 β-葡聚糖的 M_w/M_n 变幅为 1.76～3.67，平均值为 2.62，变异系数为 17.38%。

5. 多酚

1）多酚含量

王燕（2012）采用微波辅助乙醇溶液提取法提取燕麦籽粒中多酚，所收集的燕麦样品中总多酚含量平均值为 129.06 mg/100g，变幅为 101.66～151.89 mg/100g，变异系数为 10.81%。燕麦样品总多酚含量分布情况见图 2.14。总多酚含量在 105～150 mg/100g 的样品有 48 个，占总样品数的 96%。任祎等（2008）检测了 120 份国内外裸燕麦种子，总酚含量的变幅为 25.01～80.79 mg/100g，平均值为 51.75 mg/100g。研究结果的差异与提取方法、燕麦品种和环境等均相关。

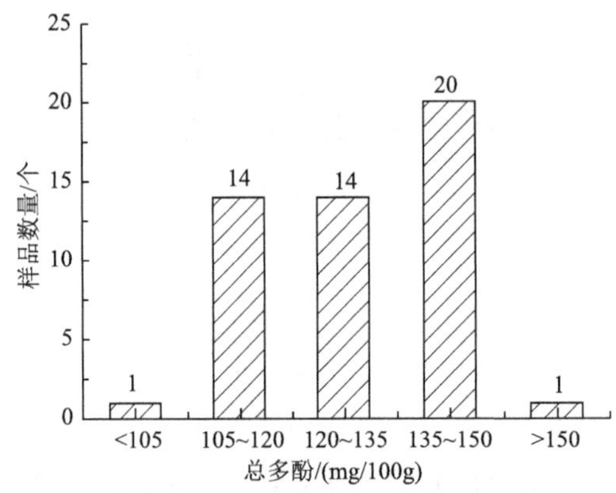

图 2.14　不同燕麦样品总多酚含量的分布

2）多酚组成差异

徐向英（2012）采用微波辅助乙醇溶液提取法提取燕麦籽粒中多酚，经过高效液相色谱法（HPLC）分析，多酚成分统计结果见表 2.25。能够检出的酚酸种类有香草醛、绿原酸、咖啡酸、*p*-香豆酸、阿魏酸、芦丁、Bc、Bp、Bf。不同品种、来源的燕麦多酚成分不完全相同，咖啡酸、*p*-香豆酸、芦丁在部分样品中检出，其余多酚则在全部样品中检出。其中生物碱类物质占酚酸总和的 52.56%～98.61%，而且生物碱类物质变异系数大。

表 2.25　燕麦籽粒中多酚物质的组成

多酚	平均值/（mg/100g）	变幅/（mg/100g）	变异系数/%	检出样品（编号）
香草醛	0.55	0.26～1.29	26.31	所有
绿原酸	0.20	0.05～0.41	32.50	所有
咖啡酸	—	～0.76	—	10、19、30、32 无
p-香豆酸	—	～1.21	—	14、32、37、38 有
阿魏酸	0.25	0.15～0.55	29.61	所有
芦丁	—	～0.47	—	1、2、3、5、6、7、8、17、18、20、31、36、41、48 有
Bc	2.87	0.08～11.96	114.41	所有

续表

多酚	平均值/(mg/100g)	变幅/(mg/100g)	变异系数/%	检出样品(编号)
Bp	7.20	0.88～32.48	94.63	所有
Bf	10.65	0.20～39.25	84.15	所有
总生物碱	20.72	1.17～71.85	84.16	—
酚酸总量	22.03	2.23～72.98	79.29	—

由燕麦样品中 Bc 含量的分布图 2.15 可知，燕麦 Bc 含量集中在 0.30～1.80 mg/100g 的有 26 个样品，其他区间分布较为均匀。其中，Bc 含量最低的为 0.08 mg/100g，最高的为 11.96 mg/100g。Bc 在总生物碱中所占比例较低，但其变异系数非常大（114.41%），表明 Bc 在不同品种、来源的燕麦中含量差异显著。

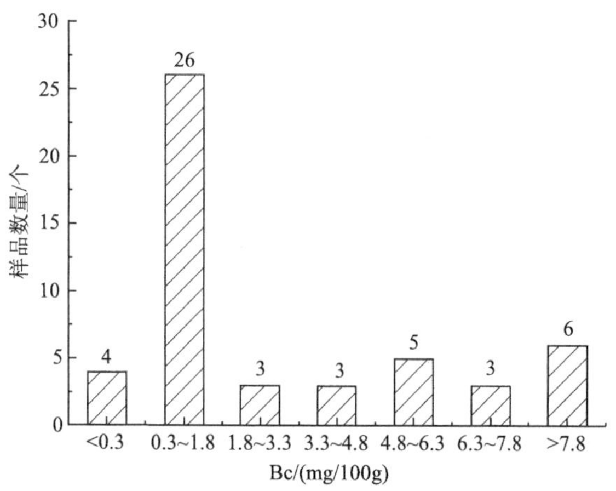

图 2.15　不同燕麦样品中 Bc 含量的分布

由图 2.16 可知，燕麦 Bp 含量分布在 1.3～4.3 mg/100g 的有 23 个样品，其他区间样品数量分别为 3～6 个不等。其中，最低的为 0.88 mg/100g，最高的为 32.48 mg/100g。Bp 在总生物碱中所占比例约为 35%；变异系数 94.63%，略小于 Bc。Bp 是燕麦生物碱的重要成分，不同品种、来源的燕麦籽粒中含量差异显著。

由图 2.17 可知，燕麦 Bf 含量分布在 1.6～5.6 mg/100g 的有 18 个样品，其他区间样品数量均不超过 8 个。其中，Bf 含量最低的为 0.20 mg/100g，最高的为 39.25 mg/100g。Bf 在总生物碱中所占比例约为 51%，变异系数为 84.15%。Bf 是燕麦生物碱中含量最多的成分，不同品种、来源的燕麦中含量差异显著。

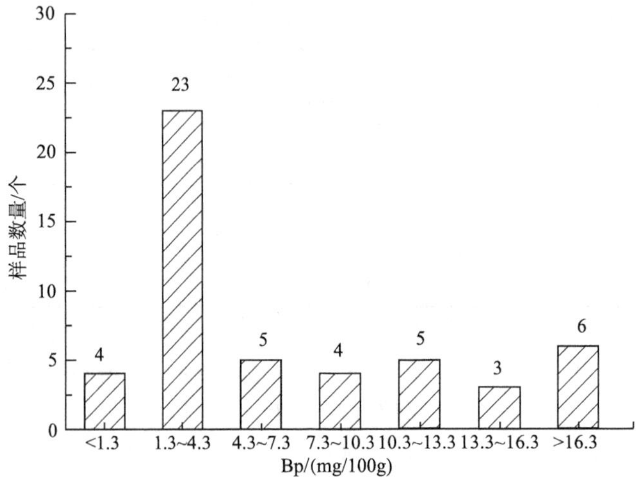

图 2.16 不同燕麦样品 Bp 含量的分布

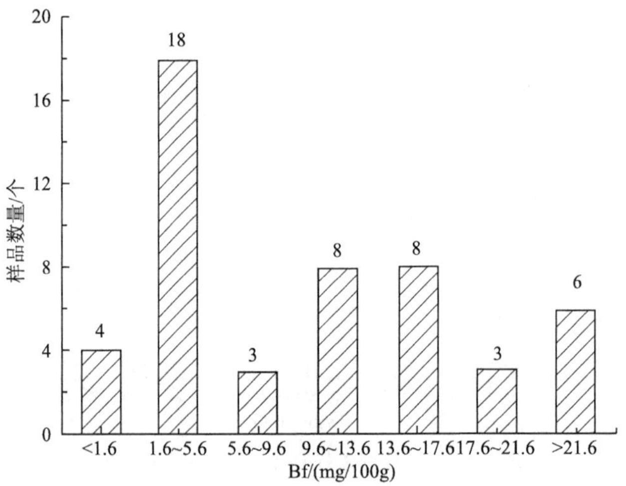

图 2.17 不同燕麦样品 Bf 含量的分布

由图 2.18 可知，燕麦总生物碱含量分布在 3～15 mg/100g 的较为集中，有 23 个样品；15～27 mg/100g 的样品有 7 个；27～39 mg/100g 的样品有 11 个。总生物碱含量最低的仅为 1.17 mg/100g。总生物碱含量最高为 71.85 mg/100g。生物碱类物质是燕麦多酚发挥抗氧化性的主要物质基础，不同样品燕麦间生物碱类物质含量的巨大差异显示它们在抗氧化活性上可能存在不同。

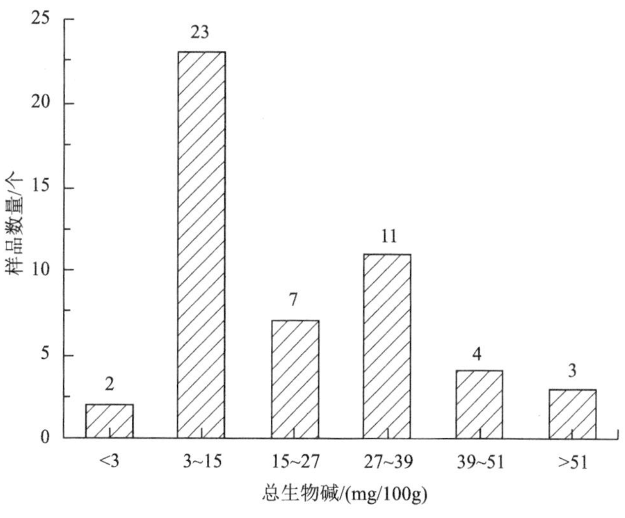

图 2.18　不同燕麦样品总生物碱含量的分布

2.3.3　加工特性的品种差异性分析

1. 淀粉的质构特性

路长喜（2009）采用英国 Stable Micro System 公司的 TA-X2i 物性测试仪对不同品种燕麦淀粉糊化后形成凝胶的质构参数进行测定，结果如表 2.26 所示。不同品种燕麦淀粉的硬度变幅为 69.74～168.99 *g*，平均值为 112.19 *g*，变异系数为 23.00%，品种间的差异较大。黏聚性变幅为 0.42～0.54，平均值为 0.46，变异系数为 6.72%，品种的差异性小。弹性的变幅为 0.88～0.96，平均值为 0.91，变异系数为 2.89%。黏附性变幅为 19.24～118.08 g·s，平均值为 72.64 g·s，变异系数为 43.99%，品种间差异显著。咀嚼度变幅为 25.90～76.43 *g*，平均值是 47.69 *g*，变异系数为 27.69%。

表 2.26　燕麦淀粉 TPA 测定结果的描述性统计

指标	平均值	变幅	变异系数/%
硬度/*g*	112.19	69.74～168.99	23.00
黏聚性	0.46	0.42～0.54	6.72
弹性	0.91	0.88～0.96	2.89
黏附性/（g·s）	72.64	19.24～118.08	43.99
咀嚼度/*g*	47.69	25.90～76.43	27.69

注：黏附性数值用黏附性的绝对值表示。

路长喜（2009）进一步采用数据分析软件 DPS 对所测定的燕麦淀粉的凝胶质构特性参数进行相关性分析。结果表明（表 2.27），硬度与弹性的相关系数为 0.68，呈极显著正相关关系；黏聚性与黏附性的相关系数为–0.59，达到显著负相关关系，表明凝胶的黏聚性越大，则黏附性就越差；咀嚼度与硬度和弹性的相关系数分别为 0.97 和 0.70，呈极显著正相关；咀嚼度与黏聚性的相关系数为 0.51，未表现出显著相关关系。这表明，虽然咀嚼度是由硬度、弹性及黏聚性三者的乘积计算出来的，但影响咀嚼度的主要因素是硬度和弹性。咀嚼度与黏附性的相关系数为–0.60，呈显著负相关，这表明咀嚼度越大，则黏附性越小。

表 2.27　燕麦淀粉质构特性参数间相关系数分析表

指标	硬度	黏聚性	弹性	黏附性	咀嚼度
硬度	1				
黏聚性	0.3	1			
弹性	0.68**	0.17	1		
黏附性	–0.46	–0.59*	–0.41	1	
咀嚼度	0.97**	0.51	0.70**	–0.60*	1

*和**分别表示达 5%和 1%的显著水平。

淀粉凝胶的质构特性客观地反映了淀粉凝胶的流变学特性。流变学特性是凝胶食品的重要品质指标，可以反映人们在食用时的可接受程度。对于小麦淀粉凝胶的研究表明，小麦淀粉凝胶质构特性与食品品质有密切的关系，它可以间接反映出小麦粉制品的品质特性，如形态、质构、口感、货架期等。但对燕麦淀粉凝胶性质的研究，以及燕麦淀粉与燕麦食品品质的关系报道较少。

2. 淀粉的糊化特性

路长喜（2009）采用快速黏度分析仪测定了不同品种燕麦淀粉的糊化黏度性质，如表 2.28 所示。不同品种燕麦淀粉的糊化温度变幅为 68.5～83.5℃，平均值为 76.8℃。不同品种燕麦淀粉的峰值黏度变幅为 339～566 BU，极差为 227 BU，平均值为 455.8 BU。不同品种燕麦淀粉的谷值黏度为 274～376 BU，极差为 102 BU，平均值为 318.4 BU。峰值黏度与谷值黏度的差值即破损值可以评价淀粉糊热稳定性的好坏，破损值越大，表明淀粉糊的热稳定性越差。不同品种燕麦淀粉破损值变幅为 62～202 BU，变异系数为 28.60%，品种间有较大差异。

路长喜（2009）对所测定的燕麦淀粉的糊化性质参数进行了相关性分析。从表 2.29 可知，峰值黏度与谷值黏度和破损值的相关系数分别为 0.82 和 0.91，相关性均达到极显著正相关，表明燕麦淀粉的峰值黏度越大，则谷值黏度和破损值会越大，它们的变化趋势一致。回生值与冷黏度的相关系数为 0.94，相关性达到极显著正相关。而回生值与糊化温度、峰值黏度、谷值黏度、破损值的相关性均未达到显著相关，表明燕麦淀粉的回生值仅与冷黏度有关，冷黏度越大，则回生值越大。糊化温度与谷值黏度和冷黏度的相关系数分别为–0.68 和–0.61，相关性达到显著相关。

表 2.28　不同品种燕麦淀粉糊化测定结果的描述性统计

指标	平均值	变幅	变异系数/%
糊化温度/℃	76.8	68.5～83.5	7.27
峰值黏度/BU	455.8	339～566	12.76
谷值黏度/BU	318.4	274～376	8.67
破损值/BU	137.0	62～202	28.60
冷黏度/BU	811.7	712～945	9.24
回生值/BU	487.0	394～582	13.14

表 2.29　不同品种燕麦淀粉糊化性质参数间相关系数分析

相关系数	糊化温度	峰值黏度	谷值黏度	破损值	冷黏度	回生值
糊化温度	1					
峰值黏度	–0.25	1				
谷值黏度	–0.68*	0.82**	1			
破损值	0.1	0.91**	0.52	1		
冷黏度	–0.61*	0.34	0.55	0.12	1	
回生值	–0.44	0.07	0.24	– 0.06	0.94**	1

*和**分别表示达 5%和 1%的显著水平。

直链淀粉含量对淀粉性质的影响如表 2.30 所示。直链淀粉含量与硬度、弹性和咀嚼度呈显著正相关，相关系数分别为 0.56、0.66 及 0.63。淀粉凝胶的弹性与冷黏度和回生值呈极显著正相关，相关系数分别为 0.73 和 0.78。

表 2.30　直链淀粉含量对淀粉性质的影响

相关系数	直链淀粉含量	冷黏度	回生值	硬度	黏聚性	弹性	咀嚼度
直链淀粉含量	1						
冷黏度	0.25	1					

续表

相关系数	直链淀粉含量	冷黏度	回生值	硬度	黏聚性	弹性	咀嚼度
回生值	0.35	0.94**	1				
硬度	0.56*	0.44	0.46	1			
黏聚性	0.36	0.49	0.4	0.3	1		
弹性	0.66*	0.73**	0.78**	0.68**	0.17	1	
咀嚼度	0.63*	0.53	0.53	0.97**	0.51	0.70**	1

*和**分别表示达 5%和 1%的显著水平。

生长环境对淀粉的糊化特性有显著影响。郑建梅等（2012）对分别种植在内蒙古和河北的 10 个裸燕麦品种燕麦粉的糊化特性进行了研究（表 2.31），发现环境因素对淀粉的糊化特性有显著影响。另有研究表明，小麦的糊化特性指标受环境和基因型的影响不同，峰值黏度受基因型和互作的影响，糊化时间和其他性状受环境因素影响更大。但目前关于种植环境与燕麦淀粉糊化特性的报道较少，需要进一步试验研究。

表 2.31　不同种植区域燕麦样品的糊化性质参数

区域	品种	糊化温度/℃	峰值黏度/BU	破损值/BU	回生值/BU
内蒙古	‘Ly03—01’	88.6	308	2	152
	‘Ly03—02’	89.5	318	0	167
	‘Ly03—03’	89.2	280	7	330
	‘Ly03—04’	89.1	386	1	337
	‘Ly03—05’	88.7	252	2	432
	‘Ly03—06’	87.1	349	4	350
	‘Ly03—07’	86.3	374	1	364
	‘Ly03—08’	89.4	249	1	205
	‘Ly03—09’	83.8	411	13	466
	‘Ly03—10’	87.8	411	1	293
	平均值	87.95	333.80	3.20	309.6
	变异系数/%	2.04	18.46	124.83	35.00
河北	‘Ly03—01’	75.6	498	31	587
	‘Ly03—02’	80.9	469	10	426
	‘Ly03—03’	84.6	367	29	483

续表

区域	品种	糊化温度/℃	峰值黏度/BU	破损值/BU	回生值/BU
河北	‘Ly03—04’	80.7	345	47	602
	‘Ly03—05’	82.4	349	25	619
	‘Ly03—06’	86.6	388	41	524
	‘Ly03—07’	83.9	441	1	386
	‘Ly03—08’	86.5	387	12	406
	‘Ly03—09’	82.3	329	4	455
	‘Ly03—10’	85.3	455	3	518
	平均值	82.88	420.80	20.30	500.60
	变异系数/%	4.00	12.25	81.54	16.67

郑建梅等（2012）进一步分析了淀粉含量与糊化特性指标的相关性。结果表明（表 2.32），抗性淀粉含量与糊化温度呈显著正相关，与峰值黏度呈显著负相关；糊化温度与峰值黏度、破损值和回生值呈极显著负相关；峰值黏度与回生值呈极显著正相关，与糊化温度呈极显著负相关。

表 2.32　淀粉糊化性质参数的相关性

相关系数	抗性淀粉	总淀粉	淀粉水解率	糊化温度	峰值黏度	破损值	回生值
抗性淀粉	1						
总淀粉	−0.108						
淀粉水解率	0.512*	−0.682**					
糊化温度	0.532*	−0.236	0.639**				
峰值黏度	−0.472*	0.267	−0.662**	−0.751**			
破损值	−0.496*	0.021	−0.276	−0.578**	0.418		
回生值	−0.175	0.242	−0.430	−0.738**	0.608**	0.723**	1

*和**分别表示达 5%和 1%的显著水平。

路威（2013）研究发现，燕麦全粉的糊化温度平均值为 84.33℃，山西产‘晋燕 13 号’糊化温度为 55.40℃，该品种可在较低温度下糊化，可作为对加工温度有特殊要求产品的原料。燕麦淀粉的峰值黏度平均值为 30.10 BU，变幅为 6.30～42.00 BU，内蒙古产‘内燕 5 号’的糊化温度为 30.20℃，峰值黏度仅为 6.3 BU 且最终黏度仍未上升至正常范围，与河北张家口产‘坝莜 1 号’的峰值黏度 32.90 BU 相比相差甚远，是较特殊的燕麦品种，会对燕麦产品的加工品质产生较大影响。

破损值表示淀粉糊的热稳定性，数值越大表明淀粉糊在热条件下稳定性越差。研究发现（表 2.33），破损值的变异系数达到 134.40%，表明不同燕麦品种的热稳定性相差较大。河北张家口产‘S109-61-31’的破损值最大，达到 2.80 BU，表明该品种的淀粉溶胀后颗粒强度小，易于破裂，热稳定性差。有 25 个品种的破损值为 0 BU，表明这些品种具有优良的热稳定性。回生值表示淀粉的回生程度，值越大，直链淀粉聚合度越高，支链淀粉外链越长，凝胶性强，因此淀粉易于老化。河北张家口产‘白燕 2 号’的回生值最大，为 51.80 BU，表明其容易老化，不宜作为燕麦乳的生产原料。上述两个品种的直链淀粉含量偏高（～15%），可能是造成相应稳定性较低的原因。

表 2.33　不同品种燕麦全粉糊化特性参数

参数	平均值	变幅	变异系数%
糊化温度/℃	84.33	30.20～92.20	17.69
峰值黏度/BU	30.10	6.30～42.00	27.78
破损值/BU	0.63	0～2.80	134.40
回生值/BU	35.25	14.70～51.80	25.23

3. 燕麦的热力学性质

路长喜（2009）采用差示扫描量热仪测定了不同品种燕麦淀粉的热力学性质参数，测定及统计结果见表 2.34。不同品种燕麦淀粉的起始糊化温度（T_o）变幅为 49.84～56.56℃，平均值为 53.97℃。峰值糊化温度（T_p）变幅为 55.07～61.53℃，平均值为 58.91℃。终止糊化温度（T_c）变幅为 63.20～67.95℃，平均值为 65.83℃。不同品种燕麦淀粉的热焓值（ΔH）变幅为 2.50～8.90 J/g，平均值为 6.41 J/g。不同品种燕麦淀粉的热力学性质参数仅有热焓值的变异系数最大（31.98%），起始糊化温度、峰值糊化温度及热焓值的变异系数很小，且相差不大，表明燕麦品种对这三个指标的影响较小。

表 2.34　不同品种燕麦淀粉差示扫描量热仪测定结果的描述性统计

品种	平均值	变幅	变异系数/%
T_o/℃	53.97	49.84～56.56	3.88
T_p/℃	58.91	55.07～61.53	2.89
T_c/℃	65.83	63.20～67.95	2.36
ΔH/（J/g）	6.41	2.50～8.90	31.98

池晓菲等（2003）测定了 5 种谷类作物的热力学参数，结果如表 2.35 所示。燕麦淀粉的起始糊化温度明显低于大麦等 5 种谷物，峰值糊化温度与大麦相似，但明显低于水稻、高粱、小麦等谷物。燕麦淀粉的热焓值一般高于大麦等谷物。

表 2.35　5 种谷类作物的热力学参数

品种	T_o/℃	T_p/℃	T_c/℃	ΔH/（J/g）
大麦	57.19	60.75	66.20	3.85
水稻	63.90	68.35	73.99	5.74
高粱	68.57	72.38	77.38	3.94
玉米	63.21	68.88	74.44	2.31
小麦	58.88	63.10	68.63	4.82

对所测定的燕麦淀粉的糊化热力学参数进行相关性分析，其分析结果见表 2.36。峰值糊化温度与起始糊化温度和终止糊化温度的相关系数分别为 0.95 和 0.72，均达到极显著正相关。在燕麦淀粉糊化过程中，峰值糊化温度与起始糊化温度和终止糊化温度是相互关联的，三者的变化趋势是一致的。而热焓值与前三者的相关性均不显著，表明热焓值与糊化温度的变化趋势是不一致的。在评价淀粉的热力学性质时，需要将峰值糊化温度和热焓值这两个参数作为燕麦淀粉糊化热力学性质的重要指标，两者都要考虑，不能只考虑其中的一个参数。通常认为，食品加工过程中，淀粉糊化温度低，则蒸煮容易；淀粉的热焓值低，表明糊化所需要的热能少。因此，燕麦面制食品的加工应选择淀粉峰值糊化温度低和热焓值低的品种，将峰值糊化温度和热焓值作为燕麦品种筛选的两个关键指标。

表 2.36　燕麦淀粉热力学参数间相关系数分析表

相关系数	T_o	T_p	T_c	ΔH
T_o	1			
T_p	0.95**	1		
T_c	0.72**	0.83**	1	
ΔH	−0.3	−0.17	0.19	1

*和**分别表示达 5%和 1%的显著水平。

2.4　燕麦原料的品质特性对燕麦制品的影响

传统的燕麦食品有燕麦片、燕麦米、燕麦粉、传统燕麦主食等。随着人们对燕麦营养保健功效的认识，越来越多的燕麦食品出现在人们生活中，如燕麦面包、燕麦饮料、燕麦休闲食品等。燕麦原料的品质特性不同导致加工出来的燕麦食品的品质存在差异。不同类型的产品对于原料的品质性状也提出不一样的要求。例如，燕麦片产品对于原料籽粒的物理性状，如大小、形状、色泽和破损率，均提出一定要求，要求燕麦籽粒大小适中、均一性好，色泽偏白、有光泽，籽粒破损率低等，燕麦原料的品质特性直接影响到最终燕麦食品品质。但燕麦粉加工中，原料籽粒的大小、形状和破损率对最终产品品质影响不显著。因此，选择适宜的燕麦加工品种是燕麦加工中的首要步骤。

2.4.1 燕麦原料的品质特性对燕麦片加工品质的影响

燕麦片食用方便，几乎保留了燕麦中所有的营养成分，是燕麦的主要产品类型。市场上出售的燕麦片种类很多，根据加工工艺和使用方法的不同，有预煮燕麦片和快熟燕麦片。预煮燕麦片在食用前需要在沸水中煮 5～10 min，快熟燕麦片在热水中浸泡 3～5 min 即可食用。另根据原料与风味的不同，有原味燕麦片和复合营养燕麦片（以混合型为主）。原味燕麦片仅由燕麦一种原料制成，不加糖、盐、脂类物质，保留了燕麦中的大部分营养，有种淡淡的天然燕麦的味道，适合老年人、糖尿病患者、血脂及血糖偏高的人食用。复合营养燕麦片则是在燕麦片生产时添加奶粉、豆粉、大枣、核桃、杏仁、蔗糖、植脂粉等原辅料，可使燕麦片具有不同的口味，并能达到速溶的目的。

影响原味即食燕麦片品质的因素有很多，如燕麦生长的环境因素、燕麦品种因素（基因因素）、燕麦片的加工工艺等。目前国内外关于燕麦片食用和营养品质综合评价的标准或方法的研究报道较少。路长喜（2009）从我国 6 个燕麦主产区，收集了 34 个裸燕麦品种，采用成熟的燕麦片加工工艺制作燕麦片，对燕麦片品质进行评价。通过研究找到影响燕麦片加工品质的显著因子，建立起一种方便、可行的燕麦片品质评价体系或方法，并从中筛选出适宜加工的优良品种，可为燕麦研究和加工者提供参考。

1. 实验方法

1）燕麦片的制作方法

燕麦原粮经风选去除浮杂→筛选去除草籽、碎麦及石子等杂物→手工挑选带壳燕麦粒→称取燕麦的质量→水洗去除燕麦表面的灰尘→蒸制→烘干至水分适宜→轧片→微波干燥→冷却→包装。

筛选使用孔径 3 mm 分样筛，筛下物进行复筛 1 次。洗麦时用清水洗 3 遍，甩干直至去除燕麦粒表面的水分。蒸制时间从水沸腾时开始计时 30 min。烘干至水分达到 15%左右进行轧片。采用微波烤制使燕麦片水分降低至 10%以下。

2）燕麦片物理品质分析

（1）燕麦片容重：

将燕麦片样品倾斜倒入 225 mL 玻璃杯，用平板刮去玻璃杯表面多余的燕麦片，使玻璃杯内的燕麦片与玻璃杯口相平，称量玻璃杯内燕麦片的质量，结果以 g/L 表示。每个样品重复测定 5 次。

（2）燕麦片常温吸水率：

准确称量 20.0 g 燕麦片（W_1），放入 250 mL 烧杯中，加入 100 mL 蒸馏水，在水浴锅中 25℃保温 20 min。取出静置 10 min，沥干燕麦片表面的水分，称量吸水后燕麦片的质量（W_2）。每个样品重复测定 2 次。

$$\text{燕麦片吸水率}=\frac{W_2-W_1}{W_1}\times 100\% \tag{2.20}$$

（3）燕麦片高温吸水率：

准确称量 30.0 g 燕麦片（W_1），放入 300 mL 已知质量的离心杯中（W_2），加入 180 g 刚沸腾的蒸馏水，用小勺搅匀，室温下静置 10 min，以转速 3000 r/min 离心 15 min，收集上清液备用，称量离心杯质量（W_3），计算燕麦片高温下的吸水率。每个样品重复测定 2 次。

$$\text{燕麦片高温吸水率}=\frac{W_3-W_2}{W_1}\times 100\% \tag{2.21}$$

（4）燕麦片汤汁黏度：

用 200 目筛网过滤测燕麦片高温吸水率时收集的上清液，以除去上层悬浮物，立即在 25℃下取 15 mL 滤液于乌氏黏度计中，测量蒸馏水及样品滤液的流动时间（t_0、t），计算样品的相对黏度。每个样品重复测定 3 次。

$$\text{相对黏度}(\eta_{\text{rel}})=\frac{t}{t_0} \tag{2.22}$$

（5）燕麦片汤汁可溶性固形物含量：

用手持糖度计测量燕麦片汤滤液中的可溶性固形物含量（°Brix）。

（6）燕麦片吸水膨胀率：

准确称量 20.0 g 燕麦片，放入 250 mL 量筒，加入刚烧开的沸水 200 mL，10 min 后记录燕麦片吸水膨胀后的体积，每个样品重复测定 2 次。

（7）燕麦片粉白度：

将燕麦片粉碎，过 60 目筛，使用色彩色差计测定色泽。使用三色协调系统 L^*、a^*、b^*表示颜色。L^*是明度指数，L^*=0 表示黑色，L^*=100 表示白色。在横轴，

正 a^*表示红色，负 a^*表示绿色。在纵轴，正 b^*表示黄色，负 b^*表示蓝色。

3）燕麦片感官品质分析

燕麦片感官品质分析分为两部分，分别为燕麦片冲泡前的（燕麦片）感官品质分析和燕麦片冲泡后的（燕麦粥）感官品质分析。评分采用百分制，燕麦片冲泡前的感官品质为 35 分，燕麦片冲泡后的感官品质为 65 分。挑选 10 名经过培训的食品科学专业研究生作为评价员。燕麦片感官评价、评分标准参考了米饭、馒头、面条、饺子等常见食品的相关评价方法，经整理，内容见表 2.37 和表 2.38。

冲泡样品的制备：取 30 g 燕麦片样品于透明玻璃杯中，加入 180 g 沸腾热水冲调，用小勺搅匀，室温下静置 10 min，让燕麦片充分熟化。

样品制备好后迅速分发给每位评价员进行品尝、评分。由于样品较多，为防止感官疲劳，每 6 个样品设为一组，每次仅品尝一组，且每组间安排 1～2 个重复，以防止组间偏差出现。

表 2.37　燕麦片冲泡前的感官评价指标与方法

指标	描述及评分			评价方法
形状、大小（20 分）	碎片多，形状不规则，细粉多；5～10 分	大小比较均一（可能有偏大现象），形状比较完整，有少量细粉；10～15 分	大小适中、均一，形状完整，呈圆形或椭圆形，细粉较少；15～20 分	分别在自封袋和表面皿中目测观察
色泽（15 分）	偏黑色、暗淡；1～5 分	呈白色或灰白色，有一定光泽度；5～10 分	呈淡黄色或黄色，色泽明亮；10～15 分	分别在自封袋和表面皿中目测观察
综合评分	很差 20 分以下	一般 20～28 分	很好 28～35 分	综合前面各项指标对燕麦片冲泡前的整体评价

表 2.38　燕麦片冲泡后感官评价指标与方法

指标	描述及评分			评价方法
香气（10 分）	天然燕麦香气不明显或有异常气味（生腥味或霉味等）；1～4 分	能感受到燕麦香气，无其他异味；4～7 分	能明显感受到燕麦香气，香味纯正、浓郁；7～10 分	趁热闻燕麦粥的气味
色泽（10 分）	汤汁颜色发暗，无光泽；1～4 分	汤汁颜色呈灰白色；4～7 分	汤汁颜色呈乳白色或者淡黄色，有光泽；7～10 分	观察燕麦粥的形状和颜色
汤汁口感（20 分）	黏稠度低，口感寡淡，有生颗粒感；5～10 分	有一定黏稠度，口感较滑润，没有明显颗粒感；10～15 分	黏稠度较大，口感滑润、丰满；15～20 分	取半勺汤放入口中，体验汤汁在口腔中的感受

续表

指标	描述及评分			评价方法
燕麦片口感（15 分）	燕麦粥不劲道，特别黏牙，口感特别粗糙；1～5 分	燕麦粥劲道一般，口感比较滑润；5～10 分	燕麦粥有劲道，不黏牙，口感特别滑润；10～15 分	取半勺燕麦粥放在口中咀嚼，感受燕麦粥的适口性，用牙齿感觉是否有嚼劲
风味（10 分）	味道不佳，没有燕麦片味道或有其他异味；1～4 分	燕麦片味道平淡，无其他异味；4～7 分	燕麦片风味浓厚、持久；7～10 分	连汤带燕麦片入口中咀嚼至吞咽后，感受味道的好坏
综合评分	不好吃 40 分以下	一般 40～52 分	好吃 52～65 分	综合前面各项指标对燕麦片冲泡后的整体评价

2. 实验结果分析

1）燕麦片物理品质指标的测定结果

燕麦片物理品质指标的测定结果如表 2.39 所示。燕麦片经微波干燥处理后，水分含量降低，均符合麦片类食品的国家标准 NY/T 892—2014（水分≤13.5%）。燕麦粥汤汁相对黏度的变异系数最大（23.38%），汤汁可溶性固形物含量次之（16.70%），其他指标的变异系数较小。

表 2.39　燕麦片物理品质指标的测定结果

性状	平均值	变幅	变异系数/%
水分/%	6.3	5.3～6.9	5.47
容重/（g/L）	277.2	224.2～321.5	9.48
常温吸水率/%	188.8	151.7～214.2	7.16
高温吸水率/%	382.9	338.3～405.5	4.37
汤汁相对黏度	5.44	3.86～9.35	23.38
汤汁可溶性固形物/°Brix	1.12	0.80～1.50	16.70
吸水膨胀率/%	164.2	139.4～205.2	8.43
L^*	68.93	66.53～71.33	1.69
a^*	0.65	0.46～0.95	1.87
b^*	7.45	5.92～9.61	1.18

燕麦片的吸水率受品种差异影响较小，尤其是高温吸水率（变异系数为 4.37%）；从数值上看，燕麦片的高温吸水率较常温吸水率高出 2 倍以上。食品的吸水率通常受其大分子组分的影响，燕麦片中的淀粉、蛋白质、β-葡聚糖及纤维素等均对其吸水率有贡献。淀粉作为其主要组分，对吸水率的贡献可能是最大的。

但前期研究结果表明燕麦品种间总淀粉含量的差异并不显著，这可能是造成这两项指标品种间差异不明显的重要原因，因此，暂不把这一指标作为燕麦加工品质评价的主要指标。

燕麦片粉碎后的色度测定结果显示，L^*值相对于小麦粉较小，表明燕麦片粉亮度差、白度低；a^*值较小且为正值，表明燕麦片粉颜色偏红；b^*值较大且为正值，表明燕麦片粉颜色偏黄。结果显示，燕麦不同品种间色度指标的差异并不显著。

2）燕麦片感官品质评价结果

燕麦片冲泡前后的感官评定统计结果见表 2.40。

表 2.40　燕麦片感官评定统计结果

燕麦片分值范围/分	品种个数/个	燕麦粥分值范围/分	品种个数/个	总体评分/分	品种个数/个
28～35	4	52～65	2	80～90	1
20～28	24	40～52	18	70～80	8
＜20	6	＜40	14	60～70	13
—	—	—	—	＜60	12

注：评定员人数为 10 人。

燕麦片冲泡前的感官评分普遍偏低，达到优良水平的仅占 12%，分析原因与燕麦片碎片率较高有关。采用微波干燥工艺所得的燕麦片质地较脆，样品的破碎率较市售产品明显偏高，这一缺陷在以后的研究中可通过调节轧片厚度和水分含量来克服。又考虑到碎片率仅对产品的商品品质有一定影响，对营养和食用品质几乎没有影响，因此燕麦片的碎片率这一指标暂不作为主要指标考虑。

冲泡后燕麦粥的感官评价结果表明，不同燕麦品种间汤汁口感差异较显著（CV=33.13%），其次是色泽（CV=30.13%）。由于色泽所占分值较少（10 分），其他几项指标的变异率均低于 15%，因此，从整体评分上看，汤汁口感得分与样品总分值间在 1%置信区间呈极显著相关（r=0.74）。从指标简化角度考虑，可以汤汁口感（或汤汁黏度）、色泽来评价燕麦粥的食用品质。

由感官评价结果筛选得到食用品质最佳的燕麦品种为‘张莜 1 号’，总评分为 84.9 分，其他较好的品种还有‘坝莜 1 号’（张家口产，78.3 分）、‘定莜 2 号’（77.0 分）、‘白燕 2 号’（山西产，73.2 分）、‘坝莜 3 号’（72.9 分）。

3）燕麦主要品质性状相关性分析

筛选 10 个对燕麦片整体品质可能有显著影响的指标，做进一步的相关性分析，结果见表 2.41。

表 2.41　燕麦籽粒及燕麦片主要品质指标相关性分析

相关系数	千粒重	粗蛋白	粗脂肪	粗纤维	总淀粉	β-葡聚糖	汤汁相对黏度	可溶性固形物	汤汁色泽	汤汁口感	总评分
千粒重	1										
粗蛋白	0.11	1									
粗脂肪	−0.18	−0.58**	1								
粗纤维	−0.3	−0.55**	0.58**	1							
总淀粉	−0.02	−0.61**	0.24	0.11	1						
β-葡聚糖	0.19	0.14	0.07	0.39*	−0.3	1					
汤汁相对黏度	−0.37*	−0.13	0.46**	0.45**	−0.19	0.1	1				
可溶性固形物	−0.35*	−0.25	0.3	0.16	0.36*	−0.16	0.1	1			
汤汁色泽	−0.1	−0.52**	0.19	0.21	0.60**	0.25	−0.08	0.34*	1		
汤汁口感	−0.3	−0.12	0.32	0.41*	−0.14	0.40*	0.83**	0.08	0.01	1	
总评分	−0.12	−0.31	0.27	0.26	0.37*	0.34*	0.57**	0.3	0.52**	0.62**	1

注：千粒重、粗蛋白、粗脂肪、粗纤维、总淀粉及 β-葡聚糖为燕麦籽粒指标；汤汁相对黏度、可溶性固形物、汤汁色泽、汤汁口感及总评分为燕麦片（燕麦粥）指标。

*和**分别表示达 5%和 1%的显著水平。

燕麦籽粒及燕麦片的理化、品质指标间相关性分析结果显示，燕麦籽粒的总淀粉、β-葡聚糖含量与燕麦片的总体品质间存在显著相关性；而冲泡后汤汁的黏度、色泽与口感对燕麦片总体品质评价的影响则更加显著，达到 1%水平上的正相关。由此可知，对于燕麦加工适用性的研究，在较大样本量范围内，可以简化用燕麦片的汤汁黏度、口感、色泽及总淀粉与 β-葡聚糖含量等几个指标作为主成分进行品种的初步筛选。高蛋白质含量的燕麦品种，制得燕麦片的汤汁颜色较暗，而汤汁色泽与产品总评分呈极显著正相关，从而导致产品的感官评价分值偏低。人们所关注的燕麦功能降脂因子——β-葡聚糖，其对汤汁口感和总评分的影响也体现出一定的显著性，但与汤汁黏度的关系却出乎预料，呈现并不显著的关系。已知高聚物的黏度不仅与其浓度（或含量）有关，也与其分子的大小（或聚合度）有关。还有一种可能就是汤汁的黏度是由 β-葡聚糖、淀粉等成分综合作用的结果。

3. 结论

燕麦片理化和感官品质评价及分析结果表明，燕麦粥的汤汁口感和色泽对产品整体食用品质影响极显著，而汤汁口感又与汤汁黏度间呈极显著相关，从评价指标简化和客观化考虑，可以汤汁黏度替代汤汁口感作为主成分对适宜加工燕麦品种进行初步筛选。另通过感官评价选取了 4 种食用品质较好的燕麦品种，分别是‘张莜 1 号’‘定莜 2 号’‘白燕 2 号（山西）’‘坝莜 1 号（张家口）’。

综合燕麦的营养保健（β-葡聚糖高于平均值 4.41%）及食用加工品质（70 分以上），研究还初步筛选出 5 个适宜燕麦片加工的优质品种：‘坝莜 1 号（张家口）’‘白燕 2 号（山西）’‘坝莜 3 号’‘张莜 1 号’‘定莜 2 号’。

2.4.2 燕麦原料的品质特性对乳饮料加工品质的影响

谷物饮料是谷物加工的新方向。酶解型燕麦乳饮料是近年来开发的一种新型谷物饮料。适当的酶解工艺降低了燕麦浆黏度，改善了燕麦浆的适口性。燕麦乳外观与牛乳相似，具有燕麦特有的风味，富含可溶性膳食纤维及燕麦中的大部分营养成分。经常饮用燕麦乳可有效增加可溶性膳食纤维的摄入量，获取燕麦中的大部分营养成分，满足当前人们希望保持生理健康和营养膳食平衡的需求。欧美国家将燕麦乳当作继牛乳、豆乳之后的第 3 种最重要的蛋白饮品。因其具有良好的降脂、降血糖功效，欧美国家还将燕麦乳作为乳糖不耐症及肥胖症患者的乳类代替品。

目前，国外燕麦乳加工技术比较成熟，已申请多个专利。主要代表产品是瑞典 OATLY 公司研发的 Heetalthy、Organic、Heetalthy、Enriched 系列燕麦乳，澳大利亚 Pure Harvest 公司生产的有机燕麦乳。加工原料品质差异直接关系到最终产品的质量，原料品种特性对燕麦乳产品品质的影响的报道较少。

1. 实验方法

1）燕麦乳品质测定

（1）蛋白质含量测定：

蛋白质测定参照 GB 5009.5—2016。取样量为 5 mL 燕麦乳。

（2）β-葡聚糖含量测定：

参照 AOAC 995.16 方法，重复测定 3 次。

（3）白度测定：

采用亨特完全白度公式计算燕麦乳白度，测量体积为 300 mL。

（4）燕麦乳酶解黏度特性：

参考 GB/T 14490—2008 及 AACC 的规定，准确称取 12 g 左右的燕麦全粉，置于微量快速黏度仪测量筒中。

测定参数设定：30℃开始计时，以 7.5℃/min 的速度升温至 93℃，保温 5 min，然后以 7.5℃/min 的速度冷却至 85℃，立即加入 α-淀粉酶，保温 30 min，再以 7.5℃/min 的速度冷却至 60℃，保温 2 min，测量时搅拌机转速 250 r/min，黏度单位为 BU。统计起始糊化温度、峰值黏度、升温到 93℃时的黏度、淀粉糊在 93℃保温 5 min 后的黏度、淀粉糊冷却到 85℃加酶后的黏度、淀粉糊 60℃保温后的黏度。

（5）燕麦乳稳定性测定：

杀菌后将燕麦乳置于带刻度 50 mL 试管中，隔夜观察。

$$稳定性=\frac{浊液高度}{50}\times 100\% \quad (2.23)$$

2）燕麦乳制作工艺

燕麦→清洗→浸润→微波处理（微波载物量 33.3 W/g，时间 3 min）→制浆（料液比 1∶7 打浆）→液化（液化酶量 0.1%，液化温度 85℃，液化时间 60 min）→糖化（糖化酶量 0.09%，糖化时间 70 min）→过筛（200 目）→调质（4%植物油）→均质（均质温度 60℃，一道均质压力 40 MPa，二道均质压力 60 MPa）→灌装→灭菌（沸水浴 30 min）→燕麦乳。

3）数据处理

实验重复 3 次，使用 SAS 进行数理统计。

2. 结果分析

56 个燕麦品种制作燕麦乳的主要品质测定结果如表 2.42 所示。不同燕麦品种制作的燕麦乳存在显著品质差异，不同品质指标的变异程度存在差异，β-葡聚糖含量变异最为显著（变异系数为 58.21%）。这种差异的存在为后续品种筛选及适宜性评价提供了物质基础。

表 2.42　燕麦乳主要品质测定结果描述统计

指标	均值	变幅	变异系数%
白度	62.45	57.38～66.71	3.22
蛋白质含量/（g/100mL）	1.22	0.67～1.57	16.29
β-葡聚糖含量/（mg/100mL）	46.83	11.17～98.21	58.21
稳定性/%	85	70～98	8.24

1）燕麦乳蛋白质含量

由表 2.42 可知，不同燕麦品种制成燕麦乳的蛋白质含量范围为 0.67～1.57 g/100mL，平均值为 1.22 g/100mL。不同品种燕麦乳的蛋白质含量频数分布如图 2.19 所示，蛋白质含量主要集中在 1.30～1.50 g/100mL，共 25 个品种；蛋白质含量＜1.00 g/100mL 的有 7 个；蛋白质含量＞1.50 g/100mL 的有 2 个。由于不同品种燕麦的蛋白质含量存在差异（变异系数为 16.29%），且不同品种燕麦蛋白质的内在品质也存在差异，其耐高温特性、乳化特性也不尽相同，因此使用不同品种燕麦制成的燕麦乳蛋白质含量存在差异。

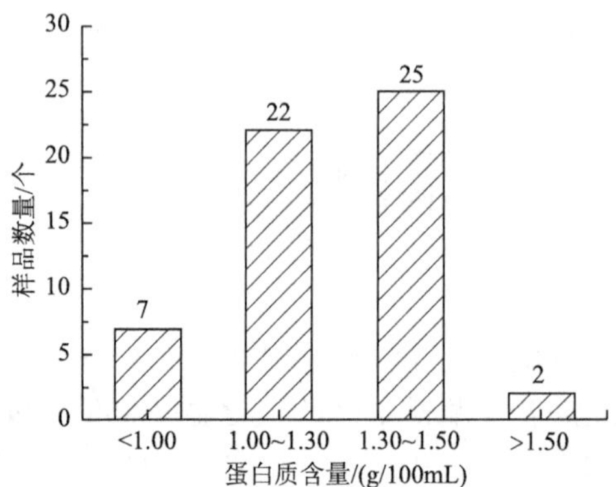

图 2.19　不同品种燕麦乳蛋白质含量分布

由于燕麦蛋白质具有良好的氨基酸组成，营养价值较高，因此应尽可能提高燕麦乳中的蛋白质含量，在选原料燕麦时应优选蛋白质含量较高的品种。

2）燕麦乳 β-葡聚糖含量

β-葡聚糖的含量直接影响着燕麦乳的营养价值。由表 2.42 可知，不同燕麦品种制成燕麦乳的 β-葡聚糖含量范围为 11.17～98.21 mg/100mL，平均值为 46.83 mg/100mL。燕麦乳 β-葡聚糖含量的变异系数最大，与燕麦籽粒的 β-葡聚糖变异系数偏大相一致。试验测得 20 个 β-葡聚糖含量＞55.00 mg/100mL 的燕麦乳；含量偏低（＜15.00 mg/100mL）的品种较少，仅占全部品种的 14.3%（图 2.20）。目前国内公开的研究多采用总固形物作为衡量燕麦乳营养价值的指标，有报道表明燕麦发酵型饮料的 β-葡聚糖含量为 13 mg/100mL，低于表 2.42 研究的平均水平。

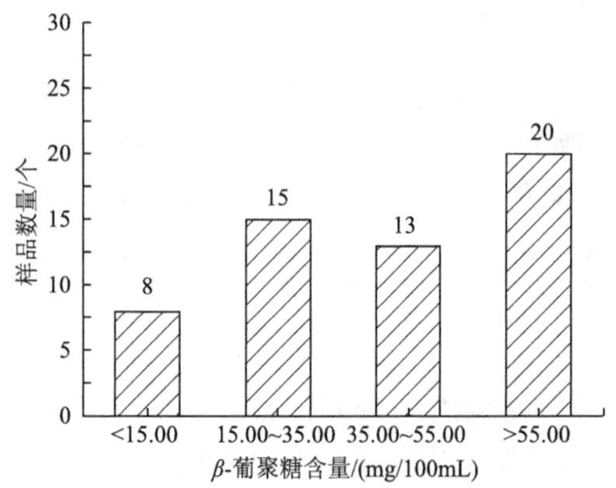

图 2.20　不同品种燕麦乳 β-葡聚糖含量分布

3）燕麦乳白度

燕麦乳作为动物乳的替代品，应具有与动物乳相似的感官品质。色泽作为最直观的感觉，是评价燕麦乳品质的重要指标之一。在表 2.42 中，燕麦乳白度范围为 57.38～66.71，其变异系数虽小，但其感官差异明显，是评价燕麦乳色泽的有效手段。测定白度作为燕麦乳品质评价的方法将提高燕麦乳色泽评价的客观有效性。如图 2.21 所示，31 个燕麦乳的白度分布在 60～63 之间，占据全部燕麦品种数量的 55.36%。有 6 个品种制成燕麦乳的白度＞65，其色泽与牛乳（白度约为 71）接近，适宜燕麦乳加工。结合蛋白质含量、β-葡聚糖含量等指标，确定最终的燕麦乳加工专用品种。

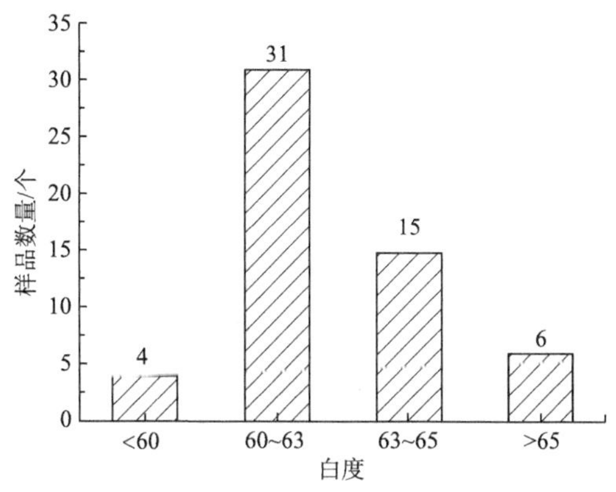

图 2.21　不同品种燕麦乳白度分布

4）燕麦乳酶解黏度特性

向糊化完全的燕麦全粉糊中加入液化酶，记录黏度随温度的变化，研究燕麦全粉的酶解黏度特性，为酶解试验提供帮助。由表 2.43 可知，随着酶解过程的进行，不同品种燕麦全粉糊黏度的变异系数逐渐增大，表明酶解使得品种间的差异更加明显。

表 2.43　不同酶解阶段燕麦全粉糊的黏度

参数	平均值	变幅	变异系数/%
酶解开始黏度/BU	95.34	3.50～133.00	31.92
酶解结束黏度/BU	2.8	0.70～4.90	44.43
60℃保温开始黏度/BU	6.16	2.10～11.90	43.25
60℃保温结束黏度/BU	8.44	2.10～19.60	56.57
回生值/BU	5.63	1.40～16.10	72.15

酶解后最终黏度最大品种为河北张家口产‘坝莜 1 号’，但其回生值偏高，冷稳定性较差。回生值最小的品种为甘肃定西产‘定莜 7 号’（除特殊品种‘内燕 5

号' 外），其稳定性强。分析酶解后的最终黏度及回生值，选择出适宜加工的品种。

对燕麦粉糊化黏度特性、酶解黏度特性进行相关性分析，结果如表 2.44 所示。酶解黏度特性的峰值黏度与总淀粉含量呈显著正相关；酶解黏度特性的回生值与直链淀粉含量呈显著正相关；糊化特性中的最终黏度与酶解黏度特性中的回生值呈显著正相关，表明最终黏度越大，淀粉回生的程度越大，由此推测最终黏度适中的品种将获得较好的冷稳定性。酶解后淀粉糊的回生值与未酶解淀粉糊的回生值呈显著正相关，即可以利用未酶解淀粉糊的回生值预测淀粉糊酶解后的回生值。淀粉作为燕麦籽粒中含量最高的组分，会在很大程度上影响燕麦制品的品质，糊化特性作为淀粉最主要的品质特性之一，准确全面地分析燕麦淀粉的糊化特性将会对选择加工专用燕麦品种起到较大帮助。

表 2.44　糊化黏度特性与酶解黏度特性相关性分析

相关系数		酶解黏度特性					
		糊化温度	峰值时间	峰值黏度	最低黏度	最终黏度	回生值
糊化黏度特性	糊化温度	0.3837	0.6079**	0.4295	0.3229	0.2264	0.1669
	峰值时间	0.0325	0.3977	−0.0739	0.1377	−0.1589	−0.2286
	峰值黏度	−0.5905**	0.5184	0.9478**	0.0421	0.2973	0.3360
	最终黏度	−0.3863	0.4914	0.8777**	0.2562	0.4769	0.4814*
	衰减值	−0.0296	−0.3040	0.0540	−0.2204	0.2177	0.3229
	回生值	−0.0594	0.2748	0.5297*	0.3663	0.5259*	0.5052*
	总淀粉含量	−0.2763	0.1292	0.5187*	−0.3600	0.0249	0.1394
	直链淀粉含量	0.1762	0.1109	−0.1731**	−0.1371	−0.2551	0.4967*

*和**分别表示达 5%和 1%的显著水平。

5）燕麦乳稳定性

燕麦乳的稳定性是影响燕麦乳货架期的重要因素之一。为不在燕麦乳中添加稳定剂，因此需要寻找可使燕麦乳自身获得较高稳定性的品种，以延长燕麦乳保持稳定的时间。由图 2.22 可知，燕麦乳稳定性的范围在 70%～98%，20 个燕麦品种制成的燕麦乳稳定性大于 90，提供了较大的品种选择范围。

影响燕麦乳稳定性的因素很多，蛋白质热稳定性是主要因素之一。由于燕麦乳需要在较高温度下酶解，在超高温环境下杀菌，因此蛋白质稳定性越高，蛋白质变性程度越低，从而燕麦乳越稳定。此外，β-葡聚糖的含量也会影响燕麦乳的乳化稳定性。依据 Stokes 公式，燕麦乳体系维持一定黏度是燕麦乳保持稳定的重要条件。但为了改善产品的口感，减轻淀粉的回生程度，需要对淀粉进行适度酶解，使体系黏度降低。稳定性与口感、抗老化之间形成矛盾，因此燕麦淀粉应具有酶解后剪切黏度降低、表观黏度较高的特征。

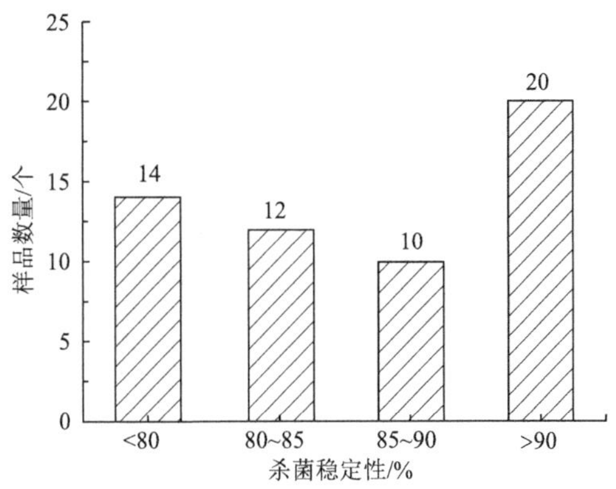

图 2.22　不同品种燕麦乳杀菌稳定性分布

6）燕麦乳加工特性分析

在对燕麦乳进行品质分析的基础上，对燕麦品质与燕麦乳品质进行了相关性分析（表 2.45）。

表 2.45　燕麦品质与饮料品质相关性分析

相关系数		饮料品质			
		白度	稳定性	蛋白质含量	β-葡聚糖含量
燕麦品质	蛋白质含量	0.01	–0.02	0.37**	0.04
	脂肪含量	–0.02	0.06	0.02	0.27*
	β-葡聚糖含量	–0.19	–0.17	–0.14	0.31*
	灰分	0.24	0.34*	0.57**	–0.05
	白度	0.39*	0.18	–0.06	0.08
	总淀粉	0.22	–0.02	0.08	–0.48*
	直链淀粉含量	0.06	–0.53*	–0.17	–0.21
	峰值黏度	–0.03	0.12	–0.37**	–0.24
	回生值	0.09	0.22	0.02	–0.06
	最终黏度	0.02	0.30*	–0.31	–0.07

*和**分别表示达 5%和 1%的显著水平。

由表 2.45 可知，第一，燕麦乳的白度与燕麦白度呈显著正相关，表明原料选择时应尽可能选取白度较高的燕麦籽粒，以提高燕麦乳的白度；第二，燕麦乳的稳定性与燕麦灰分含量呈显著正相关；第三，燕麦乳的稳定性与燕麦淀粉最终黏度呈显著正相关，保持一定黏度可减缓体系产生沉淀，因此燕麦淀粉的最终黏度应维持在适中的范围，减弱回生现象，保持体系稳定；第四，燕麦乳的蛋白质含量与燕麦中蛋白质含量呈极显著正相关，燕麦乳 β-葡聚糖含量与燕麦 β-葡聚糖含量呈显著正相关。原料中蛋白质、β-葡聚糖含量越高，溶解在燕麦乳中的相应组分越多，燕麦饮料营养越丰富，因此选择蛋白质、β-葡聚糖含量较高的籽粒可以增加燕麦乳中相应组分的含量。

综合上述分析，结合各指标分布范围，确定白度＞45，燕麦淀粉最终黏度介于 9～13 BU，蛋白质含量、β-葡聚糖、无机盐含量高的燕麦品种适宜进行燕麦乳加工。在 2011 年收获的 56 个燕麦品种中，‘坝莜 8 号（山西）’‘定莜 1 号（甘肃）’‘定莜 3 号（甘肃）’‘白燕 2 号（新疆）’‘白燕 8 号（吉林）’等品种为适宜进行燕麦乳加工的品种。

3. 结论

不同品种燕麦制作的燕麦乳存在差异，不同指标的变异程度不同，燕麦乳的 β-葡聚糖含量变异最为显著。燕麦乳酶解黏度特性的峰值黏度与总淀粉含量呈显著正相关，回生值与直链淀粉含量呈显著正相关。糊化特性中的最终黏度与酶解特性中的回生值呈显著正相关，最终黏度适中的品种将获得较好的冷稳定性。

燕麦乳的白度与燕麦白度呈显著正相关，燕麦乳的稳定性与燕麦灰分含量、燕麦淀粉最终黏度呈显著正相关，燕麦乳的蛋白质含量与燕麦中蛋白质含量呈极显著正相关，燕麦乳的 β-葡聚糖含量与燕麦的 β-葡聚糖含量呈显著正相关。

白度＞45，燕麦淀粉最终黏度介于 9～13 BU，蛋白质含量、β-葡聚糖、无机盐含量高的燕麦品种适宜进行燕麦乳加工。

第 3 章　燕麦原料预处理与制粉技术

随着公众对燕麦营养价值的认识及燕麦育种技术的进步，燕麦在食品加工中的地位越来越重要。然而，要开发出符合中国人饮食习惯的燕麦主食，如燕麦馒头、面条、烧饼等，必须采用现代化原料预处理与制粉技术对燕麦进行制粉。原料预处理和制粉是生产燕麦食品的基础和前提，在燕麦食品加工中占有重要地位。国外燕麦制粉行业发展较早，相关工艺和设备较为成熟。我国燕麦品种以裸燕麦为主，其加工工艺，尤其原料预处理工艺与皮燕麦存在较大差异。目前，我国大多数燕麦制粉企业多采用传统工艺方法，普遍存在加工周期长、劳动强度大、产品不适宜长期储藏、无法实现工业化生产等诸多缺陷，许多技术问题亟待解决。本章将对燕麦制粉的传统工艺方法和现代工艺方法进行介绍。

3.1　燕麦粉的特性

3.1.1　燕麦粉的种类

国内外关于燕麦粉的概念和分类较为模糊，一般意义上的燕麦粉指燕麦加工后获得的精粉，这是因为燕麦精粉是燕麦面制食品的主要原料。下面按照燕麦粉成分和加工工艺对燕麦粉进行分类（周素梅等，2009）。

1. 按成分分类

1）燕麦全粉

燕麦制粉过程将胚乳和麸皮一同粉碎，筛理时保留麸皮，燕麦全粉保留了燕麦籽粒的全部营养物质。

2）燕麦精粉

燕麦制粉过程将胚乳和麸皮分离，筛理时去除麸皮的燕麦粉。

3）燕麦专用粉

将燕麦精粉与小麦粉按照一定的比例混合，添加一定的面粉改良剂，得到的可以像小麦粉一样加工面条、馒头、面包等面制品的专用面粉。

4）燕麦复合营养粉

熟燕麦粉、红枣粉、山楂粉、枸杞子粉和炒熟磨成颗粒的花生仁、核桃仁、芝麻等按照营养要求的比例混合，再加上糖（或盐）、活性钙等食品配料或添加剂，得到的一种热水冲调即食的复合营养粉。燕麦粉食用很方便，用开水调和即可，营养价值更高，适用于早餐、夜餐，也是野外工作者和旅游者的良好食品。

2. 按加工工艺分类

1）生燕麦粉

燕麦制粉过程中没有采用微波、蒸制等灭酶熟化工艺得到的燕麦全粉或燕麦精粉。生燕麦粉与熟燕麦粉相比储藏性较差。

2）熟燕麦粉

燕麦制粉过程中采用炒制、蒸制、红外、微波、水热处理等灭酶熟化工艺得到的燕麦全粉或燕麦精粉。

3）膨化燕麦粉

燕麦制粉过程中采用双螺杆挤压膨化工艺制得的燕麦全粉或燕麦精粉，也属于熟燕麦粉的一种，产品密度较小。

3.1.2 燕麦粉的营养特性

燕麦皮层结构（主要是糊粉层）中富含蛋白质、脂肪、纤维素、微量元素和灰分等。但是采用传统碾磨工艺制备的普通燕麦粉经机械筛分后，全部皮层组织几乎均作为麸皮被排除，造成资源的损失和浪费。尽管如此，燕麦的蛋白质、脂肪、维生素、矿物质含量等在小麦粉、大米等粮食作物中仍居首位（表 3.1）。

表 3.1 不同谷物营养指标比较（每百克食物中的含量）

指标	裸燕麦粉	小麦粉	粳稻米	小米	荞麦面	大麦	黄米面	玉米面
蛋白质/g	15.6	9.4	5.7	9.7	10.6	10.5	11.3	8.9
脂肪/g	8.8	1.3	0.7	1.7	2.5	2.2	1.1	4.4
碳水化合物/g	64.8	74.6	76.8	76.1	68.4	66.3	68.3	70.7
热量/kcal*	391	349	349	359	354	352	329	358
粗纤维/g	2.1	0.6	0.3	0.1	1.3	6.5	1.0	1.5
Ca/mg	69.0	23.0	8.0	21.0	15.0	43.0	—	31.0
P/mg	390	133	120	240	180	400	—	367
Fe/mg	3.8	3.3	2.3	4.7	1.2	4.1	—	3.5
维生素 B_1/mg	0.29	0.46	0.22	0.66	0.38	0.36	0.20	—
维生素 B_2/mg	0.17	0.06	0.06	0.09	—	0.1	—	0.22
尼克酸/mg	0.80	2.50	2.80	1.60	4.10	4.80	4.30	1.60

* 1 $kcal_{th}$（热化学卡）= 4.184 kJ。

资料来源：中国预防医学科学院营养与食品卫生研究所，1991。

3.1.3　燕麦粉的加工特性

在主食原料中添加燕麦粉是燕麦成为主粮的重要途径。燕麦粉中麦谷蛋白占蛋白质总含量的 20%～25%，与小麦粉相差不大。但燕麦中麦谷蛋白分子较小，且不具备黏弹性，加水后面筋结构很松散，因此纯粹的燕麦粉很难形成类似小麦面团的特性，加工性能较差。

在食品工业中，燕麦粉常常与小麦粉按一定比例混合，制成各种燕麦食品。将燕麦粉与小麦粉混合，既能发挥小麦面团明显黏弹性的特点，有利于面制食品的加工操作，又有机地结合燕麦的营养特征，但混粉面团的加工特性等受到燕麦粉添加量的影响，因此在实际应用过程中应合理控制燕麦粉添加量。

小麦-燕麦混合粉白度与两者混粉比例呈显著线性关系，随着燕麦粉与小麦粉比例的增大，混合粉白度降低（沈玥等，2010）。燕麦粉峰值黏度、最大黏度、最终黏度均小于对照小麦粉。加入燕麦粉后，混粉面团形成时间延长，稳定时间减少。随着燕麦粉含量的增加，燕麦全粉混粉面团和燕麦精粉混粉面团的拉伸阻力变化趋势均是先增大后减小；拉伸曲线面积均减小；延伸度均逐渐减小；燕麦全粉混粉面团的最大拉伸阻力小于燕麦精粉混粉面团的最大拉伸阻力；在精粉混粉面团中，各个配比的混粉面团随着时间的增加，拉伸比值均有增大趋势。当小麦粉取代量大于 5%时，混粉食品制作品质有显著变化；制作面条、馒头和面包较为理想的添加量分别为 10%、25%、10%（胡新中等，2006）。

食品添加剂有助于改善燕麦粉加工特性。以沙蒿籽粉和谷朊粉作为绿色品质改良剂可以显著改善燕麦全粉食品的加工品质，加入 2.5%沙蒿胶和 8%谷朊粉对燕麦全粉面包和馒头品质改善效果较好。

燕麦籽粒的粉碎方式对燕麦粉的品质产生影响。采用机械粉碎加气流分级法对整粒燕麦直接进行粉碎，面粉中的蛋白质、脂肪、纤维素和灰分比例提高；普通燕麦粉淀粉含量高于机械粉碎燕麦全粉中的淀粉含量，淀粉的冻融稳定性较后者好，但透明度较后者差；机械粉碎燕麦粉较好的均匀度使面团的形成过程更加稳定，面团流动性增加，弹性有所降低。

燕麦粉可用于燕麦饮料等液态食品的开发。但在实际生产过程中，燕麦溶液加热到 55～65℃时黏度升高显著，添加 10%～15%的燕麦粉，溶液过于黏稠，不但增加了工业生产设备压力，也导致燕麦饮料饮用时口感不佳。为了减轻燕麦饮料加工过程中生产设备的压力，在燕麦粉升温到 30℃时即可加入 α-淀粉酶，以便快速降低产品黏度。糖化酶对燕麦溶解液黏度影响不大，不能用黏度判定燕麦溶解液水解终点，还需要借助回生值衡量燕麦水解程度。在 α-淀粉酶添加量相同的情况下，燕麦溶解液淀粉水解程度随糖化酶添加量的增加而明显增大。糖化酶的添加量可以根据燕麦饮料产品对燕麦淀粉水解单糖提供的甜度的需求而定。

3.1.4 燕麦粉的质量标准

燕麦粉的标准参照我国国家标准——莜麦粉（GB/T 13360—2008），具体指标见表 3.2。

表 3.2 莜麦粉质量标准

分类	粗细度	灰分（干基）/%	含砂量/%	磁性金属物 /（g/kg）	脂肪酸值（干基） /（mgKOH/100g）	水分/%	色泽、气味、口味
精制	全部通过 CQ20 号筛	≤1.0					
普通	全部通过 CQ18 号筛	≤2.2	≤0.03	≤0.003	≤90	≤10.0	莜麦粉固有的色香味，具有不苦、无异味等特点
全麦	全部通过 CQ14 号筛	≤2.5					

3.2 燕麦原料预处理

3.2.1 清理

1. 清理的目的

燕麦在种植、收割、堆晒、干燥、运输和储藏等环节，不可避免混入各种杂质。依据谷物加工学对杂质的分类方法，可按化学成分的不同，将杂质分为无机杂质与有机杂质两类。无机杂质是指混入谷物中的泥土、砂石、煤渣、砖瓦、玻璃碎块、金属物及其他矿物质等。有机杂质指混杂在谷物中的根、茎、叶、颖壳、绳头、野生植物种子、异种粮粒、鼠雀粪、虫蛹、虫尸及无食用价值的生芽、病斑变质燕麦粒、复粒燕麦、针状燕麦、轻燕麦等。复粒燕麦的主外壳下包着第二粒燕麦，两粒燕麦米均发育不良，从而含壳率高。针状燕麦籽粒一般很细、米小或无米。轻燕麦籽粒大小正常，但米小或无米。对于裸燕麦（莜麦），其中的有机杂质还包括带壳燕麦粒。习惯上，无机杂质和有机杂质合称为尘芥杂质；异种粮粒及无食用价值的粮粒常称为粮谷杂质；有毒的病害变质谷粒常称为有害杂质。按颗粒大小，杂质可分为大杂质（一般指留存在直径 5.0 mm 筛孔以上的杂质）、并肩杂质（通过 5.0 mm 筛孔、留存在直径 2.0 mm 筛孔以上的杂质）、小杂质（通过直径 1.5 mm 筛孔的筛下物）。按密度不同，杂质又可分为重杂质（一般指密度大于燕麦籽粒的杂质）、轻杂质（一般指密度小于粮粒的杂质）。燕麦中的杂质，不仅增加加工原料质量和谷堆体积，从而增加运输和保管费用，并且影响谷物的安全储藏，甚至还会给谷物加工带来很大的危害，带来严重的食品安全问题。

石块、金属等坚硬杂质，容易损坏加工设备，影响设备工艺效果，增加维修费用，甚至造成设备事故和工伤事故。有些坚硬杂质与设备金属表面剧烈摩擦后，会产生火花，引起火灾和粉尘爆炸。秸秆、杂草、碎布、麻绳等体积大、质量轻的杂质，一旦进入设备，会阻塞进料口，使进料不匀，进料量减少，降低设备加工能力，有时甚至堵塞筛孔，造成产品损失。泥沙、尘土等细小杂质进入车间后，在下料、提升、输送过程中，会造成尘土飞扬，不利于清洁生产，危害工人身体健康。综上所述，在燕麦制粉前，如不进行清理，杂质混入产品还会降低产品纯度，影响产品和副产品的质量。

目前，我国燕麦加工行业对燕麦清理后的杂质含量尚无国家标准，原商业部粮食储运局提出的燕麦的商品粮标准——燕麦（LS/T 3102-1985）以纯粮率等分级，根据其所含水分、杂质指标以及色泽、气味，将燕麦划分为三个等级。具体规定见表 3.3。

表 3.3　燕麦的等级标准

纯粮率		杂质/%	水分/%	色泽、气味
等级	最低指标/%			
1	97.0	1.5	14.0	正常
2	94.0			
3	91.0			

标准中还规定燕麦以二等为中等标准，低于三等的为等外燕麦。该标准对纯粮率、不完善粒（未熟粒、虫蚀粒、病斑粒、破损粒、生芽粒、霉变粒）、杂质（筛下物、无机杂质、有机杂质）等均给出了名词解释和定义，有利于实际操作中对标准的理解和把握。

农业行业标准——绿色食品 燕麦及燕麦粉（NY/T 892—2014）规定了绿色食品燕麦米及燕麦粉的术语和定义、要求等，燕麦和燕麦米的理化指标见表 3.4。

表 3.4　燕麦和燕麦米的理化指标

项目	指标
容重/（g/L）	≥700
不完善粒/%	≤5.0
杂质/%	≤2.0
其中：矿物质/%	≤0.5
水分/%	≤13.5

标准规定绿色燕麦和燕麦米容重不低于 700 g/L，不完善粒不超过 5.0%，杂质不超过 2.0%，其中矿物质不超过 0.5%。而绿色燕麦粉含砂量不超过 0.03%，磁性金属物不超过 0.003 g/kg。

美国饲用燕麦标准按粒色将燕麦分为白、灰、赤、黑、混合色五种；另依据容重、正常籽粒含量、损坏粒、外来物质（物理杂质）、野燕麦掺杂率等指标将燕麦分为四个等级，具体情况见表 3.5。

表 3.5　美国饲用燕麦等级标准

等级	容重/（lb/bu）	正常籽粒含量/%	损坏粒/%	外来物质/%	野燕麦掺杂率/%
一级	>36.0	>97	<0.1	<2.0	<2.0
二级	>33.0	>94	<0.3	<3.0	<3.0
三级	>30.0	>90	<1.0	<4.0	<5.0
四级	>27.0	>80	<3.0	<5.0	<10.0
等外品	凡不符合以上条件、水分 16%以上或酸败发霉者				

对比上述标准，不难发现绿色燕麦标准对燕麦的质量要求较高，美国饲用燕麦质量标准要求相对较低。但美国商品化产品标准对于燕麦等级的划分相对较为严格，有利于保护公平贸易，值得我们在制定燕麦等其他粮食标准时借鉴。

2. 清理的基本方法和程序

燕麦中的杂质虽然种类繁多，但由于物理特性上存在某种差异，同时可能存在几个方面的差别，因此必须选择能将燕麦和其他杂质显著区分开来的差异作为主要依据，并以其他较小的差异作为次要依据，利用不同设备和技术措施分离杂质，实现杂质的高效分离。

燕麦的清理方法与小麦等其他谷物的清理方法类似，主要有风选法（空气动力学特性的不同）、筛选法（宽度与厚度的不同）、比重分选法（比重的不同）、精选法（形状与长度的不同）、磁选法（磁性的不同）、表面处理法（强度的不同）、色选法等。

1）风选法

根据籽粒与杂质空气动力学性质的差异，利用气流进行分离的方法。例如，采用垂直气流风选，主要除去燕麦中的泥灰、瘪谷、芒等轻型杂质；采用水平或倾斜气流风选，不仅能够分离轻杂，还可以分离并肩石等。利用籽粒间或籽粒与轻重杂质间悬浮速度和飞行系数的差异，可采用风选将轻重不同的籽粒和杂质进行区分，从而进一步分离或加工。风选设备可以单独应用于燕麦清理流程，也可以与其他清理设备组合使用，如筛选与风选结合、气流输送过程中的卸料与风选相结合等。在实际生产中，原料、风选设备结构尺寸、风速和风量及物料流量大小对风选工艺效果产生不同程度的影响。原料所含的轻杂与燕麦籽粒之间悬浮速度差异的大小是重要因素。两者的差异越大，越容易风选，反之亦然。吸风道的结构尺寸对物料沿风道的分布与气流作用于物料的时间关系密切，直接影响风选的效率。因此，应根据生产能力和单位流量来确定风道的尺寸，保证去杂的效果。小麦风选设备一般可用于燕麦筛选。典型的风选设备有垂直吸风道、循环风吸风分离器和吸风分离器。

垂直吸风道主要由钢骨架面板、可调振幅的振动喂料槽、风速可调的吸风道和观察分离效果的照明装置等部件组成，图 3.1 是垂直吸风道的工作原理与结构示意图。

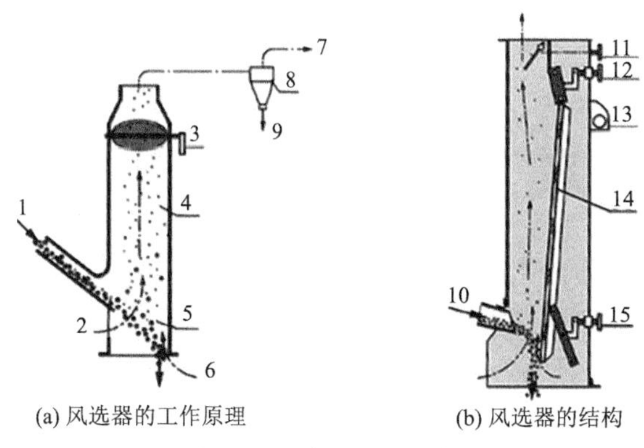

(a) 风选器的工作原理　(b) 风选器的结构

图 3.1　垂直吸风道示意图

1. 喂料；2. 主进气流；3. 调风门；4. 稳定区；5. 分离区；6. 次进气流；7. 接风机；8. 除尘器；9. 轻杂收集；10. 设备喂料处；11. 风门调节；12. 玻璃板上调节；13. 照明灯；14. 可调玻璃板；15. 玻璃板下调节

工作时，物料由喂料斗进入淌板，淌板通过振动电机带动不停地做水平振动，物料均匀分布在淌板上，呈薄薄的料层状喂入风道。气流穿透物料流，借助风力的作用，根据物料悬浮速度的差异，使燕麦中的尘土、皮壳及轻杂等随气流从吸风道吸走，达到清理的目的。风道中的风速应根据燕麦和分离的轻杂的悬浮速率确定，即风速小于燕麦籽粒的悬浮速率，大于轻杂的悬浮速率。

循环风吸风分离器主要由喂料系统、风循环通道、离心风机和集尘排料系统等组成，如图 3.2 所示。

工作时，物料落入喂料斗，堆积到一定高度时，受重力的影响，悬挂在供料活门上的弹簧受拉力，使卸料槽打开。同时，在偏心机构的驱动下，物料从卸料槽的缝道流出，均匀抛向垂直风道的全部宽度上，流动的物料被松散开。干净的、比重大的物料垂直降落，经重力活门排出机外，比重小的杂质被气流带到圆筒分离器的狭窄通道上，由于惯性力的作用，比重小的轻杂沿圆筒分离器的外壁落入

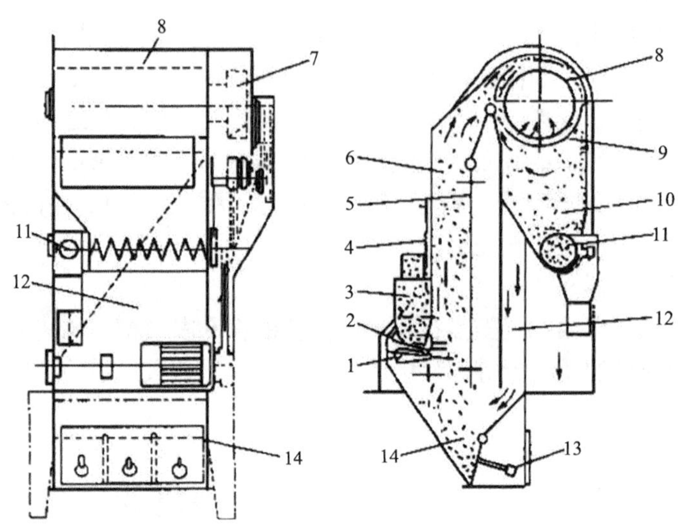

图 3.2　循环风吸风分离器结构示意图

1. 中隔板；2. 垂直风道；3. 圆筒分离器；4. 离心风机；5. 通道；6. 螺旋输送器；7. 料斗；8. 闭风隔板；9. 重力活门；10. 集尘器；11. 喂料斗；12. 振动导板；13. 弹簧；14. 偏心机构

空间突然增大的集尘器，通过闭风器排出机外。空气经圆筒分离器的内部被离心风机吸入，从通道回到垂直风道进行再循环。

吸风分离器主要由喂料装置、筒体、观察门、沉降室、风道、风量调节阀及支撑腿组成，如图 3.3 所示。

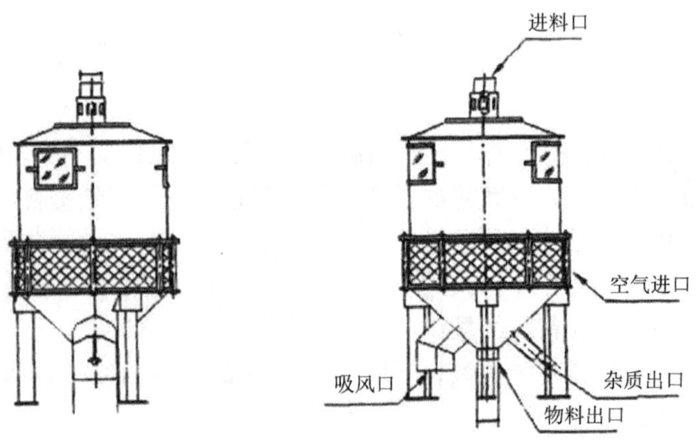

图 3.3　吸风分离器结构示意图

工作时，物料经过可调物料分配管均匀地分布在锥体表面，并在沉降室中自由下落。空气通过风量调节阀在沉降室中反向穿过物料，使物料中的轻杂（如不完善粒、麦秆、灰尘等）分离出来。

2）筛选法

利用被筛物料之间粒度（宽度、厚度、长度）的差别，借助筛孔分离杂质或将物料进行分级的方法。物料经筛选后，凡是留在筛面上未穿过筛孔的物料称为筛上物，穿过筛孔的物料称为筛下物。在筛选过程中，要达到除杂的目的，必须选择合适的筛孔形状和孔径尺寸，且保证筛选物料与筛面之间有适宜的相对运动。筛孔形状与大小的选择，取决于筛分物料的粒度及其截面形状和物料的穿筛方式。大宗杂粮的筛选设备一般均可用于燕麦筛选。典型的设备有圆筒初清筛、振动筛和平面回转筛等。筛选设备常与风选设备相结合，在清除大、中、小杂质的同时，也将轻杂清除。

初清筛是用于谷物接收入库或粮食加工厂毛谷入仓前的初步清理设备，专门分离谷物中的秸秆、绳头、砖石、泥块等大型杂质，以提高原料入库质量，为下道工序创造有利条件，防止堵塞管道，损坏机器等事故发生。图 3.4 为圆筒初清筛结构。

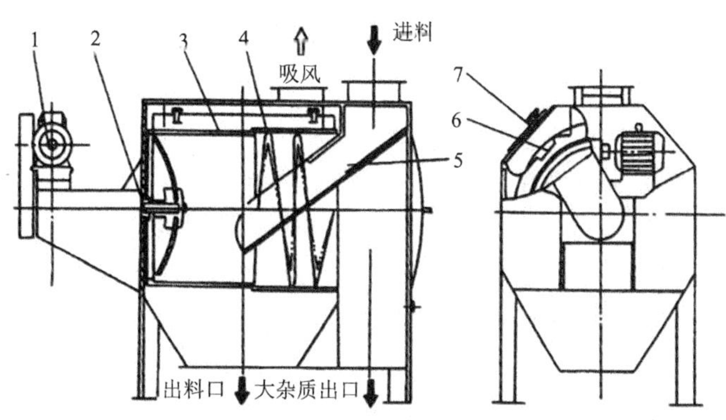

图 3.4　圆筒初清筛结构示意图

1. 电动机；2. 传动轴；3. 筛筒；4. 螺旋；5. 进料管；6. 清理刷；7. 检修门

振动筛是应用于谷物清理中被广泛使用的一种筛选与风选相结合的清理设备，其主要作用是清除混入谷粒中的大、小、轻杂。TQLZ 型振动筛为 20 世纪 90 年代初发展起来的新设备，主要用于清除原料中的大、中、小杂质。可与垂直吸风道配合，对物料进行风选，以清除其中的轻杂和灰尘。且可根据物料中的含杂情况进行调节，使风选效果达到理想效果。其最大优点是除小杂的细孔筛面不堵率可达 80%以上。

图 3.5 为 TQLZ 型振动筛工作过程。物料通过进料管进入带有偏心锥形漏斗的进料口，通过布筒进入喂料箱的散料板上，锥形漏斗可以旋转使得物料准确地落在散料板中间，进料箱随着筛体的振动，物料均匀地撒在进料箱底板上，并沿底板流到筛面的整个宽度。若进料在整个进料箱底板上不均匀，调节分料板使喂料达到理想状态。

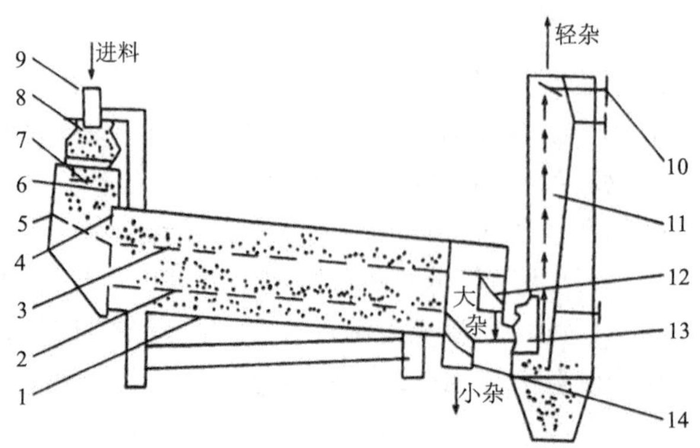

图 3.5　TQLZ 型振动筛工作过程示意图

1. 底板；2. 二道筛；3. 道筛匀；4. 调节匀料板；5. 喂料箱；6. 分料板；7. 匀料门；8. 软布套管；9. 进料口；10. 调风门；11. 风选器；12. 大杂出口；13. 卸料口；14. 小杂出口

在喂料箱与筛面的连接处安装的一个压力门，它使物料流能均匀分散成同一高度，物料通过压力门后布满第一层筛面，第一层筛面的筛下物落到第二层筛面上，筛上物由旁边的出料口导出。第二层筛面的筛下物落到底板上，从位于机中部的出料口导出。第二层筛面的筛上物经过压力门导出到垂直吸风分离器进行风选。垂直吸风道可通过调节手柄使风门板转至合适位置，达到最佳分离状态。

平面回转筛是除杂效果较好的一种筛选设备，主要用于后路筛选工序，进一步清除原粮的中、小、轻杂。此外，还有平面回转振动筛，它在清除中、小、轻杂的同时，还可吸出原料中的磁性杂质。平面回转筛常见的型号主要有 TQLM 型、SM 型。

TQLM 型平面回转筛由进料箱、机架、筛体、传动机构、垂直吸风道等部分组成。它的主要特点是将产生回转运动的平衡轮置于筛体的前部，电动机带动平衡轮和筛体一起回转。由于回转中心偏置，使筛体在前部为椭圆运动、中部为圆运动、尾部过渡为往复直线运动，利于分离杂质和迅速卸料，单位筛宽流量高，特别适用于燕麦、小麦、大麦等长粒谷物的清理。TQLM 型平面回转筛可达到的工艺效果：大杂、小杂的除杂率不低于 80%，轻杂的除杂效率不低于 60%。在分离出的杂质中，完整谷粒的数量不超过 1%。

SM 型平面回转筛工作时，物料由进料管经缓冲淌板进入上层筛面进行筛选，并经过一次风选，筛上物为大杂质从出口排出，筛下物落到下层筛面继续筛理，小杂质穿过下层筛面从出口排出，筛上物流向出料口，再次风选后排出机外。

燕麦原料、筛孔形状和大小、筛面尺寸、筛面倾角、转速和振幅、流量大小和筛面清理效果都对实际筛选工艺的效果产生重要影响。因此，实际生产中需要根据筛理物料的粒度、含杂情况、设备的产量和清理工艺要求等确定具体的设备和工艺参数。

3）比重分选法

比重分选法是根据物料之间比重、容重、摩擦系数以及悬浮速度等物理性质的不同，利用它们在运动过程中产生的自动分级，借助适当的工作面进行分选的。工作面按照表面特性分为鱼鳞孔板、编织筛板、粗糙面板。比重去石机是燕麦加工厂广泛使用的比重分选设备，主要用于清理谷物中所含的并肩石等杂质。比重去石机按照供风方式的不同分为吹式比重去石机、吸式比重去石机和循环气流去石机三种。

吸式比重去石机（图 3.6）具有显著代表性，主要由进料装置、去石装置、支承机构和振动电机等部分组成。去石筛面采用钢丝编织筛网，筛面摩擦系数较大，有利于物料的自动分级。去石筛面下部设有匀风格和匀风板，使得气流垂直向上均匀地穿过整个去石筛面。去石机的筛体由支撑弹簧与带有弹性的撑杆支撑，由双振动电机驱动，沿特定的倾斜方向产生振动。筛面上方是吸风罩，由通风网络经调节风门对筛体进行吸风，气流经筛孔由下至上穿透料层，使筛面上的燕麦籽粒悬浮起来。物料经带有弹簧压力门的喂料机构进入去石筛面，在上升气流与筛面振动的共同影响下，较重的并肩石贴在筛面上，沿筛面上行，由筛面上端的出石口排出；处于悬浮状态的燕麦籽粒沿筛面向下流动，经筛面下端的物料出口排出。

目前吸式比重去石机主要有 TQSX 系列和 QSX 系列去石机，各系列分别有多种型号，如 TQSX125、TQSX100、TQSX85 和 QSX56、QSX85、QSX100 等。虽然分为不同系列，但整体结构比较接近。

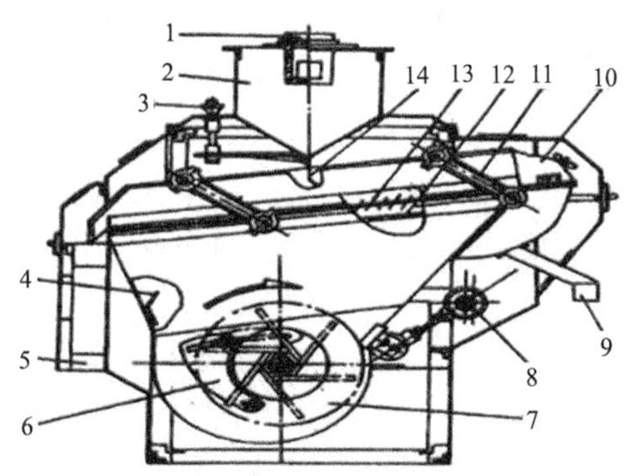

图 3.6　吸式比重去石机结构示意图

1. 进料口；2. 进料斗；3. 进料调节手轮；4. 导风板；5. 出料口；6. 进风调节装置；7. 风机；8. 偏心传动机构；9. 出石口；10. 检查装置（精选室）；11. 吊杆；12. 匀风板；13. 去石筛面；14. 缓冲匀流板

另一种常用的比重去石机是去石洗麦甩干机，利用不同密度的颗粒在水中的浮力和下降阻力的差异，按沉降速度的不同将不同密度的颗粒分开，达到分选的目的。体积相同、密度不同的颗粒，其密度比值在水中远大于在空气中。因此，利用水选去石也是一种有效的除杂方式，同时同步完成了对原料的清洗步骤，如

图 3.7 所示。

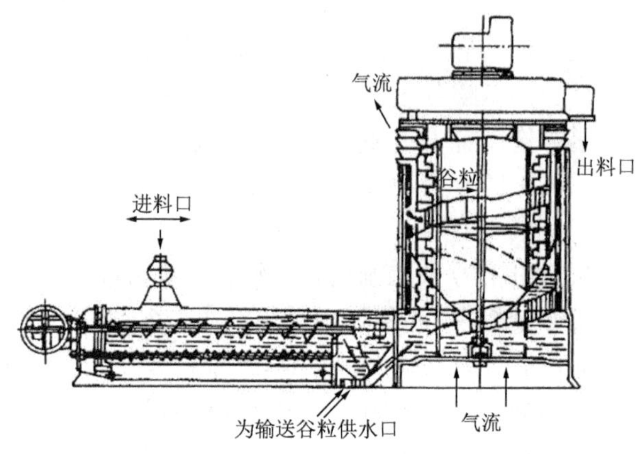

图 3.7　去石洗麦甩干机结构示意图

4）精选法

精选法是根据谷物籽粒与杂质长度和形状的不同，用特殊设备分离出其中较难分离杂质的一种清理方法。常用的精选设备有袋孔精选机与螺旋精选机。袋孔精选机又分为碟片精选机、滚筒精选机和碟片滚筒组合机。应用于燕麦精选的主要是袋孔精选机，它是利用旋转构件上设置的特定形状和深度的袋孔进行物料分离的方法。

碟片精选机的主要工作部件是两侧均布袋孔的圆环形碟片，其工作原理见图 3.8 所示。工作时，碟片在物料中转动，碟片与物料接触的部分称为盛料段，在接触过程中，宽度、厚度小于袋孔的物料均可嵌入袋孔；随着碟片的转动，嵌入孔内的物料被带离料层，因袋孔的深度一定，较长的颗粒因重心在外，不易被袋孔提起，较短的颗粒则可稳定地留在开口向上的袋孔中，随碟片转过保持段，直至通过最高点进入卸料段后，因袋孔斜口朝下，孔内物料滑出落入收集槽而实现分选。

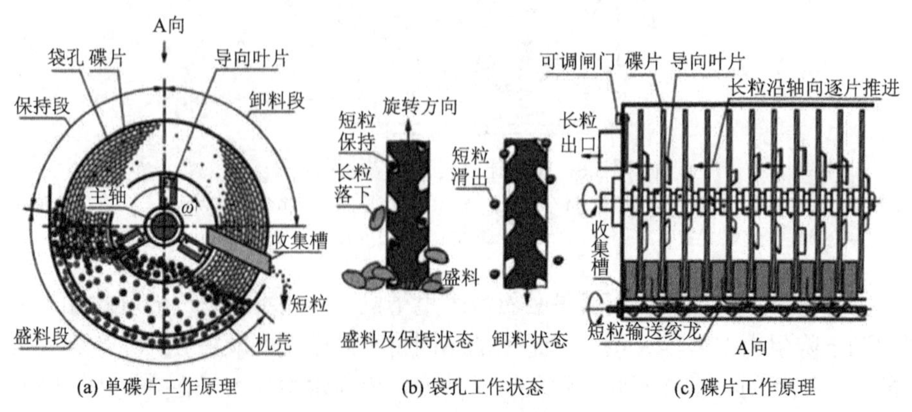

图 3.8　碟片的工作原理示意图

滚筒精选机的主要工作部件为内表面均布半球形袋孔的滚筒，其结构如图 3.9 所示。工作过程中滚筒恒速转动，物料进入筒内后，与筒底接触并被带至一定的高度，在筒底形成倾斜的盛料段。为保证选出短粒的纯度，盛料段的上沿不得超过主轴所在的水平面。滚筒将进入孔内的物料带出盛料段后，长粒落下，短粒留在孔内随筒转过保持段，进入卸料段，由自身重力克服离心惯性力的影响而落入收集槽中，被收集槽中的绞龙推出；长粒在滚筒的带动下，一边在筒底翻滚一边流向筒口排出，为有利于筒内物料的流动，滚筒的轴线向出口端倾斜。

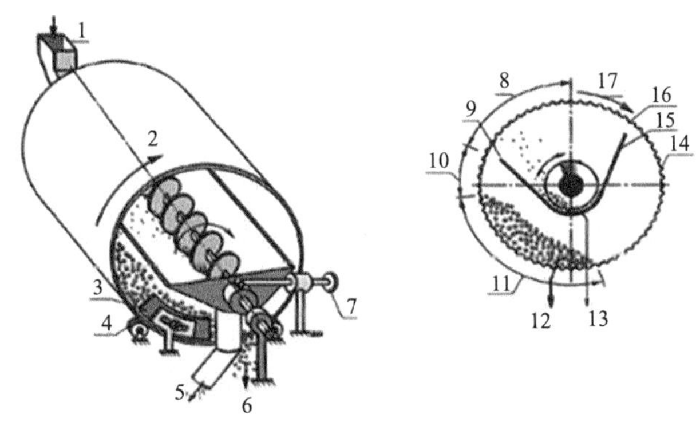

图 3.9　滚筒精选机结构示意图

1. 进料；2 和 16. 滚筒；3. 挡板及调节装置；4. 滚筒支撑轮；5 和 13. 短粒；6 和 12. 长粒；7. 收集槽角度调节手轮；8. 卸料段；9. 收集槽接料沿；10. 保持段；11. 盛料段；14. 袋孔；15. 收集槽；17. 转动方向

5）磁选法

燕麦从收获到加工需要经过许多环节，经常会混入铁钉、螺丝、垫圈等各种金属物，如不预先处理，进入高速转动的机器，将会严重损坏机器部件，甚至因碰撞摩擦而发生火花，引起粉尘爆炸事故。同时，由于加工过程中，机器零部件发生磨损或氧化，也会产生一些金属碎屑或粉末，若在之后的加工工艺中不加以清除，混入成品，对人体健康产生极大危害。因此，燕麦的清理一般都涉及磁选工艺，以保证安全生产和产品质量。磁选的主要设备有磁筒、磁力分选器和永磁滚筒。

图 3.10 展示了永磁滚筒结构，它由机筒、圆锥磁体及观察门等组成。永磁滚筒的工作过程是磁体锥头使进机物料均匀地沿圆周分流，物料流经磁体时实现磁选。为防止已被吸住的铁杂又被物料冲走，在磁体下端设有挡杂环。该设备无自排杂能力，因此，须定期人工清理磁体表面吸附的铁杂。为便于清理磁体，一般将磁体安装在观察门上，在工作中打开门即可进行清理。

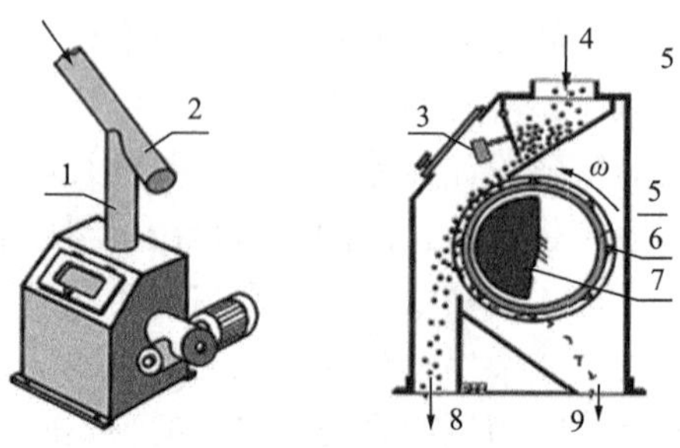

图 3.10　永磁滚筒的结构示意图

1. 垂直段；2. 缓冲接头；3. 压力门；4. 进料；5. 合金滚筒；6. 拨齿；7. 永磁体；8. 燕麦；9. 铁杂

作为燕麦磁选的典型设备，TCXT 型永磁滚筒具有不需要动力、清理方便的优点。它由外筒体和磁体两部分组成，筒体由上下法盘连接到输送管道中，构成管道的一部分。磁体由一定数量的高效磁块装配在一起和不锈钢锥形罩筒组成，磁体固定在外筒体的观察门上，工作时磁体位于筒体的中央。物料由进料口落入，经磁体的锥顶向圆筒内散开，物料从筒体与磁体的环形间隙中通过，由于环形间隙中充满磁场，使混杂在物料中的磁性金属物磁化，在下落过程中均匀减速，被吸附在罩筒表面。清理磁体时，只须拉开观察门，使磁体转到筒体处，人工清理其表面的铁磁杂质。

6）表面处理法

表面处理法是利用打击与撞击对燕麦进行清理。主要目的是清除燕麦表面黏附的灰尘、并肩泥块和煤渣及附着于谷粒上的芒、绒毛、麦毛和糠粉等。表面处理有干法处理和湿法处理两种方法。干法处理又主要包括打击与撞击、擦刷和碾削等方法；湿法处理一般采用清洗。打击是根据谷物和杂质强度的不同，在具有一定技术特性的工作筛筒内，利用高速旋转的打板对谷物进行打击，使谷物与打板、谷物与筛筒、谷物与谷物之间反复碰撞和摩擦，从而达到谷物无表面杂质、杂质和谷物分离的目的。撞击利用高速旋转的转子对谷物的撞击、谷物与撞击圈儿之间的撞击，以及谷物与谷物之间反复碰撞和摩擦作用，从而使谷物表面杂质与谷物分离或使谷物破碎。应用于燕麦清理的典型打击与撞击设备有卧式打麦机。

7）色选法

为保证生产燕麦制品的质量，需要筛选出色泽偏黄偏黑的燕麦，避免破坏产品的色泽及口感，最终影响到燕麦食品的终端销售。通常利用色选机进行筛选，如图 3.11 所示。色选机利用的是光电色差，根据颜色差异，光电信号不一样。提前设定好一个颜色值，也就是光灵敏度，当燕麦经过色选机，经振动控制的给料系统均匀地按一定的速度通过斜槽，进入色彩选择区域时，高速光学照相机或彩色相机将高速流动的色泽偏黄偏黑的产品在照片中表现出与正常产品不同的灰度差异，然后用全数字分析器件和先进图形识别技术进行判断，通过驱动喷射器，喷射出高速、短促、细束气流剔除异色颗粒，留下颜色合适的燕麦颗粒。

图 3.11　色选机

综上所述，大部分大宗粮食清理设备均可用于燕麦清理。实际生产中燕麦清理的一般程序为：先利用打麦机分离合并粒、剪去芒，改善脱壳性能；其次利用清理筛和吸风机除去大杂、小杂（砂子等）和较轻的杂物；然后利用振动去石机分离石子和重质颗粒；再利用袋孔分离机除去草籽和异种谷物；最后利用圆筒分级机分离得到净燕麦。

3. 清理效果的评价

评价清理效果可以了解设备的工作情况，能更有效地指导生产。燕麦清理效果可以采用通用的谷物加工前处理工艺效果评价标准，即主要考察杂质去除率和谷物提取率。杂质去除率是指单位时间内分出的杂质与进机物料中所含杂质的质量百分比。谷物提取率指的是单位时间内提出谷物的质量与进机物料中所含谷物质量的百分比。计算杂质去除率和谷物提取率时，不必测定设备的进、出口物料流料，只须测定各路物料中的含杂率，即可直接计算。

3.2.2　水分调节

燕麦的水分调节，即通常所说的对燕麦进行着水和润麦处理，是利用水、热作用和一定的润麦时间，使燕麦水分重新调整，改善其物理、生化和加工性能，以获得理想的工艺效果。

1. 水分调节的作用

燕麦籽粒各部分组成的结构和化学成分的不同导致其吸水性能存在差异。在吸水过程中，燕麦发生以下变化：

（1）胚部和皮层纤维含量高，结构疏松，吸水速度快且水分含量高；皮层吸水后，韧性增加，脆性降低，增加了抵抗机械破坏的能力，在研磨过程中利于保持麦麸完整性，易于清理筛分。

（2）胚乳强度降低。胚乳主要由蛋白质和淀粉粒组成，结构精密，吸水量少，吸水速度较慢。着水过程中，蛋白质吸水能力弱，吸水速度慢；淀粉粒吸水能力强，吸水速度快。根据两者吸水能力和吸水速率的不同，吸水后膨胀的先后和程度也不同，在蛋白质和淀粉之间产生位移，致使胚乳结构疏松，强度降低，易于研磨成分，同时利于降低电耗。

（3）麦皮和胚乳易于分离，麦皮、糊粉层和胚乳三者吸水先后不同，吸水量不同，吸水后的膨胀系数也存在较大差异，从而使得麦皮和胚乳间产生微量位移，利于把胚乳从麦皮上刮剥下来。

（4）使入磨的燕麦水分适合制粉性能的要求，麦堆内燕麦籽粒水分均匀分布，且水分在麦粒各部分有一定分配。

（5）燕麦经水分调节后，利于提高灭酶效果，抑制燕麦粉酸败。

2. 影响润麦效果的因素

原料品质是决定燕麦调质工艺的内在决定因素。原料水分低、吸水量大的淀粉和蛋白质的干物质含量较高，因而吸水量大，原料水分高的则相反。燕麦的成熟程度、表面形状不同，吸水能力不同，皮层厚、籽粒瘦小、虫蚀粒多的燕麦，皮层和胚含量高，吸水量少而快。当环境湿度较大时，燕麦的平衡水分较高，吸水速度较快，同时湿度增加时不利于粉间操作，因而高温高湿时，燕麦调质工艺所需的时间较短，加水量也相应减少；气候干燥、气温较低时，应增加着水量，延长润麦时间。

3. 水分调节方法

水分过高影响正常生产，过低燕麦粉品质变次，带来不应有的经济损失。水分不均，造成物料分配不均，严重时会造成磨粉机、平筛及提料管的堵塞现象，影响生产及燕麦粉品质的连续稳定。因而必须在入磨前进行适宜的燕麦调质工艺处理，依据原料情况、季节、气候变化精确控制着水量和适宜的润麦时间，确保达到最佳入磨水分。

水分调节一般分为室温水分调节和加温水分调节，具体可参考小麦的水分调节。室温水分调节，加室温水或温水（<40℃）；加温水分调节又分为温水调质（46℃）和热水调质（46～52℃）。加温水分调节可以缩短润麦时间。室温水分调节是小麦等粮食制粉前广泛使用的水分调节方法。水分调节（着水和润麦）可以1次完成，也可2～3次完成，一般在经过清理以后进行第1次润麦处理，使水分含量提高到20%左右。燕麦润麦一般夏季需要12h，冬季需要14h。经焙烤、远红

外焙烤、热风干燥等加热灭酶工艺处理后，进行第二次润麦处理，水分润至 11%左右。燕麦润麦也可采用预着水、喷雾着水的方法。

4. 水分调节典型设备

燕麦水分调节涉及的工艺设施与小麦类似。主要有着水设备和润麦仓。

1）着水设备

水龙头是最原始、最简单的着水设备，此外还有可根据物料流量的变化加大或减少加水量的水杯着水机；带加水量控制装置的着水混合机和强力着水机。此外，还有喷雾型着水机及兼有表面清理和去石作用的洗麦机等。其中，着水混合机是一种连续式的高效着水设备，能把一定量的水正确地加入物料中，并通过螺旋输送混合器的充分搅拌，使水分均匀地分布在每一粒籽粒上。着水混合机通常与微波水分自动控制仪或湿度测量水分控制系统联合使用，自动而精确地控制着水量。着水混合机与蒸汽配合使用时着水量可达 7%。着水混合机的结构如图 3.12 所示，主要由进料管、着水喷管、工作圆筒、扇形桨叶、机架、出料及传送装置和着水系统等部分组成。

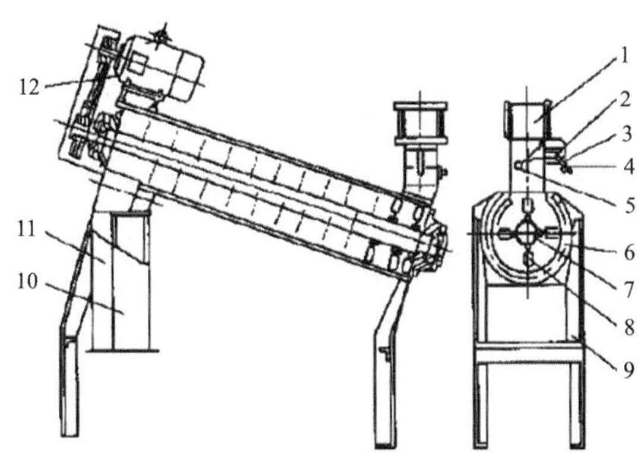

图 3.12　着水混合机结构示意图

1. 进料管；2. 感应开关；3. 均流调节板；4. 重砣；5. 着水喷管；6. 工作筒体；7. 主轴；8. 扇形桨叶；9. 机架；10. 水分测量管；11. 出料管；12. 电动机

工作时，物料从进料管进入料筒，压下均流调节板，此时感应开关工作，使着水系统的电磁阀打开，水流经过管道进入着水喷管。小麦经均流调节板均匀地进入着水腔，着水管对麦流进行喷水。着水后的麦流按切线方向进入向上倾斜 20°的工作筒体，扇形桨叶按螺旋形排列在低速旋转的主轴上。当桨叶翻动物料时，一部分物料被推动前进，但由于圆筒向上倾斜，有一部分物料因重力作用而落下得到再次混合的机会，使麦粒之间接触充分。作用缓和，从而使水分均匀地分布于每粒麦粒上，达到良好的着水效果。改变桨叶的安装角度，可调节物料向前推进的速度和圆筒内料层的深度，低速运转对设备安全运行、减少维修和降低动力消耗有利。

2）润麦仓

燕麦着水后，需要一定的润麦时间让水分向燕麦籽粒内部渗透以使燕麦各部分的水分重新调整，这个过程需要在润麦仓中进行，这种麦仓称作润麦仓。润麦仓一般用钢筋混凝土、砖混结构、钢板或木板制成。

由于燕麦籽粒的饱满程度和质量的差异，入仓时会出现自动分级的现象。即较重的麦粒落在仓的中心位置，较轻的麦粒落在仓的四周。卸料时，料仓中心部分的籽粒比靠近筒壁的物料更容易流动，靠近四周的物料则因受到较大的摩擦力及离仓中心较远导致流动更困难，使仓中心的燕麦线性流出。在中心部位的燕麦流出后，上部近壁的燕麦逐渐向中心补充，而底部仓壁四角的燕麦最后流出，产生后入仓先出仓现象，造成润麦时间不匀。

如果物料进仓时已经产生自动分级的现象，饱满的燕麦落在仓的中心，大部分轻质麦和轻杂落在靠近仓壁处，结果是早期流出的物料比后期流出的容重高，杂质少，通常仓内最后 1/4 的原料，品质上差异非常显著。仓越大，自动分级造成的影响越严重，影响生产和产品质量的稳定。

为克服燕麦入仓时产生自动分级现象，可在麦仓入口处装置分散器。即在仓顶入口处下方吊装圆锥形分散器，麦粒进仓时，撞在圆锥上向四周流出，可有效防止产生自动分级现象。

为克服燕麦出仓时中心部位首先流出的现象，一般采用多出口麦仓。多出口仓在一定程度上能够克服单出口润麦仓的后进先出的缺陷，使仓四周及中心的物料具有相同的流动特性，做到先进先出，防止产生自动分级，保证润麦时间和品质的一致性。

润麦仓容积的大小也直接影响润麦时间。因此，应该根据所需的润麦时间和生产线的产量来确定润麦仓容量的大小。每个单独的仓不宜过大，仓的数量不宜过少。

3.2.3 灭酶处理

1. 燕麦脂肪酶

燕麦籽粒相对于其他谷物特殊之处就是通常状态下具有较高的脂肪酶活性。燕麦脂肪酶活性是小麦全粉、小麦芽粉和大麦芽粉的 30～40 倍，因此，燕麦颖果被比作天然的脂肪酶生物制造厂。虽然燕麦中已被证实存在的酶有蛋白酶、麦芽糖酶、α-淀粉酶、地衣多糖酶、苯氧基乙酸羟化酶、磷酸（酯）酶、酪氨酸酶（3-对羟苯基丙氨酸酶）和脂肪酶，但脂肪酶是其中唯一能够达到产业化提取要求的酶。

真正意义上的脂肪酶（编号：3.1.3.3），定义为催化脂肪水解为甘油和脂肪酸的酶。脂肪酶的重要功能就是能水解长链脂肪酸，如油酸。当油水界面油浓度低时酶活性低，随着油层增加，其活性上升。燕麦中脂肪水解的最适温度为 40℃，水分含量 20%。具备这两个条件时，燕麦中的脂肪被脂肪酶水解生成甘油（丙三醇），有时伴随少量甘油一酯和甘油二酯。

1953 年，科学家首次从燕麦中提取了纯脂肪酶，并证实这是谷物脂肪酶而不是真菌感染的杂质。燕麦中与脂肪有关的酶主要是脂肪酶和脂肪氧化酶，能够氧化甘油酯和部分糖酯生成游离脂肪酸。

燕麦脂肪酶主要分布在籽粒外皮层，去除籽粒外皮层可以降低 98%酶活性。将含水率为 12%的燕麦籽粒粉碎、筛分得到皮层、粗麸、细麸和麦粉四个组分中，脂肪酶含量分别为 69.2%、5.1%、24.7%和 1%。降低籽粒含水量（7%）后，四个组分中脂肪酶含量的分配比例略有不同，分别为 83.3%、7.7%、6.2%和 2.8%。

2. 灭酶的目的

燕麦与其他谷物的不同在于脂肪酶活性高，同时油脂含量高，占 3.65%～9.38%。燕麦油脂中，不饱和脂肪酸达 80%以上，其中亚油酸含量最高，达 40%以上。正常储藏条件下，完好燕麦籽粒的游离脂肪酸含量增加缓慢。一旦籽粒被破坏或粉碎，脂肪酶被激活，脂肪酶催化水解甘油三酯生成游离脂肪酸，游离脂肪酸被脂氧化酶和过氧化物酶进一步氧化，从而导致产品酸败变质，生成苦味物质。通常，燕麦磨粉后的 2～3 d 内游离脂肪酸含量显著增加，且随着放置时间延长，酸度不断增加。这些特点决定燕麦必须进行灭酶处理。

在燕麦制粉工业中，灭酶处理的主要目的是提高燕麦制品的保质期。一些热处理的灭酶方法还有利于产生焦香味物质，提高燕麦籽粒硬度，防止脂肪受热易黏附在筛孔上，堵塞磨粉机和筛网。此外，通过炒熟燕麦可以提高燕麦的出粉率。

3. 灭酶工艺

1）高温炒制

国内作坊式生产普遍采用高温炒制的方法。将清理后的燕麦先浸泡后明火炒制，以燕麦被炒至金黄且有浓香作为经验式判断终点的依据。经高温炒制粉碎得到的燕麦粉保质期短，室温下储藏不超过 2～3 周，高温条件下保质期更短，无法满足长途运输和销售的要求。

2）高温焙烤

高温焙烤也是工业化燕麦加工中采用的灭酶技术之一。焙烤不仅可以达到灭酶效果，还能杀灭籽粒表面微生物，同时高温能赋予燕麦特有的风味和金黄的外表色泽，便于后续的加工环节。目前工业上采用烤箱进行加工，包括平板式烤箱和旋转烤箱。有研究采用平板式烤箱进行燕麦灭酶加工。调整籽粒进炉前水分含量为 12%，加工中籽粒温度达到 88～93℃，加工时间 1 h，出炉籽粒水分含量为 7%～10%。但最终籽粒中仍然残留有 20%～40%的脂肪酶未被灭活。增加水分含量能提升焙烤的灭酶效果，20%含水率的籽粒在 80℃下焙烤 20 min 可以彻底灭酶。

因此，焙烤很难达到彻底灭酶效果。工业上往往采用蒸汽和焙烤联合灭酶，主要是由于仅蒸汽灭酶处理后燕麦的香味平淡。从籽粒被蒸汽升温同时加湿，到保持高温（100℃）至过氧化物酶完全失活，再进入焙烤和通风降温降湿整个阶段需要90～120 min。

3）红外灭酶技术

红外热处理是工业上广泛应用的较为先进的灭酶技术。红外加热技术作为一种新型加热技术，具有节能高效、清洁环保、较好保证产品品质等优势。

红外加热的原理实质就是红外线的辐射传热过程。当红外放射源所辐射出的红外线波长和被加热物体的波长一致时，被加热的物体吸收了大量的红外线能量，使得物体内部的原子和分子产生共振、相互发生摩擦产生热量，从而使被加热物体的温度升高，达到快速有效加热物体的目的。传统的加热方式主要通过燃烧燃料或是通电进行加热，物体外部受热产生热量，通过热空气对流或是导热的方式将热量传递至物料内部。而红外线辐射出的热能是通过电磁波的形式产生的，因为大部分食品的组分其吸收红外辐射的范围主要集中在远红外波段上，一般来说，红外加热技术在食品加工行业中应用主要以远红外辐射为主。远红外相对应的光谱范围为3～1000 μm。

该技术除了能钝化酶活性外，还可以杀死微生物，延长货架期限，无须浸泡即可达到软化籽粒的目的。红外焙烤要注意控制原料的水分含量，水分低于12%不能杀灭脂肪酶，达到18%即使采用普通焙烤也可以抑制脂肪酶活性。但润麦对于燕麦的脂肪酶活性有促进作用，如果去皮或磨粉后，游离脂肪酶在2～3 d内迅速增加。所以需要及时对燕麦进行红外处理，否则反而会促使脂肪氧化酶活性急剧增加。

有研究比较了红外、微波等灭酶处理后的燕麦籽粒在37℃储藏6个月期间的残存酶活的变化情况。结果表明，微波灭酶后，脂肪酶活3个月内无显著变化，6个月时已显著增加。而经红外灭酶燕麦籽粒，在储藏3个月内，残存酶活显著下降，6个月后有所上升。未经灭酶的燕麦籽粒脂肪酶活增加则更为显著。

胡新中等（2006）将浸润过的燕麦籽粒（密封静置12 h，最终水分含量20%）进行红外焙烤处理，焙烤时间为18 s，焙烤温度为580℃。灭酶后籽粒用密闭容器保温12 h，33℃晾干12 h，籽粒水分降低到10%左右。经测定，燕麦籽粒中脂肪酶活性被抑制，3个月内酶活没有显著变化。

研究认为，红外焙烤前润麦后籽粒水分应达到20%以上，因为红外焙烤时温度和水分是相互作用的，水分活度低，即使温度再高，也不能达到灭酶效果。同时，为了达到彻底灭酶的效果，最好对红外灭酶处理后的样品保温6 h以上。

4）微波灭酶技术

微波作为一种现代化食品加工技术，加热效率高、处理温度低且加热均匀，能够较好地保持食品组分中的色香味和营养物质含量，同时具有独特的杀菌优势，有利于提高产品储藏期。相对于蒸汽、红外等热传导的加热方式，微波加热直接将电磁能转化为热能，没有预热及散热设备，也避免了热介质的散失，因而相对节能，也能改善操作条件。

微波能用于灭酶主要是基于微波的热效应，即在微波电磁场的作用下，介质中的极性分子（食品中主要为水、盐类等）从原来的热运动状态转为跟随微波电磁场的快速交变而迅速排列取向，分子间产生激烈的摩擦，微波能量转化为介质内的热量，温度升高。而蒸汽加热等传统加热是通过热质来传递热能，两者在产热机理上有很大的不同。也有研究表明，微波灭酶可能存在微波的非热效应（除热效应以外的其他效应），但由于电场的重排不足以破坏酶的化学键，因此非热效应存在与否仍有争议。Kermasha 等（1993）研究发现，在恒定加热温度（90℃）下，微波加热对小麦胚脂肪酶的灭酶速率常数（0.1760 s^{-1}）高于水浴加热（0.0524 s^{-1}）和水浴与微波联合加热（0.0797 s^{-1}），推测这可能是基于微波的非热效应。

顾军强等（2014）将微波技术应用于燕麦灭酶，微波处理前将原料含水率提高到 20%，润麦 12 h 时后，分别称取（20.00±0.01）g 样品，用保鲜膜密封，在微波 1000 W 条件下处理不同时间。研究发现，随着微波处理时间的增加，燕麦籽粒的残存酶活在 0～10 s 缓慢下降，当处理温度达到一定温度后，在 10～40 s 残存酶活开始急剧下降，在残存酶活降低到极低水平后，40～60 s 残存酶活的变化缓慢，呈现稳定的变化趋势，表明在微波处理 40 s 时已达到基本灭酶的效果（图 3.13）。

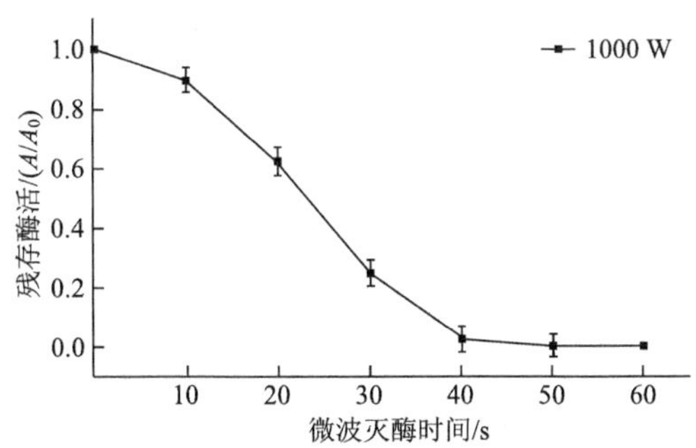

图 3.13　不同微波灭酶时间燕麦籽粒残存酶活变化

钱科盈等（2008）采用微波处理燕麦籽粒中的脂肪酶，发现随着处理时间增加，燕麦中的残存酶活先是缓慢下降，在达到一定处理温度后残存酶活开始急剧下降，在残存酶活降低到极低水平后，残存酶活的变化缓慢，呈现稳定的变化趋势，包装差异导致酶活的降低趋势存在差异（图 3.14）。

5）过热蒸汽灭酶技术

饱和状态下的饱和液体对应的蒸汽是饱和蒸汽，但最初只是湿饱和蒸汽，待饱和蒸汽中的水分完全蒸发后才是干饱和蒸汽。蒸汽从不饱和到湿饱和再到干饱和的过程中温度不增加，干饱和之后继续加热则温度会上升，成为过热蒸汽。

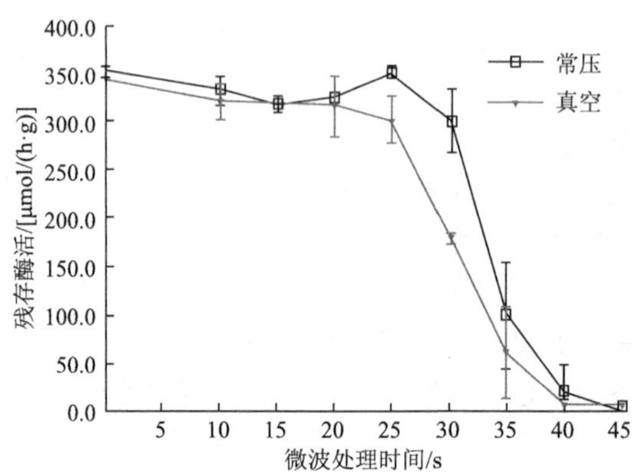

图 3.14　真空和常压包装时微波处理时间与残存酶活的关系

在食品行业中，过热蒸汽技术主要用于食品的干燥。但由于过热蒸汽干燥物料的温度是操作条件下水的沸点温度，在干燥有灭菌要求的食品原料时，能同时发挥灭活细菌和其他有害微生物、抑制酶活的作用。采用过热蒸汽对燕麦灭酶便是利用了过热蒸汽的这一特点，达到灭活脂肪酶的目的。

过热蒸汽作为干燥介质优点众多。过热蒸汽的热容高于空气，传递同样的热量时用量少、速度快、效率高；过热蒸汽中不含氧气，可以有效避免氧化反应导致产品品质的劣变。同时，由于物料表面没有空气边界层，可以减少传热传质阻力，排出的废气是蒸汽，可以经压缩回收利用潜热，环境友好。但过热蒸汽干燥设备投资大，介质饱和度不高时，喂料容易产生结露现象；常压及其以上压力的干燥，介质温度较高、干燥时间长；同时，该技术不适用于热敏性物料。

低压过热蒸汽干燥方法结合了过热蒸汽和负压甚至真空干燥的优点，避开了常压过热蒸汽干燥物料温度过高的劣势，扩大了过热蒸汽干燥和灭菌对热敏性物料的适应性。对不同的食品，如面条、大豆、稻谷、蔬菜、虾米、鸡肉、各种水果片等，进行过热蒸汽干燥的研究表明，过热蒸汽干燥食品和热风干燥相比，除了节能环保等优点，还突出表现在干燥时间短、物料收缩变形小、颜色保持新鲜、多孔、复水性好和维生素含量高等方面。

6）其他灭酶技术

将燕麦在 1 mol/L 的 HCl 溶液中浸泡 3 min，也可以除去 96%的脂肪酶酶活，但不影响籽粒的生理活性，酸处理后的籽粒仍可以在沙地种植和正常萌发。同时，经过湿刷分离除去果皮层的燕麦籽粒也仍具有萌发的生理活性，但在萌芽 7 d 后，脂肪酶激增，尤其在根部，甚至超过未去皮层的籽粒。这可能是由于萌芽期间原来“束缚”的脂肪酶被释放或者脂肪酶在萌芽期间被合成。此外，将燕麦在水中浸泡 2 min 后，原本紧密连接的籽粒外皮层与内部糊粉层即可通过轻柔的刷洗分离，而位于外皮层的脂肪酶也有 98%随之被分离除去。

挤压法对燕麦麸皮中脂肪酶酶活具有抑制作用。研究发现，在进料速度和螺杆转速均为 300 r/min、挤压温度为 100～130℃时，燕麦麸皮中的脂肪酶完全灭活，但这种情况只适合于粉状产品的处理，对于燕麦米等无法使用。

4. 不同灭酶工艺对燕麦品质的影响

理想的灭酶工艺应达到既能提高燕麦加工制品的耐储藏性，最大限度满足延长货架期的要求，同时又能提供良好的加工特性，并赋予产品以良好的风味、口感乃至保健功能。因而，优化灭酶技术效果的同时，灭酶技术对燕麦食用品质和功能性的影响也是研究中所关注的焦点。

胡新中等（2006）研究不同灭酶工艺对裸燕麦酶活性抑制效果和燕麦品质的影响。对裸燕麦和去皮后的燕麦米采取普通焙烤、红外焙烤、常压蒸制、加压蒸制灭酶处理。普通焙烤未能抑制燕麦米酶活性；红外焙烤燕麦米还有微弱酶活性；常压和加压蒸制燕麦米的酶活完全钝化。普通焙烤燕麦米的籽粒长度、面积、脂肪含量高于其他处理；红外焙烤的燕麦粉白度、淀粉含量最高；常压蒸制的燕麦籽粒峰值黏度、宽长比、低谷值高；加压蒸制的燕麦籽粒葡聚糖含量高。相对于灭酶后燕麦米，未灭酶的燕麦米籽粒宽度、回生值、衰减度、蛋白质含量和最终黏度较高（图 3.15）。

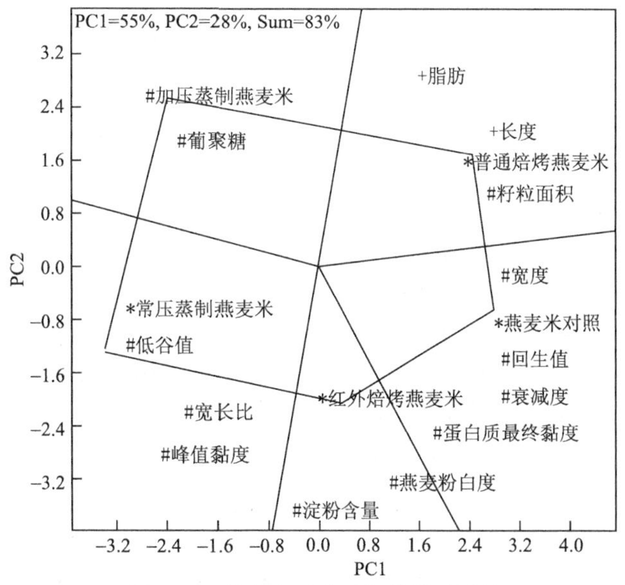

图 3.15　燕麦米灭酶后籽粒品质特性

PC1、PC2 分别表示主成分 1 和主成分 2，Sum 表示 PC1+PC2，下同

此外，以未加工燕麦为对照，比较不同处理对燕麦品质的改善作用。图 3.16 中，与未加工燕麦距离越近，表明品质改善越小；距离越远，品质改善效果越好。

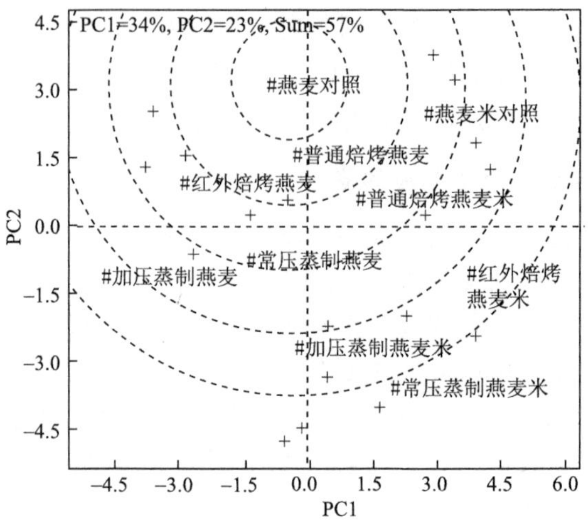

图 3.16　燕麦灭酶后籽粒品质特性

常压蒸制燕麦米在各项品质综合评价上最佳，其次为加压蒸制燕麦米、红外焙烤燕麦米、加压蒸制燕麦、常压蒸制燕麦米、红外焙烤燕麦、燕麦米对照，普通焙烤燕麦与原燕麦对照的各项品质最为接近。加工过程选择蒸制和红外焙烤有助于改善燕麦品质，同时制米处理也可以改善燕麦食品色泽和口感。

采用高温焙烤、常压和加压蒸制、红外焙烤、微波加热等不同灭酶技术处理裸燕麦籽粒和燕麦粉。结果显示，不同灭酶方式均能有效钝化燕麦籽粒中的脂肪酶活性，其中红外焙烤的灭酶效果略低于其他几种加工方式。8 周后不同加工技术处理的燕麦籽粒的酶活均没有发生显著变化。进一步采用主成分分析法对不同加工形式的燕麦粉的电子鼻数据进行分析，不同加工形式的燕麦粉风味差异明显，高温焙烤和红外焙烤的燕麦粉与其他三种加工方式的燕麦粉风味上差异较大。该结果与感官评价分析结果较为一致。

热风干燥和远红外焙烤处理后蛋白质、粗脂肪和粗纤维等营养成分也有不同的变化。炒制、蒸制、红外灭酶处理可以降低燕麦粉的起始糊化温度，增加燕麦糊黏度。采用调温干燥法（籽粒水分 17%，90℃烘干 20 min；20%水分，100℃烘干 40 min；25%水分，130℃烘干 20min）处理燕麦，烘干速度和温度对燕麦风味有很大影响。籽粒在红外加热灭酶处理后储藏时，已醛含量较高，这可能与其升温速率有关，表明红外加热可能不适于加工需要长期储藏的燕麦产品。在焙烤和加压蒸制过程中，燕麦淀粉颗粒被破坏，与淀粉结合的磷脂被释放出来，导致脂肪含量升高。经蒸汽处理后的燕麦粉溶液的黏度显著高于焙烤或未经处理的燕麦籽粒的全粉溶液，且黏度的增加随蒸汽处理时间的延长而增加。同时，蒸汽处理后焙烤处理能够部分抵消蒸汽处理使黏度增加的效果，反之亦然。但是蒸汽和焙烤处理对 β-葡聚糖的分子量均没有影响。这表明蒸汽灭酶处理不但对改善燕麦食品的耐储藏性有益，而且能显著影响黏度特性，对其功能和营养特性有重要意义。

综上所述，传统的燕麦脂肪酶灭酶技术不但耗时，而且耗能。此外，工作和卫生条件也较恶劣。燕麦加工缺乏便捷、高效的灭酶技术是制约燕麦食品工业化发展的瓶颈问题，也是今后的燕麦产业发展过程中无法回避的技术问题。开发、改良传统灭酶技术，建立燕麦低能、高效新型灭酶技术，研究新型技术与传统灭酶技术在灭酶效果及对最终燕麦制品品质影响等方面的关键科学问题，对于促进燕麦产业发展、实现能源的高效利用具有重大意义，必将成为燕麦加工领域的研究热点之一。

3.3　燕麦制粉基本工艺及原理

燕麦制粉工艺设计主要参照小麦制粉工艺。制粉的目的是将燕麦通过机械作用的方法，加工成适合不同应用需求的燕麦粉。燕麦制粉过程主要由研磨、撞击、清粉和筛理等部分组成。

3.3.1　研磨

1. 研磨设备的任务和要求

研磨是燕麦制粉工艺中最重要的环节，直接影响整个制粉流程的工艺效果。研磨的主要目的是利用机械力作用将籽粒拨开，从麸皮上刮净胚乳，再将胚乳磨成一定细度的燕麦粉。

在隧道研磨筛分制粉工艺中，每道研磨设备应选择合理研磨力度，在破碎胚乳的同时保持皮层的完整，以提取品质较好的燕麦粉；同时与筛理设备配合，研磨作用的强弱还将控制各类制品的分类状态，影响后续设备的工作流量。因此，对每一道研磨设备的研磨效果都应有相应的要求。

2. 研磨的基本原理

研磨的基本原理是通过对燕麦的挤压、剪切、摩擦和剥刮作用，使燕麦逐步破碎，从皮层将胚乳逐步剥离并磨细成粉。

3. 研磨的基本方法

研磨的基本方法包括挤压法、剪切法和刮拨法。

挤压法是通过两个相对的工作面同时对燕麦籽粒施加压力，使其破碎的研磨方法。挤压力通过外部的麦皮一直传到位于中心的胚乳，麦皮与胚乳的受力是相等的，但由于燕麦籽粒的各个组成部分的结构强度有较大差异，所以在受到挤压力后，胚乳立即破碎而麦皮却依旧保持相对完整，因此挤压研磨的效果比较好。

水分不同的燕麦籽粒，麦皮破碎程度及挤压所需要的力会有所不同。一般而言，使籽粒破坏的挤压力比剪切力大得多，所以挤压研磨的能耗较大。

剪切法是通过两个相向运动的锋面对燕麦籽粒施加剪切力，使其断裂的研磨方法。剪切比挤压更容易使燕麦籽粒破碎，所以剪切研磨消耗的能量较少。燕麦籽粒最初受到剪切作用的是麦皮，随着麦皮的破裂，胚乳也逐渐暴露出来并受到剪切作用。因此，剪切作用能够同时将麦皮和胚乳破碎，从而使燕麦粉中混入麸皮，降低了燕麦粉的加工精度。

刮拨法是在挤压和剪切力的综合作用下产生的摩擦力，带有特殊形状的磨齿在一定速度下，对燕麦籽粒产生擦撕，此即为剥刮。剥刮的作用是在最大限度地保持麸皮完整的情况下，尽可能多地刮下胚乳粒，送入心磨系统或其他系统处理。

4. *研磨的主要设备*

研磨设备是制粉生产的重要设备之一，主要有石磨、盘式磨粉机、锥式磨粉机、粉碎机、辊式磨粉机、松粉机、撞击磨等类型。在辊式磨粉机未能问世之前，石磨被广泛地用于制粉工业，我国农村现在还有一些地区仍将石磨作为家庭磨粉工具。

在现代化的燕麦制粉工艺中，研磨设备所需动力占整个制粉生产总动力的60%～70%，研磨设备的好坏，直接影响到产量、产品质量、出粉率、单位产量的动力消耗和单位成本等技术经济指标的高低。

研磨设备发展至今，辊式磨粉机是目前使用效果最好且使用最广泛的设备，国内外均用辊式磨粉机作为主要研磨机械。辊式磨粉机的工作原理是利用一对相向差速运转的等径圆筒柱形磨辊，同时对均匀送入研磨区的燕麦产生一定的挤压力和剪切力，由于两辊转速不同，所以燕麦在经过研磨区时，受到挤压、剪切、擦撕等综合作用，使燕麦破碎。

燕麦进入研磨区后，在两辊的夹持下快速向下运动。由于两辊的速差较大，紧贴燕麦侧的快辊速度较高，使燕麦加速，而紧贴燕麦另一侧的慢辊则对加速起阻滞作用，这样在燕麦和两个辊之间都产生了相对运动和摩擦力，从而使麦皮和胚乳受剥刮分离。

1）辊式磨粉机的分类

磨粉机的发展经历了从单式到复式，从手动控制到气动、电动控制，从小型到大型的发展历程。目前使用的磨粉机种类较多，按不同的分类方法有以下几种类型。

（1）按磨辊长度不同分为大、中、小型三种。磨辊长度为 1500 mm、1250 mm、1000 mm、800 mm 的为大型磨粉机；磨辊长度为 600 mm、500 mm、400 mm，磨辊直径为 220～250 mm 的为中型磨粉机；磨辊长度为 350 mm、300 mm、200 mm，直径为 180～220 mm 的为小型磨粉机。

（2）按磨辊的对数分为单式和复式两种。单式磨粉机只有一对磨辊；复式磨粉机有两对及以上的磨辊。

（3）按磨辊的放置方式分为平置磨辊和斜置磨辊两种。平置磨辊磨粉机的两辊轴线在同一水平面上；而斜置磨粉机的两辊轴线在同一倾斜面上，斜面的倾角一般为 20º～45º。

（4）按控制方式可分为手动控制、液压控制、气压控制和电动控制。

2）磨粉机的结构

磨粉机主要由机架、磨辊、喂料机构、传动机构、轧距调节机构等构成。磨辊是磨辊机的主要工作部件，磨辊的转速较高，承受的工作压力较大，为使磨辊能满足工艺上的要求，制造磨辊的材料要求具有一定的强度、韧性、耐磨性和适当的摩擦性能。磨辊的表面要有足够的强度和硬度，并具有良好的导热性能，保证研磨时产生的热量散出，磨辊的温度不致过高。

按照磨粉机的作用，磨辊分“齿辊”和“光辊”两种。齿辊是在圆柱面上用拉丝刀切削成磨齿，用于破碎谷物，拨刮麸片上的胚乳。光辊则经磨光后经喷砂处理，得到绒状的微粗糙表面，常用于磨制高等级面粉时的心磨系统，将胚乳粒磨成细粉。

光辊工作时研磨压力较大，磨辊会轻微弯曲，磨辊发热也比较严重，发热导致磨辊膨胀，尤其是在靠近轴承的地方，发热最厉害，膨胀也最大。轻微弯曲和发热膨胀会导致磨辊出现两头粗中间细的现象，为了避免这种情况，光辊一般加工成带有一定锥度或中凸度的形状。

为了降低磨辊在研磨时的温度，可以借助吸风装置冷却磨辊，也可以在磨辊内部装上水冷装置，但水冷装置的构造复杂，故实际生产中很少应用。

喂料机构是磨粉机的重要组成部分，由进料筒、喂料辊、喂料活门和有关控制及传动机构组成。喂料效果对磨粉机的研磨效果影响很大。理想的喂料效果应使物料以一定的速度准确地进入研磨区并沿磨辊全长分布均匀。如果喂料速度过快，虽有利于产量提高，但会造成喂料不准确和物料在研磨区堆积的现象，严重时会造成堵塞。喂料不均匀会造成物料在整个磨辊长度上分布不均，研磨效果和设备利用率低，物料厚的地方磨辊容易局部磨损，使整个磨辊长度上轧距不一致。

5. 研磨效果的评定

磨粉机是制粉车间的主机设备，其效果直接影响面粉的出粉率、成品的质量、动力消耗等。评价磨粉机研磨程度的好坏程度主要由研磨效果体现，各道磨粉机的研磨效果通常以剥刮率、取粉率或淀粉破损率、粒度曲线进行评定。皮磨系统的研磨效果以剥刮率和取粉率来表示，心磨系统是由出粉率表示。

1）剥刮率

剥刮率是指物料由某道皮磨研磨后，穿过粗筛的流量占本道进机物料流量的百分比（相对剥刮率）；或占 1 皮流量的百分比（绝对剥刮率）。在日常生产管理中，常采用相对剥刮率。例如，1 皮剥刮率的测定：从 1 皮磨下物种取样 100 g，用 20 W 的检验筛筛理，筛下物为 45 g，则 1 皮磨的剥刮率为 45%。

在测定除 1 皮外其他皮磨的剥刮率时，由于入磨物中可能已含有可穿过粗筛的物料，所以实际剥刮率应按式（3.1）计算：

$$K=\frac{(A-B)}{(1-B)}\times 100\% \tag{3.1}$$

式中，K——指定磨粉机的相对剥刮率，%；

A——研磨后物料中粗筛筛下物的含量，%；

B——研磨前物料中已有粗筛筛下物的含量，%。

剥刮率的测定包括以下步骤：取某道皮磨研磨前和研磨后的物料（1 皮磨只取研磨后的物料）各约 100 g；分别称量所取样品的质量；把称量后的样品放入配有规定筛号的电动粉筛中，筛格内放 1 个直径 19 mm 的橡皮球，筛理 1 min，称量筛下物质量；计算研磨前、后筛下物的质量占试样的百分率即 A 和 B；根据式（3.1）计算出相对剥刮率。

为简化测定操作，实际生产中可不计 B，直接用 A 来反映操作情况。剥刮率的高低主要反映皮磨的操作情况，也将影响粉路的流量平衡状态，若某道皮磨的剥刮率高于相应指标，下道皮磨的流量就会减少，而后续麦渣、麦心系统的流量则会增加，造成后续设备工作的失常。

2）取粉率

取粉率是指物料经某道系统研磨后，穿过粉筛的流量占来料流量的百分比（相对出粉率）；或占 1 皮流量的百分比（绝对出粉率）。其计算方法和测定方法同剥刮率计算方法。

注：在测定剥刮率或取粉率时，检验筛通常配备与对应平筛同规格的粗筛或粉筛筛网。

3）淀粉破损率

面团制作是面制食品加工过程中的基本过程，是面粉吸水形成面团的过程。在这一过程中，损伤淀粉所起的作用非常明显。试验表明，损伤淀粉的吸水率大约是未损伤淀粉吸水率的 3 倍。在面团发酵过程中，只有破损淀粉易被 α-淀粉酶分解。因此，损伤淀粉和 α-淀粉酶的联合作用影响了面团流变学特性。面粉沉降值随着损伤淀粉含量的增加而增加，而沉降值是粗略估计面粉焙烤强度的指标。为此，损伤淀粉含量的高低明显影响面粉的焙烤品质。研究和试验结果表明，小麦粉中损伤淀粉含量超出 8%～19%的范围，其焙烤和蒸煮品质会有所下降。

破损淀粉的产生主要来自制粉过程的磨粉机研磨，特别是光辊，当光辊压紧程度较松时，破损淀粉含量偏低；当光辊压紧程度过紧时，破损淀粉含量较高。破损淀粉的含量高低，都会影响面粉的焙烤和蒸煮品质。因此，制粉时应注意磨粉机的操作和及时更换磨辊。

4）粒度曲线

粒度曲线可体现研磨后不同粒度物料的分布规律。该曲线的横坐标表示筛孔尺寸，单位通常为毫米，纵坐标表示对应筛面所有筛上物的累计百分比，横坐标原点对应的筛上物累计量恒等于 100%。测定的方法有两种：一种是质量法，即在磨下物中取样，通过检验筛筛分后分别称量求得；另一种是流量法，即在粉路测定时取平筛各出口物料流量后求得。若平筛的筛理效率较高，两种方法所得曲线应重合，若差别过大则说明平筛的筛理效率低。在日常生产中通常采用质量法。

3.3.2　撞击

利用高速旋转体及构件与较纯净的燕麦胚乳之间产生反复而强烈的碰撞打击作用，将胚乳破碎成一定细度的面粉。撞击设备主要有撞击磨、强力撞击磨、撞击松粉机、打板松粉机等。

3.3.3　清粉

清粉主要目的是通过气流和筛理的联合作用，将研磨过程中的麦渣和麦心按质量分成麸屑、带皮的胚乳和纯胚乳粒三部分，以实现对麦渣、麦心的提纯。单纯筛理不能实现清粉的效果。

3.3.4　筛理

筛理的目的在于把研磨撞击后的物料混合物按照颗粒的大小和比重进行分级，并筛出燕麦粉。常用的筛理设备有平筛、圆筛，打麸机和刷麸机也属于筛理设备。

3.4　燕麦制粉技术

3.4.1　中国传统莜面加工技术

莜麦（*Avena nuda*）学名为“裸粒类型燕麦”或“裸燕麦”，原产中国的燕麦品种。华北称之为“莜麦”，中国西北称之为“玉麦”，中国东北称之为“铃铛麦”。莜面出粉率高，一般可达九成以上。但采用传统工艺制粉的产量都不大，主要采用人工清理。制粉工艺中除增加前道炒制工艺外，其余的工艺与小麦制粉基本相似，具体工艺如下。

1. 传统制粉工艺流程

莜麦籽粒→清理→洗麦→润麦→炒制→清理→研磨→成品。

2. 操作要点

1）洗麦

与小麦制粉一样，莜麦必须经过洗麦，除去麦沟及其表面的杂质并使籽粒吸收一定水分。鉴于莜麦形状长、籽粒较软、易碎等特点，不能使用高速甩干机，必须使用转速低、具有一定斜度的滚筒将其水分甩出。

2）润麦

莜麦经洗麦机后，必须经过润麦才能进行合理的加工和获得良好的食用品质。通常小麦润麦后，表皮变得富有弹性和韧性，互相之间不沾边；而莜麦不同，其表皮吸水后，颗粒之间很容易发生粘连，结成块状，容易堵塞出口。一般情况下，莜麦被甩干水分后，放在地面或小仓中先“粉”一段时间（约 20 min）后再进入润麦仓，经过 18～24 h 的润麦可自动流出进行下道加工。

3）炒制

炒制是莜麦制粉过程的关键工序，炒制的好坏直接影响成品的质量。其作用是将经过润麦后高达 30%的水分降至 6%～7%，使莜麦内部的酶灭活、淀粉糊化，并产生风味物质；而且在这个过程中还能将燕麦籽粒表面的绒毛清除掉，增加面粉的精度。莜麦炒熟后要求：色泽均匀，白中透黄，酥而脆，不得出现生或焦的现象。

3. 主要加工设备

国内炒制采用的方法一直是手工作坊中的传统加工方法。截止到 20 世纪末，我国燕麦加工产业还主要以“一口炒锅、一台小麦磨粉机”为主的作坊式燕麦粉加工企业为主，企业规模小，技术水平低。

1）坡底炒锅

炒制一直是手工作坊中的传统加工方法。最早使用坡底炒锅（图 3.17），用铁锨和扫帚搅拌，车间明火加热，工人劳动强度大。

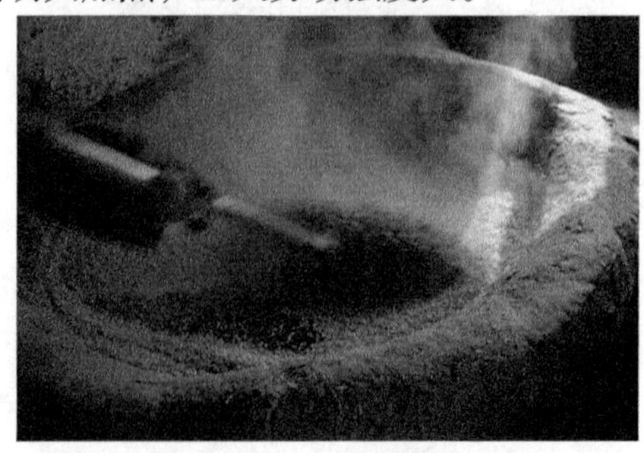

图 3.17　坡底炒锅

2）平底炒锅

后来有人将坡底炒锅改为平底炒锅，加上机械传动刮板，减轻了工人的劳动强度，但这些方法都只能实现间歇生产，效率和产能较低。

3）滚筒式炒锅

随着技术不断进步，炒油料用的滚筒式炒锅应用在燕麦炒制上，其方法是把单层的滚筒架在砌好的炉灶上，通过机械传动使滚筒转动，物料从筒中流过时被炒熟，这种方法解决了燕麦加工过程的连续性。但由于仍然采用烟火直烧锅底的方法，原料烘炒质量不稳定，加上需要人工加煤，车间卫生、安全防火条件都很差。现在基本不采用烧煤加热，主要使用电直接加热，能够较好控制炒制的温度和时间。

4）热风炉

近年来，随着人们对燕麦关注度的升温，燕麦制粉工艺又重新受到重视，热风炉、热风滚筒被引入燕麦的炒制环节，并取得较好效果。其工作原理是将热风炉产生的高温烟气经热风滚筒后部的吸风设备吸入热风滚筒的前机座，通过滚筒夹层，加热滚筒内壁，再经热风滚筒的后机座排入烟囱。物料由前机座的进料口进入被高温烟气加热的滚筒内层均匀炒制后，由滚筒内壁上的螺旋叶片推至后机座的出料口排出机外，进行后面工序的碾磨。由于热风滚筒夹层的烟气处于负压状态，从而避免了烟尘外泄，保证工作场所清洁，大大改善了工人的工作条件，减轻了工人的劳动强度，根治了生产环境的污染问题，而且具有良好的工艺连贯性；但由于焙烤的温度、时间无法得到有效精确地控制，经常将燕麦籽粒焙烤“过火”，因此使其在焙烤效果上有很大的局限性。

3.4.2　西方燕麦制粉技术

国外燕麦主要为皮燕麦，制粉前必须先脱壳。皮燕麦的脱壳、清理等前处理与裸燕麦差异较大，随后的制粉工艺差别不显著，利用的同样是研磨、筛分原理。

1. 燕麦原料的质量要求

国外燕麦制粉行业对燕麦原料的质量要求较高。燕麦的外观和风味是评价其质量的主要依据。除此之外，水分（Max.15%）、容重（Min.53 kg/hL）、千粒重（Min.27 g干基）、壳重（Max.26%）、饱满度（Min.90%>2 mm）、复粒燕麦含量（Max.0.8%）、异种杂质（Max.1%）、异种谷物（Max.3%）等因素也是衡量燕麦质量的重要指标。这些指标对指导燕麦育种、耕种、收购等环节具有重要意义。

2. 预处理工艺

预处理工艺主要包括清理、脱壳、水热处理。

1）清理

大部分大宗粮食清理设备可以应用于燕麦，主要设备及其功能如表 3.6 所示。

表 3.6　燕麦清理主要设备及其功能

设备名称	主要功能
打麦机	分离合并粒，剪去芒，改善脱壳性能
清理筛和吸风道（或循环风道）	除去大杂、小杂（沙子等）和轻杂
振动去石机	分离石子和重质颗粒
袋孔分离机	除去草籽和异种谷物
圆筒分级机	分离出小燕麦，使其不妨碍脱壳、脱壳籽粒和壳的分离

2）脱壳

脱壳即从燕麦籽粒上除去颖壳。皮燕麦进行制粉前必须经过脱壳处理。原料预处理中的分级工艺将燕麦分成不同粒度的谷物流，再通过运输管道送入脱壳分离机中进行脱壳工艺。脱壳工艺通常采用撞击脱壳机，利用撞击作用将颖壳从燕麦籽粒上脱去，同时配合气流机从壳和脱壳籽粒的混合物中分离出颖壳。按照不同批次燕麦脱壳性能差异来改变撞击盘的速度，保证适度的撞击能力，从而获得稳定的脱壳率。

脱壳后的燕麦籽粒进入打麦机中，此设备工作原理类似小麦加工设备中的擦麦机，以安装在网式圆筒里的高速旋转叶片，或者设备中转动的后弯打板和机壳上粗糙面或齿板使谷粒间或谷物与机件间相互摩擦，去除燕麦籽粒上的绒毛和麦毛，进一步打掉附着于表面的不洁物、杂物和麦茸等。

打麦机出来后的燕麦籽粒进入到巴基机中。其工作原理类似于谷糙分离机，利用脱壳燕麦和未脱壳燕麦有不同的撞击性质和在料层中有不同的沉降率，使脱壳的和未脱壳的燕麦分离，最后通过气流进一步净化籽粒。

巴基机（即撞击式谷糙分离机）是典型的、唯一的以弹性差异为主的谷糙分离机，主要用于稻谷的谷糙分离，也可用于使脱壳的和未脱壳的燕麦分离开。巴基机的种类、型号较多，结构和工作原理基本相同。其都具有水平往复运动的分离台，分离台中一般有三层分离室，每层分离室中有分离曲槽 8 条、10 条、12 条或 15 条不等；均采用偏心传动机构使分离台作水平往复运动；振动次数、振幅和振动方向的工作面倾角可调，在不同的结构设计中，分别具有一种、两种或三种可调参数，有的须停机调节，有的可在运转中调节。

圆筒分级机由密封的容纳圆筒形筛的机壳、出料斗和机座组成，每个圆筒形筛机壳内可装 1～2 个圆筒形筛；机壳层数可根据分离数量和质量采用单层、双层或三层，即在一个分级机内可容纳 1～6 个回转的圆筒形筛。圆筒形筛支撑在滚轮上，每个圆筒形筛由一个中央滚子链传动装置传动。分级机内装有物料流动的管道或内部输送器。每个圆筒形筛装有输送螺旋片（桨叶式）、传动滚轮和支撑滚轮，以及由刷子和轻拍器组成的清理装置。筛筒的设计应达到大的开孔面积。按分级用途可配装钢丝筛网，孔宽 1～12 mm；有埋头孔的筛（孔径 2～14 mm）或冲孔筛板。其工作原理是采用机械筛分，按谷物大小或谷物厚度进行分级，或按不同特性分成不同的组分。

3）水热处理

脱壳的燕麦籽粒脂肪含量为 6%～8%，一些欧洲地区的燕麦加工厂原料脂肪含量高达 10%～11%。正常的储藏条件下（20℃，12%～14%湿度），无论是裸燕麦还是皮燕麦，籽粒原料中的油脂均相对稳定。但是，燕麦制粉过程损伤了细胞壁，游离出的脂肪酶若不经过钝化很快会导致最终的燕麦粉酸败，产生苦味。水热处理目的在于钝化脂肪酶，使燕麦粉产品具有较长的货架期。

水热处理使用的设备有立式蒸汽调节机（施加直接蒸汽完成脂肪酶的钝化）、窑式烘干机（除去水分、冷却燕麦籽粒）。国外常用的燕麦灭酶工具是蒸汽罐，罐上面装有蒸汽喷嘴，使籽粒在慢慢流下过程中均匀地与蒸汽接触，恒定的流速和均匀的热量对于保证产品质量和出品率十分重要。湿度太高时会使籽粒聚集成团，太低时容易产生破碎。最理想的状态是使用自动化控制，根据温度探头传回的数据决定蒸汽量的增加或减少。有的厂家用卧式蒸汽罐，再配合 2～3 个绞龙传送籽粒，在绞龙下方的槽上设有许多喷嘴。这种卧式蒸汽罐需要及时清理，因为绞龙下面的槽中易聚集一层籽粒不易排出，不及时清理会影响加工效率。立式蒸汽罐具有自清作用（在重力作用下），无须中间停机清理，籽粒在立式蒸汽罐停留时间为 12～15 min，籽粒温度达到 99～104℃，在蒸汽作用下籽粒水分含量由 8%～10%上升到 10%～12%。

水热处理后的燕麦需要进行冷却处理。常用方法是置于室温下摊开降温，也可用冷空气降温，至燕麦粉水分含量 8%～11%，温度为 38～49℃即可。

4）切割

国外常采用切割后的燕麦籽粒进行制粉。将水热处理后的中间产品利用切割机进行切割，切割后的小燕麦籽粒的粒度约为厚籽粒粒度的 1/4。切割时产生的粗粉在平筛中分离，圆形吸风分离器去除黏附于小燕麦籽粒上的糠皮碎片，袋孔分离机分离出全部未切割的整粒送回切割机。

3. 制粉工艺

切割籽粒→辊式磨粉机一次制粉→输送→辊式磨粉机二次制粉→筛理→燕麦粉、燕麦麸皮。

燕麦制粉通常采用撞击的形式，使用棒磨机或者锤磨机进行加工。燕麦脂肪含量高使得燕麦粉容易堵塞筛网，可采取的措施包括：在振动筛网上方进行通气，保持筛网孔畅通，使燕麦粉顺利通过筛网；振动筛上放一个搅拌转子辅助燕麦粉通过筛网；未通过筛网的燕麦颗粒将被回收到磨粉机中。用于婴儿燕麦食品的燕麦粉颗粒应该小于 0.5 mm；用于其他食品的燕麦粉颗粒可适当粗点；用于挤压食品的燕麦粉粒径在 0.8～1.0 mm 范围内较好。

此外，国外常用燕麦片或预煮燕麦生产燕麦粉。轧片产生淀粉要求的（糊化）胶凝作用，使产品有较好的可消化率。轧片后的燕麦籽粒由于改变了组织，更容易制备食用，同时提高了最终产品的外观质量。

轧片工序中使用的设备如下：

（1）蒸汽调节机：对籽粒加湿、加热处理使其变形，物料在温度 100℃下处理约 20 min，水分达到 17%。燕麦片加工中前后两次用蒸汽调节机对籽粒进行水热处理，不仅钝化脂肪酶和使籽粒变形，还可除去苦味使产品具有“果仁香味”的燕麦风味和芳香。

（2）双辊轧片机：从蒸汽调节机出来的籽粒经过喂料机形成均匀的物料幕进入轧片机。

（3）流化床干燥冷却机：把燕麦片干燥至标准的 11%水分，再利用冷空气冷却。

（4）摇动筛：除去麦片的团块和细粒，保证产品质量。

采用燕麦片制粉的工艺流程为：燕麦片→锤磨制粉→筛理→燕麦粉、燕麦麸皮。

国外对于燕麦粉的质量和卫生指标要求较高，因此在燕麦片基本加工工艺流程和设备的基础上采取了以下措施：完善地分离出低质量原料和杂质；不采用气力输送，避免空气中的细菌进入产品；研磨生产线设计能生产粒度极细的燕麦粉；排气系统的进气经过过滤机以保证产品没有细菌；配备中央真空处理系统以保持楼面的洁净；提供全套实验室设备，包括检验细菌的分析测试仪器。

针对四个主要的加工工序实施以下强化措施：

（1）清理：增加带着水装置的着水螺旋，以提高极干燕麦的水分。

（2）脱壳：脱壳之前必须用圆筒分级机将燕麦按厚度分级，使脱壳机能对所加工的各个物料做出最佳的调节。

（3）研磨：把燕麦研磨成燕麦膳食粉。

具体的研磨流程为：燕麦片用双对磨辊预研；双仓平筛将具备最终产品质量的燕麦粉和可能仍存在的燕麦糠粉分离开来；留下的燕麦粉用冲击磨磨成所需的细度；刷麸机把从冲击磨得到的粉料重筛，粗物料回流到冲击磨。

在各自的加工作业之间，物料经过称量后进入中间仓；用流量平衡器调节喂入各自设备流量；粉尘过滤机从排除空气中分离出粉尘，使排入大气的空气洁净；取样器在每一加工工序之前取出物料的平均样供实验室检测。

3.4.3　燕麦制粉技术举例

1. 我国莜麦加工厂工艺流程

我国莜面制粉技术整体发展水平落后，现代化程度低，仅有部分生产企业采用了较为先进的连续化莜面加工设备。莜麦制粉工艺在传统莜麦粉加工工艺的基础上，对工艺路线中籽粒筛选进一步细化，实现了莜麦粉加工的机械化、规模化、工业化生产，降低了工人劳动强度，显著提高工作效率。

该流程主要由四部分组成：第一部分为毛粮清理工艺，第二部分为净粮清理工艺，第三部分为炒制冷却工艺，第四部分为制粉工艺。具体工艺流程如下。

1）毛粮清理工艺

由于我国燕麦种植地域经济发展水平落后，多采用广种薄收、缺乏中间管理的落后耕种方式，燕麦中的杂质较多。燕麦的毛粮清理工艺，除借鉴小麦清理技术和设备外，还引入了稻谷加工的谷糙分离技术和设备。毛麦清理过程主要依据燕麦颗粒大小和密度的差异，经过多道清理，获得干净的燕麦，具体工艺为：提升机→高频振动筛→吸式去石机→提升机→磁选器→打麦机→提升机→平面回转筛→谷糙分离筛→提升机→洗麦机→入仓润麦。其中，经谷糙分离筛分离出的带颖莜麦和野燕麦进入粉碎机（撞击磨）脱去颖壳后进入打麦机的提升机。

此工艺为了保证吸式去石机的去石效果，采用了单独风网。高频振动筛、平面回转筛、打麦机、四道提升机采用一组低压风网除尘。

（1）筛理设备：

第一道高频振动筛主要去除原粮中的大型和小型杂质，第二道平面回转筛主要去除第一道高频振动筛未完全去除的麦秸秆、小型杂质及打麦机打下的麦皮、麦毛。特别要加强提升机、打麦机、平面回转筛的吸风，因为经粉碎机（撞击磨）脱壳的物料会产生大量的麦毛、麦皮、颖壳及细粉，不及时处理，将对后续设备产生不良影响。例如，洗麦机将产生大量的泡沫，不仅污染环境，还会使洗麦机难以发挥其洗麦去石的作用；谷糙分离筛因大量的杂质存在会降低谷糙分离效果。

（2）去石设备：

吸式去石机主要用于去除燕麦中的并肩石。燕麦的品种不同，容重差异较大，所以要根据容重的大小决定使用的风量。容重越大，选用的风量应该越大。此去石机在生产过程中，通过调整，还可去除莜麦中的大燕麦。

（3）打麦设备：

燕麦质地比小麦软，用手就能捻碎。为了防止燕麦在打麦过程中产生大量的碎粒，对以后的制粉工艺造成不良的影响，加工时多采用低转速（800 r/min）运行。在此转速下燕麦不会产生碎粒，且能达到很好的去除麦毛效果。

（4）谷糙分离筛：

谷糙分离筛是制米生产的设备，在米的加工中主要用来进行谷糙分离。谷糙分离筛利用物料的弹性差异原理，对物料进行碰撞、摩擦进而使谷糙分离。此处主要用来分离燕麦中的带颖燕麦和大燕麦，保证入磨燕麦的纯度。

（5）粉碎机：

从谷糙分离筛分离出来的带颖燕麦和大燕麦占原粮的 10%～15%，传统燕麦粉加工时这些物料全部被用作饲料；新的清理工艺采用改进后的粉碎机处理这些物料，并将这部分物料返回清理系统再次清理，提高了原粮利用率。选用改进后的粉碎机，完全达到了物料脱壳而不损伤籽粒的要求。

（6）洗麦机：

国外生产燕麦粉常使用皮燕麦，经脱壳后的净燕麦比较清洁，一般不要进行清洗。我国使用的裸燕麦，表皮较脏，去皮后必须清洗才能符合卫生要求。洗麦机不仅有洗麦去石作用，还具有着水功能，通过调节可以控制燕麦的着水量。入仓燕麦的着水量应在 15%～17%，润麦时间应根据温度而定，一般为 6～12 h。

2）净粮清理工艺

净粮清理工艺为：润麦仓→卧式绞龙→提升机→磁选器→打麦机→平面回转筛。

在净粮清理过程中难免有一些铁性杂质混入，为保证下一道设备的安全，第一道设磁选器。

3）炒制冷却工艺

炒制冷却部分主要由蒸炒锅、冷却器等部分组成。蒸炒锅是油脂厂常用的一种设备，主要对油料起软化作用。蒸炒锅用在此处主要是对燕麦进行熟化处理（炒熟），使燕麦籽粒膨胀，熟化后的胚乳利于剥刮处理，并改善燕麦粉的风味。由于从蒸炒锅出来的物料温度高（110～120℃），所以物料必须通过冷却器降温后才能制粉。

冷却器是饲料行业用于颗粒饲料冷却的一种设备，其原理是利用流动的冷空气通过物料带走大量的热量，以达到物料降温的目的。温度应降低至 40℃以下。为了使入磨物料温度尽快降低，在物料从蒸炒锅进入冷却器、从冷却器进入净粮斗的输送过程中采用了气力输送。

4）制粉工艺

制粉工艺主要由研磨、筛理两大部分组成。工艺设计参照小麦制粉工艺，结合燕麦制粉特点，设计为四道皮磨，对燕麦进行分层剥刮。燕麦粉在筛理过程中容易堵塞筛孔，不易筛理，所以采用皮、心、粉混筛，利用麦皮清理筛面，并采用带毛清理块清理筛面，使燕麦粉易筛理。

皮筛除筛粉外，还将燕麦皮分为大麸皮（粒度大于 2.54 mm）、中麸皮（粒度为 0.36～2.54 mm）、小麸皮（粒度小于 0.36 mm）。小麸皮和中麸皮中富含可溶性膳食纤维（β-葡聚糖）。根据需要通过操作调整，可以得到不同出粉率的中麸皮和小麸皮。

2. 燕麦专用粉工业化加工技术

本部分燕麦专用粉是指处理过的燕麦籽粒经过磨粉处理，按照一定比例与小麦粉混合而成的燕麦-小麦混合粉。该技术既保留了燕麦 β-葡聚糖等功能因子，又提高了燕麦粉的加工品质和保质期，同时克服了燕麦磨制加工中堵塞磨粉机的问题。

主要工艺流程如下：

（1）灭酶：将燕麦籽粒水分调节到 20%，550℃红外灭酶仪灭酶 20 s，使淀粉部分糊化，燕麦风味得到改善，提高了最终产品保质期。灭酶后堆在一起保持温度 6 h，确保在较高温度和湿度下酶活性完全丧失。然后摊开降温，烘干至水分含量为 11%～12%。

（2）皮磨碾磨：用皮磨辊对灭酶后的燕麦进行碾磨。

（3）筛选：对皮磨碾磨后所得产品进行筛选，筛上物（β-葡聚糖含量 7%左右）进入心磨系统，筛下物即为皮磨燕麦粉（β-葡聚糖含量 3.5%左右）。

（4）配粉：以 β-葡聚糖含量为控制指标，对不同 β-葡聚糖含量的皮磨粉和心磨粉进行搭配，然后按质量分数称取 30%的燕麦粉和常规工艺制得的 70%的小麦粉混合生产燕麦专用粉。

（5）包装：按商品面粉的规格（小包装、大包装；纸包装、塑料包装；高 β-葡聚糖含量燕麦粉、低 β-葡聚糖含量燕麦粉；小麦-燕麦混合粉）要求进行包装。

燕麦专用粉色泽光亮，具有较长的保质期，不易氧化酸败，但在加工过程中应注意以下几个问题：

（1）燕麦灭酶工艺要求严格，若灭酶不彻底，则会影响产品保质期。

（2）烘干后的燕麦籽粒水分含量严格控制在 11%～12%。

（3）获得的皮磨粉、心磨粉和富含 β-葡聚糖的麸皮分开收集，以便搭配生产燕麦专用粉。

（4）需要定期对原料及各道筛下物组分的 β-葡聚糖含量进行测定。

3. 机械粉碎燕麦全粉加工技术

传统燕麦制粉一般产生 30%～35%的燕麦麸皮副产品，其中富集了 70%以上的燕麦营养素，总膳食纤维含量高达 30%，可溶性膳食纤维约为 1/3。燕麦麸皮大多用作饲料，食品或食品原料加工比例很低，价值难以体现。目前普通加工工艺不能改变燕麦麸皮坚韧、致密的平板式表观结构，产品适口性较差、束缚在细胞壁内的β-葡聚糖难以被人体直接消化吸收；同时燕麦脂肪酶含量在谷物中最高，新鲜燕麦麸皮的脂肪酶和油相互接触，迅速发生水解反应生成游离脂肪酸，油脂开始变质，燕麦麸皮就会出现令人难以接受的气味。因此，通过微波处理、挤压膨化和微细粉碎等多种技术综合运用，集成燕麦全粉加工技术，有望较好地解决燕麦麸皮在食品加工中的诸多问题，全面保持燕麦各种营养成分并提高燕麦活性物质的利用程度，直接用作各种燕麦食品的制作。

第 4 章　中国传统燕麦食品加工技术

我国燕麦种植以裸燕麦为主。裸燕麦，俗称“莜麦”“油麦”，在我国华北北部冀晋蒙和西北种植面积较广，如河北张家口地区、内蒙古乌兰察布盟、山西雁北地区。过去一直是莜麦主产区人民的主粮，现在仍占这些地区主食消费量的 50%以上。

莜麦不仅风味独特、食后耐饥，营养价值和药用价值也颇高，富含蛋白质、核黄素、亚油酸及钙、磷、铁等多种人体需要的营养成分，可有效降低胆固醇，促进新陈代谢，改善血液循环，预防骨质疏松，且有降糖、减肥的功效，对心脑血管疾病、糖尿病、脂肪肝等疾病均有明显的预防和辅助治疗效果。在倡导健康饮食的今天，莜面是餐桌上不可多得的粗粮美食之一。

莜面独特的口感和丰富的营养，充分体现了民间食品的保健养生价值，也让现代都市人体会到乡间民俗的自然纯朴和五谷杂粮的原味清香。但是，目前我国莜面传统食品还限于莜麦主产区家庭厨房及周边城市的餐馆，仅莜面窝窝和莜面饸饹已实现小规模工业化生产。为了让更多人品尝到传统莜麦美食，让莜麦食品进入千家万户，有必要研究和开发莜麦传统食品工业化生产工艺与装备。

4.1　传统莜面食品的特点

4.1.1　饮食文化悠久

中国莜面传统食品风味独特、制作精湛、花样繁多，堪称是世界燕麦食品文化中的瑰宝。莜麦产区的居民，祖祖辈辈种莜麦、食莜面，形成了独具特色的“莜面饮食文化”。早在魏晋南北朝时期，内蒙古阴山地区的农民就已开始种植莜麦。《绥远通志稿》记载：“莜麦，一作油麦，即燕麦也，旱瘠之地亦宜播种，山前、山后各县均广种之。”此处的“山”便指阴山。阴山地区人类活动的历史非常悠久，自古以来就是农耕区与游牧区的天然分界线，也是汉族与北方游牧民族交往的重要场所。阴山山脉阳光充足，完全适于种植生长期短、耐寒喜光、适应干旱贫瘠土壤的莜麦。至今阴山南北仍是我国莜麦的集中产区。

莜面的手工制作技艺，是北方草原游牧文化和中原农耕文化互相融合的产物，展示了农耕文化的精髓，具有工艺价值和历史研究价值。传说成吉思汗行军打仗以“莜面锅饼”为干粮，靠人吃莜面食品、马喂莜麦饲草饲料横跨亚欧大陆；曹操行军打仗，为了快捷方便，部队多吃“莜面搅拿糕”；李渊、李世民父子在太原起兵，用的就是“莜面栲栳栳”（即莜面窝窝“栲栳”，音同犒劳）犒劳三军，一举建立大唐王朝。

民间有关莜麦的文化更是丰富多彩。在冀晋蒙燕麦主产区，人们将其列为“莜面、山药[①]、大皮袄”三宝之首，用民谣、歌剧、诗词、快板等多种文化来表达和传承中国的燕麦文化，如二人台“割莜麦”“扬莜麦”等。直到现在，在冀晋蒙三省区仍然每年都在过传统的“莜面节”，甚至用莜面食品来预测当年每月的降水情况。河北张北县每年在旅游季，都会进行莜面传统食品的制作表演。目前，用莜面传统食品招待远方来的贵客已成为一种时尚，莜面的制作工艺已被列入我国非物质文化遗产，受到国内外社会的关注。

4.1.2　制作工艺独特

莜麦产区群众在长期生活实践中摸索出了花样繁多的莜面制作方法，如搓成长长的“鱼鱼”；在面板上推成刨花状的“猫儿朵窝窝”；用熟山药泥和莜面混合制“山药饼”；用熟山药和莜面拌成小块状再炒制成“馈垒”；将生山药磨成糊状和莜面挂成丝丝的“圪蛋子”；小米粥煮拨鱼鱼的“鱼钻沙”；莜面包野菜的“菜角”；更直接地将莜面炒熟加糖或加盐的“炒面”等等，各具风味，百吃不厌。

据统计，这些莜面食品多达 40 种。按所用设备可分成两类，一种是手工制作，有搓、推、擀、团、卷、按、包、擦、捏、搅、炒、切、抹等十多种制作技巧；另一种是利用工具制作，常见的工具有“饸饹床”，最早是木制的，后来出现了铁制的，现在市场上也有塑料制成的简易装置。用饸饹床制作莜面的做法称为“压饸饹”。按熟化方法分为蒸、炸、汆、烙、炒 5 大系列，蒸制类是当中的主要大类，达 17 种之多。此外，燕麦与其他食材的组合方式，主要分成 4 类，分别是纯裸燕麦粉、裸燕麦粉与熟马铃薯、裸燕麦粉与生马铃薯、裸燕麦与蔬菜混合类。

莜面是我国传统食品中唯一的“三熟”食品，莜麦变成可食用的莜面食品，需要经历三次生三次熟的制作工艺。第一熟为炒熟，即在加工面粉时须先把莜麦淘洗干净，晾干水分后下炒锅煸炒，待冒过大汽后再炒至二分熟即可出锅上磨加工面粉。第二熟为烫熟，即在和面制作食品时将莜面置于面盆内一边泼入开水一边搅拌，紧接着用手将面盆内的馈垒状莜面加水揉揣，达到“三净”（手净、面净、盆净）程度，再根据需要制作成各种所需成型食品。第三熟为蒸熟，即把制成的莜面食品用蒸笼蒸熟方可食用。

“三熟”工艺是我国莜麦产区居民 2000 多年燕麦食用过程中摸索出的燕麦传

① 在冀晋蒙地区，马铃薯被称为山药，本章中的山药均指马铃薯。

统食品加工方法，是莜面食品制作的核心技艺，至今未发生根本性变化。其中任何一熟做不到，便直接影响食用品质。因此，掌握好“炒熟”“烫熟”“蒸熟”三个关键工艺环节对莜面食品加工尤为重要。炒熟，第一，能够产生焦香味；第二，燕麦籽粒硬度低，脂肪受热易黏附在筛孔上，容易堵塞磨粉机和筛网，需要进行炒熟以提高燕麦的出粉率；第三，燕麦中富含的脂肪氧化酶会使脂肪在储藏过程中氧化酸败而使口感劣变，因此炒熟灭酶能延长燕麦粉储藏时间。如第 3 章所述，这是因为燕麦中的脂肪主要由单不饱和脂肪酸、亚油酸和次亚油酸构成，但燕麦中的脂肪酶活性很高，其富含的脂肪氧化酶会使脂肪在较差的储藏条件下氧化酸败而降低燕麦口感。如果在加工前不先灭掉脂肪酶的活性，会严重影响食品加工的工艺及产品的保质期。因此在加工前一般采用炒制等热处理工艺对燕麦进行灭酶处理，防止产品酸败。烫熟是为了形成面团，便于加工。这是因为燕麦粉不含湿面筋，与小麦粉相比，燕麦的清蛋白、麦醇溶蛋白含量低，球蛋白含量较高，不能像小麦粉一样形成面团，燕麦面团成型需要用热水烫面使淀粉糊化，通过淀粉颗粒间的黏结性形成面团。蒸熟是为了使淀粉糊化，保持形状，赋予较好口感。

我国关于“三熟”对传统燕麦食品理化指标和加工特性的影响鲜有报道。张燕等（2013）以深受消费者喜爱的燕麦窝窝为研究对象，评价了“三熟”工艺对燕麦窝窝理化指标、加工特性、淀粉特性及风味特性的影响。研究发现，经过炒熟处理的样品，蛋白质含量、β-葡聚糖含量、热量、L^*值、起始糊化温度降低，总淀粉含量、粗脂肪含量、峰值黏度及回生值升高；烫熟对蛋白质含量、粗脂肪含量、热量、起始糊化温度、峰值黏度和回生值没有显著影响，使样品总淀粉含量、β-葡聚糖含量和 L^*值升高；经过蒸熟处理的样品，蛋白质含量、热量、起始糊化温度没有显著变化，粗脂肪含量、总淀粉含量、β-葡聚糖含量、峰值黏度和回生值升高，L^*值降低。其中，炒熟对燕麦窝窝蛋白质、脂肪、总淀粉、β-葡聚糖含量及热量的影响程度最大。此外，研究还发现，炒熟、烫熟和蒸熟均对燕麦窝窝直链淀粉含量没有显著影响。炒熟对燕麦窝窝淀粉颗粒形态、淀粉糊透明度、淀粉含水特性没有影响，使淀粉糊冻融稳定性增强，使抗性淀粉含量和快速消化淀粉含量显著增加，慢速消化淀粉含量降低；烫熟对燕麦窝窝淀粉糊透明度、抗性淀粉、快速消化淀粉和慢速消化淀粉的含量均没有显著影响，使淀粉糊冻融稳定性增强，使淀粉总含水量下降；蒸熟使燕麦窝窝淀粉糊的冻融稳定性、快速消化淀粉含量、淀粉总含水量下降，对抗性淀粉和慢速消化淀粉含量没有显著影响。同时炒熟、烫熟和蒸熟均使样品过氧化氢酶活性降低。经过炒熟和蒸熟处理的样品脂肪酸组成发生改变，经过烫熟处理的样品脂肪酸组成未发生改变。电子鼻可以区分出经过不同处理的燕麦窝窝，其中炒熟对样品的影响显著。经过炒熟、烫熟、蒸熟的燕麦窝窝感官评分最高。总体看来，炒熟对燕麦食品理化指标、加工特性及食品风味影响程度最大；蒸熟对燕麦食品淀粉特性影响程度最大；而烫熟对燕麦食品影响最小。

4.1.3 食用方法灵活

莜麦食品的食用方法也多种多样，配汤主要分凉汤和热汤两大类，根据季节的不同做不同的选择。夏秋两季，人们多选凉汤配莜面食品。夏季，新鲜蔬菜多，将马铃薯、茄子蒸烂，将黄瓜、水萝卜切丝，加上葱、蒜、醋、味精、葱花油等调味品调拌，配着蒸出的莜面食品吃。秋季，农村自种的马铃薯、番瓜、白菜、圆菜等都可以凉拌与莜面食品搭配起来吃。进入冬季，北方天寒地冻，缺少新鲜蔬菜，将家庭腌制的酸白菜同猪肉或猪油、粉条、马铃薯、豆腐等烩成一锅烩酸菜，把蒸熟的莜面食品放在碗内，上面浇上烩酸菜，再放一些油炸辣椒调拌着吃。热汤有羊肉马铃薯汤、羊肉蘑菇汤、猪肉酸菜汤、猪肉豆腐汤等。如今，随着莜面食品的配菜配料摆脱了季节的限制，形成多种莜面食品吃法。不同食用方法，赋予莜面食品不同的风味。

4.2 传统莜面食品手工加工技术

4.2.1 蒸煮类

1. 莜面窝窝

莜面窝窝，柔软光滑，香甜可口，成形美观与口感劲道完美结合，是华北冀、晋、蒙三省区莜麦产区和周边城市居民的传统莜面食品，现作为杂粮小吃在饭店酒楼大受欢迎。

制作方法，如图 4.1 所示。

图 4.1 莜面窝窝制作流程图

（1）和面：必须用滚烫的开水和面。和面时，将莜面放入盆中，按照质量分数加入等量开水，水温最好达到98℃以上，水势呈翻水花状，该过程称作莜面窝窝的二熟。倒入开水后，迅速用筷子或者搅面棒朝同一个方向搅拌，直至形成团块状。若搅面时干面较多，可在干面中补填适量开水。然后用手揉面，直至形成表面光滑、柔软劲道的整块面团，杵面时有喷气感。

（2）制卷：取表面光滑、平整的瓷砖一块，将一小块莜面放在瓷砖上面用手推搓成片，再用食指卷成筒形，竖在蒸笼里，依次摆放。推好的窝窝是一寸来高薄薄的一个卷，多个卷连在一起成蜂窝状，故而得名。瓷砖也可用菜刀其他光滑且不易粘面的工具代替。

（3）蒸熟：蒸熟是莜面窝窝的第三熟。将制好的莜面卷，连笼屉一起放于开水锅上，急火蒸10 min左右即可，气压高的坝上地区适当多蒸2～3 min，气压低的坝下可少蒸几分钟。在上笼蒸煮时，火候的把握也十分重要，如果蒸的时间不够，吃起来有沙粒感，口感粗糙；如果蒸的时间过长，则软瘫，吃起来不够劲道，色味形欠佳。

莜面窝窝吃法讲究，可作为主食，也可作为凉菜食用。常见的食用方法如下。

（1）蘸莜面：将蒸熟的莜面卷放入汤卤或熬菜中搅拌后即可食用。汤卤有热汤卤和凉汤卤两种，热汤卤有羊肉蘑菇汤、猪肉蘑菇汤、酸菜汤、炖鸡蛋汤、炖马铃薯汤、马铃薯熬茄子汤等；凉汤有黄瓜萝卜丝汤、酸咸菜汤等。

在诸多吃法中，羊肉臊子醮莜面最为经典，有着“羊肉臊子台蘑汤，一家吃着十家香”的美誉。在制作羊肉蘸料时，用大火将炒锅中的油加热至七成热，加入姜末、葱末煸出香味，放入羊肉末炒至八成熟。倒入酱油、盐、辣椒末、鲜汤和胡椒粉改小火煨至羊肉酥烂。莜面窝窝蘸此料吃，风味更佳。

（2）凉拌莜面：蒸熟的莜面窝窝凉冷后，放入葱花、蒜汁、香菜、黄瓜和萝卜丝及盐、香油、味精、酱油、醋等，搅拌后即可食用。凉汤的材料还可以根据个人喜好增加红油、豆豉等其他材料。

2. 莜面饸饹

莜面饸饹，在莜麦产区被当地人称为压饸饹。把和好的莜面放在饸饹床子里，用饸饹床子（做饸饹面的工具，有漏孔）把面团挤轧成条状。饸饹的制作方法比窝窝简便，速度快，是华北莜麦产区的主食之一。

制作方法，如图4.2所示。

（1）和面：和面方法和程序同莜面窝窝，但对水温的要求比莜面窝窝低。

（2）制作：取专用的压饸饹工具（饸饹床子），将和好的莜面放入饸饹床子内，扣上盖，用力挤压，莜面从饸饹床底部被挤压出来，成饸饹。挤压时速度不宜过快，否则表面不光滑。将饸饹放入笼屉蒸熟，蒸的方法和时间同莜面窝窝。

图 4.2　莜面饸饹制作流程

莜面饸饹（图 4.3）常见的食用方法主要有三种。

（1）蒸熟后同莜面窝窝一样，配以热汤或凉拌。

（2）做成炒莜面吃，炒制前先将饸饹凉冷，用手撕开，锅内放适量的麻油，将油烧开后放入饸饹，翻炒几次即可，炒饸饹时也可加入绿豆芽、圆白菜丝等，待出锅时加入少量味精和盐。

（3）氽饸饹，就是将饸饹凉冷，用手撕开，放入做好的汤锅中，烧开即可食用，汤的做法多种多样，一般在莜面产区以番茄马铃薯汤和小白菜马铃薯汤较常见。

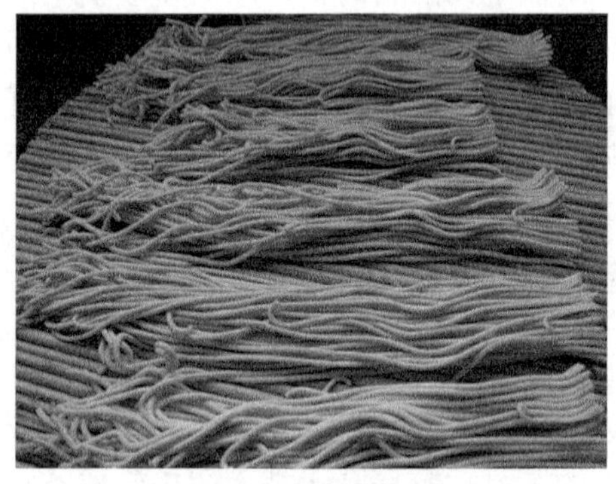

图 4.3　莜面饸饹

3. 莜面搓鱼儿

莜面搓鱼儿，是河北张家口地区、山西雁北、晋中和吕高梁山区及内蒙古西部地区的传统莜面食品之一，在广大农村地区尤为流行，城镇面食馆和小吃摊也有出售。制作时将一小块儿面团用手搓成两头尖、中间粗的鱼状，故名搓鱼儿。从制作形状看，搓鱼儿有长圆条形、短圆条形、柳叶形、螺纹形、中间宽扁两头尖细形等，长圆条形搓鱼儿最能体现制作技艺的高低。

制作方法，如图 4.4 所示。

（1）和面：和面方法和程序同莜面窝窝，但对水温要求比莜面窝窝低。将莜面放入盆中，按照质量分数加入等量的温水或开水。倒入水后，立即用筷子或者搅面棒顺着一个方向搅，搅拌至大块雪片状。搅面时如果干面较多，可在干面中再加适量的开水。然后用手揉面，直至形成不软不硬的面团。

（2）搓鱼儿：搓鱼儿的方法有两种，一种是双手对着搓，即取和好的莜面 2～3 块指头肚儿大小的剂儿放于手掌中间，掌心对搓；另一种是单手对着面板搓，即将和好的莜面放在面板上用手压着搓，一般一只手可搓 3～4 根，熟练的可两手同时操作。搓鱼儿的粗细要均匀，根据技术水平和熟练程度可自由控制数量，鱼儿搓好后，放入笼屉即可。现在也有用家用手工面条机制作莜面鱼儿。

（3）蒸熟：蒸制的方法同莜面窝窝。

图 4.4　莜面搓鱼儿制作流程

莜面搓鱼儿既可蒸熟热吃，也可炒着吃、配菜焖着吃。热吃可浇配羊肉臊子、生蒸羊肉、炸酱卤、酸辣菜卤等荤素浇头；凉吃可拌各种汁料；炒吃则配绿豆芽焖炒，蘸以醋蒜汁而食。此外，莜面搓鱼儿还有“莜面生下鱼”“莜面熟下鱼儿”“莜面焖鱼子”三种典型制作和食用方法，将在下文中介绍。

4. 莜面饽饽

莜面饽饽，又名莜面窝头，它的样子和名字是一样的，圆锥形锥底部有一个向里面凹进去的口，故得名窝窝头。莜面窝头制作简单，可用纯莜面粉，也可用莜面粉与小麦粉、玉米粉等五谷杂粮复合制作。

制作方法如下。

（1）和面：同莜面窝窝，但对水温要求不严，冷水和面也可以。

（2）制作：将和好的面团，分成若干小面团，取一块，用手将小面团搓成圆锥形，然后用拇指从圆锥形的底部压进，钻出一个小洞，成型后为中空的铃铛状。

（3）蒸熟：窝头做好后置于笼屉上，蒸的方法同莜面窝窝，但时间要长，保证熟透。

莜面饽饽可蘸汤卤、熬菜吃，也可将捣碎的韭菜花或者其他菜肉填在中间夹着吃。此外也可以在蒸之前在窝头底部的小洞里塞上枣泥等馅料，蒸熟后莜麦香和枣香浑然一体，直接食用，别有一番风味。

5. 猫耳朵

猫耳朵，有些地区也称之为“圪垛儿”“圪搓面”。山西太原称其为“麻食”。据《中国历代御膳大观》记载，圪搓面本是为祭雁而制，元代骑马射猎者却奉为获猎之吉食，称为“马乞”，使其进入了御宴中。猫耳朵在山西民间普遍食用，并传播到陕、冀、鲁、豫乃至江南一带。2008 年，山西猫耳朵制作手艺被国务院授予国家级非物质文化遗产，已成为“三晋”文化的共同财富，中国饮食文化的一颗明珠。

制作方法如下。

（1）和面：同莜面窝窝，但对水温要求不严，冷水和面也可以。

（2）制作面丁：和好的面团放在案板上，再用手反复揉几次，使面团表面更光滑均匀。揉好的面团用手按压成圆饼状，用擀面杖擀成厚度约 6 mm 的薄片。抓取少量干面粉作为面扑撒在案板上，把擀好的面片放在面扑上，用刀沿着面片边切下约 6 mm 厚的长条。用左手压着切下的长面条往外滚一下，使面条表面均匀地滚一层薄面扑，以防止面条之间粘连。用同样的方法切成宽度均匀的长面条，再切成大小均等的面丁。面丁大小随个人喜好调整。

（3）搓猫耳朵：取做好的一小块面丁，搓的时候可以在案板上，也可以在手掌心，用右手的大拇指压在面丁的对角线位置，用大拇指在面丁上快速压搓，使面丁打卷形成犹如“猫耳”形状，制作时关键是掌握蒸的时间和搓的技术。

（4）蒸制：蒸的方法、时间同莜面窝窝。

食用方法同莜面窝窝、莜面饸饹等。

6. 莜面蒸馈垒

馈垒特指莜面制成的块状食物，形状近似球形或扁球形，大小不等，莜面味浓。单纯用莜面打成的馈垒莜面称为馈垒，如果莜面和剥了皮的熟马铃薯碎末打成的馈垒称为山药馈垒，莜面和小米饭一起做的馈垒称为饭馈垒。馈垒一词的由来无从考证，但从单个汉字的意思上来理解，“馈”字从食，“食”与“贵”联合起来表示“在对方食物匮乏的时候送去足以支撑其生存的食物”，本义表示在别人挨饿时送去食物，支持其渡过难关。

制作方法如下。

（1）根据需要称取适量莜面，放入盆内，按照质量加入 1.2 倍左右的温开水，边倒水边用筷子搅拌，形成蚕豆或豌豆粒大小的块状，然后将其充分搅拌均匀。

制作要点是搅拌时掌握用水量。

（2）如果干面较多，可再加少许温水，没有干面后，倒入笼屉，放在沸水锅上蒸熟。注意笼屉上要铺笼布，笼布需用水蘸湿并拧干。

蒸熟后即可食用，也可将其倒入锅内加入麻油、葱花和少许食盐炒后食用。

7. 莜面生下鱼儿

莜面生下鱼儿又称为鱼钻沙，是华北莜麦产区农村的常用食品。

制作方法如下。

（1）做鱼儿：取莜面若干，如同做莜面窝窝一样将莜面和好，取 3 g 左右的一块莜面放入手掌，将其搓成 2 cm 左右中间粗两头细的条，压扁成鱼样待用。

（2）熬小米粥：熬小米粥一份待用。

（3）做汤及下鱼儿：取马铃薯若干个，去皮后将其切成条状，麻油、葱花、五香粉炝锅，然后放入马铃薯条翻炒几次，加食盐和适量的水，盖上锅盖，将汤烧开，待马铃薯煮至八成熟时下莜面鱼儿，莜面鱼儿煮熟后再放入小米粥，烧开后加入一点味精即可出锅食用。关键在于掌握放入各种料的时间，特别是煮莜面鱼儿时，必须煮熟，但不能过火。

8. 莜面熟下鱼儿

莜面熟下鱼儿润滑可口，它与莜面生下鱼的区别在于需要将莜面鱼儿事先蒸熟。该食品流行于河北坝上及其周边的内蒙古、山西农村。

制作方法如下。

（1）做鱼儿：和面同莜面窝窝，但对水温没有特别要求。取和好的面 2～3 g，放入手掌，两手对搓，搓成两头尖、长度为 15 cm 左右的莜面条，中间压扁，形成小鱼状，放入笼屉上蒸熟待用。

（2）做汤和氽鱼儿：取马铃薯若干个，去皮后将其切成细条状，麻油、葱花、花椒炝锅，放入马铃薯条翻炒几下，加入食盐，倒入水后，煮 10 min 左右，待马铃薯煮烂后放入莜面鱼儿，烧开后出锅。

出锅后加少许味精即可食用。

9. 莜面焖鱼儿

莜面焖鱼儿在河北沽源县、丰宁县莜麦产区农村较为常见。“焖”是将加工处理的原料放入锅中，加适量的汤水和调料盖紧锅盖烧开，改用中火进行较长时间的加热，待原料酥软入味后，留少量味汁成菜的多种技法的总称。

制作方法如下。

（1）做鱼儿：同莜面生下鱼儿。

（2）制作：取马铃薯若干，去皮后切成细条，将莜面鱼儿与马铃薯混在一起，加葱花、食盐、五香粉等调料，混合均匀后，贴于锅上，锅底放少量水，小火烧焖，待水烧完莜面鱼儿熟、马铃薯烂时为止。注意，上锅焖烧时要小火慢焖。

焖烧后出锅即可食用，也可焖熟后在锅底加麻油炝锅翻炒后出锅食用。

10. 莜面拿糕

莜面拿糕，华北冀、晋、蒙三省区莜面主产区农村食用较多。制作工艺虽然简单，但也颇有技巧，人们常说的“十拿九生”是指，拿糕搅不好，里面会有生的面疙瘩。

制作方法如下。

（1）搅拿糕：将适量的水放于铁锅内烧开，取相应的面撒入烧开的水中，一边撒一边用筷子或专用的搅面棒向相同的方向慢慢搅拌，搅到快成块状的时候停止撒面，然后用铲子边搅边抿，成团状的时候加点水煮一下，然后盖上锅盖焖 3～5 min，再搅一次即可。水与莜面的比例为（1.5∶1）～（2∶1）。制作关键在于搅的方法和技术。

（2）做汤：取水萝卜、黄瓜若干，将其切成细丝，放入香菜、葱花和酱油、醋、香油等调料待用；农家常多蘸冷酸菜汤。

做成的拿糕盛入大盘中，用筷子夹一大块（50 g 左右），放入已盛好汤的碗中，然后将其夹碎成 3～5 g 的小块蘸汤吃。

11. 莜面糊糊

莜面糊糊有三种，第一种是将莜面炒熟做的糊糊，称为炒莜面糊糊；第二种是生莜面直接做的糊糊，称为生莜面糊糊；第三种是将莜面与豌豆面一起炒熟后做的糊糊，称为莜面-豌豆面糊糊。

制作方法：将水烧至 30～40℃，一边撒面一边用勺子搅，将面块全部打开，盖上锅盖，然后加火烧开，即可。

作为干食的一种配餐，烧开后就可以喝。

12. 莜面山药鱼儿

黄土高原上种马铃薯和产莜面的地区，人们用马铃薯（焖熟弄碎）与莜面和在一起制成的一种食品，形状像鱼，多数在 1～2 寸（1 寸=1/30 米）长，二指宽，筋道，佐以肉羹吃，味佳，尤其流行于河北坝上及内蒙古莜麦主产区农村和周边城市。

制作方法如下。

（1）焖马铃薯：取淀粉含量高的马铃薯若干块，清洗干净，放入锅内，加适量水，大火把水烧开，然后转小火焖，直至把锅中水烧完，马铃薯软烂，然后在锅内再焖 30 min 以上，出锅后剥皮待用。

（2）做鱼儿：把马铃薯泥放在面板上，用手使劲搓“细”，在搓的过程中要分次往里面撒莜面，一般搓到马铃薯泥拉黏即可，搓好后把掺有莜面的马铃薯泥揉成面团，搓成长条备用。把搓成长条的面团揪成大小合适的面团，然后把小面团搓成小鱼儿的形状，因为搓成条儿形似小鱼儿，所以叫“山药鱼儿”，上锅蒸大约 15 min 即可。

食用方法同莜面窝窝、莜面饸饹。

13. 莜面钱钱儿

莜麦钱钱儿，为中国传统的麦片儿，是华北和西北莜麦产区古老的传统食品之一。有生、熟两种做法，各具特色，熟莜麦钱钱儿味浓而香，生莜麦钱钱儿光滑可口。由于过去农家的莜麦品种粒小呈椭圆形，轧片后形似铜钱，顾得名莜麦钱钱儿。

熟莜麦钱钱儿的传统制作方法：将莜麦清洗沥干后，去掉杂质，上锅炒熟，再洒上少量水上锅蒸焖，之后放在石碾上轧扁即可。

生莜麦钱钱儿的传统制作方法：将莜麦清洗、去净杂质后，直接放在石碾上碾轧（现在是用轧面机轧）。

食用时锅内放入水，放入适量莜麦钱钱儿，熬熟即可食用。

14. 水煮如意圪蛋儿

主要流行于河北莜麦产区的部分农村地区。

制作方法：取马铃薯若干，去皮洗净后擦成丝。切碎后加少量食盐、葱花、味精与莜面拌在一起，用手握成丸儿状，放入汤锅内煮，煮熟、煮烂后撒入少量莜面；做汤时可用油和葱花炝锅，并放入少量小白菜等蔬菜。

煮熟就可食用，可作为配餐和晚饭食用。

15. 磨擦擦

磨擦擦，又称为山药筋筋，是河北坝上及周边的山西、内蒙古莜麦产区城乡群众的食品之一，口感筋道。

制作方法如下。

（1）取马铃薯若干块，清洗去皮，用细擦子擦成细丝（也可用专用磨粉的工具——磨擦擦），擦好后放入冷水中洗（防止山药氧化变色）。

（2）然后将细丝捞出控干水，放在菜板上剁碎，放入盆内待用。

（3）将洗在水中的马铃薯淀粉澄出倒入盆内，加入适量莜面、葱花、食盐、味精和少量水搅拌成团块状，做成 10 cm 长、3 cm 宽的长条，放入笼屉蒸熟。

蒸熟后蘸醋加蒜泥、香油、汤即可食用。

16. 莜面山药丸

莜面山药丸流行于河北坝上莜麦主产区农村，具有独特风味。

制作方法有两种：一种是取马铃薯若干块，清洗去皮，用擦子擦成丝，加入适量莜面和葱花、五香粉、食盐，充分搅拌，做成扁圆性丸子，上笼屉蒸熟。制作时，注意拌料和蒸的火候。另一种做法是将拌好的莜面丝直接散在铺好的笼屉上蒸熟。

蒸熟出锅后配菜即可食用。

17. 莜面山药饨饨

莜面山药饨饨流行于河北坝上及周边的内蒙古、山西相邻莜麦产区。制作方法简单，注意掌握好蒸的时间和火候。

制作方法如下。

（1）和面：将适量莜面像做莜面窝窝一样和成面团，但对和面的水温要求不高。

（2）做馅儿：取马铃薯若干块，去皮后洗净，擦成丝，加入适量的韭菜、盐、味精和麻油（或香油），充分搅拌待用。

（3）做饨饨：取和好的莜面一块，用擀面杖擀成饼（同烙白面饼前擀的饼），然后将馅儿撒在饼上，将其一折一折的卷折，卷好后用刀切成段，码入笼屉蒸熟。蒸的时间为 10～15 min。

蒸熟后直接食用或蘸凉菜汤食用。

18. 莜面蒸饺

莜面蒸饺流行于河北坝上及周边的内蒙古、山西相邻莜麦产区。

制作方法如下。

（1）捏皮：和面同莜面窝窝，但对水温要求不严。取和好的面一块（半两）放于手中揉圆压扁，呈外薄里厚的铁饼状，然后一手握饼，用另一手的拇指顺着边，从外往里捏，捏成半圆球状待用。

（2）拌馅：馅的样式比较多，以素馅为主，如韭菜鸡蛋馅、马铃薯丝韭菜馅、灰菜（学名藜，一种野菜）马铃薯馅等。以韭菜鸡蛋馅为例介绍制作方法：鸡蛋加少量盐炒熟，用刀切碎；韭菜清洗后，用刀切成 1 cm 左右的小段，然后与鸡蛋放在一起，加适量盐、酱油、麻油、味精、五香粉等调料搅拌均匀后待用。

（3）包饺子：在做好的饺子皮中放入适量的饺子馅，折合后用拇指和食指顺边捏合即可。注意不宜全部捏合，要留一个小口放气，防止饺子在蒸的过程中破裂。

（4）蒸制：将包好的饺子放在笼屉上，之间要留一定的距离，保持宽松的状态。蒸 15～20 min，待皮熟馅烂后即可离火。

根据个人口味，可直接食用，也可蘸醋和蒜泥食用。

19. 莜面刀切片儿

莜面刀切片儿是河北坝上及周边的山西、内蒙古莜麦产区城乡群众的食品之一，口感筋道。制作方法与莜面磨擦擦大体相同。蒸熟后凉冷后用刀切片儿，蘸汤食用。

4.2.2　焖炒类

1. 莜面打馈垒

莜面打馈垒流行于华北冀、晋、蒙三省区莜麦产区农村。

制作方法有两种，制作时掌握用水量，注意翻炒的火候。

第一种是把马铃薯煮熟，去皮，捣成泥，然后放入莜面用手搓成粉状。擦馈垒也有讲究，放的面少了蒸出来的馈垒块大，发黏不好吃，一定要干湿正好。炒的时候用麻油把葱花炝出香味，倒入馈垒，出锅时加盐。

第二种是小米稀饭熬好后把稀的盛出，锅里剩下不多的米汤和大部分的米，放入莜面用筷子搅，在馈垒大小、干湿差不多的时候，用铲子在锅中间拨开，露出锅底的地方倒入麻油、葱花，炝出香味再炒，加盐炒好即可食用。

2. 莜面炒面

莜面炒面是以前河北坝上莜麦主产区的农民外出干活随身携带的一种即食食品（也称为干粮）。云贵川地区的人们喜欢将炒面和大量的红糖混合后食用，北方人一般爱吃咸味的炒面。

莜面炒面主要分两种，一种是将莜麦面直接放入铁锅内，小火下反复翻炒，待面的颜色由白变黄，散发出特殊的香味即可；另一种是将莜麦面和豌豆面混在一起炒，称为莜面-豌豆面炒面。

食用方法比较多，可以干吃，也可以加热水、糖或盐，拌成糊糊喝。

3. 莜麦大米饭

莜面大米饭具有莜麦的浓香味，流行于河北坝上和吉林、黑龙江等地。

制作方法：将莜麦面或燕麦片与大米一同焖成莜面（燕麦）大米饭，两者的比例随个人口味而定，莜麦一般不超过 20%。

食用方法同大米饭，多配菜食用。

4. 炒黄莜麦

炒黄莜麦流行于河北坝上莜麦产区，一般可作为零食和干粮食用。

制作方法：将莜麦去除杂质，清洗干净，放入铁锅内炒，一直炒成金黄色，咀嚼时口感微香脆时为止，注意小火慢炒。

热冷均可食用。

4.2.3 焙烤类

1. 家做莜面锅巴

家做莜面锅巴流行于河北坝上及内蒙古莜麦产区，香脆可口。

制作方法：像搅拿糕一样，搅成拿糕后抹在锅上慢火烧烤。热吃冷吃均可。注意掌握火候。

2. 莜面锅饼子

外壁焦，里壁软，香甜可口，可热吃，也可凉吃，操作简便快捷。

制作方法如下。

（1）和面：方法同莜面窝窝，但对水温没有要求，开水、冷水均可。

（2）制作：莜面锅饼子和面、做皮的方法与莜面蒸饺基本相同。制作时将包好的面团分成若干块，每块100～150 g。然后将每块面用手捏成薄饼，贴于铁锅壁上，锅底部中间放水，然后盖上锅盖，待水烧开后改小火烧烤，直至将锅中的水烧完，达到皮熟、外壁焦脆，内壁柔软。

食用的方法多样，可热吃，也可凉拌，可蘸着汤菜吃，如同吃莜面窝窝，也可夹菜吃。

3. 莜面火烧

莜面火烧又名莜面锅贴、锅巴饺子。一边焦，一边软，面菜一体，可口好吃。

制作方法如下。

（1）和面：同莜面蒸饺。

（2）做皮：同莜面蒸饺，但个头比莜面蒸饺大。

（3）做馅：同莜面蒸饺。

（4）包馅、烧烤：像做莜面蒸饺一样，用皮包上馅儿，然后将其压扁贴于铁锅上，锅中间放水，将锅盖盖上，加火，待水烧开后改小火烧烤，直至将水烧完，莜面火烧达到皮熟、馅烂、外壁焦透且脆，与莜面锅贴的烤制方法基本相同。关键是把握烧烤火候和时间。

出锅后立即食用。

4. 莜面山药烙饼

制作方法如下。

（1）焖马铃薯：取淀粉含量高的马铃薯若干块，清洗干净，放入锅内，加适量的水，大火烧开，然后转小火焖，待马铃薯软烂后，再焖 30 min 以上，出锅后，剥皮待用。

（2）做面团：将煮熟的马铃薯放入锅中，放入适量莜面，用手掌在锅中用力反复擦，擦时放一点食盐，直至面团形成。

（3）制饼：取做好的莜面马铃薯面团 25 g 左右，在面板上将其擀成 0.3 cm 左右厚的薄饼。

（4）烙饼：将铁锅烧热，淋上麻油，马铃薯饼放入锅内翻烤，直至熟透。马铃薯烙饼烙熟后，中间呈空心状，可鼓起。

莜面山药烙饼烙熟后，抹上麻油可直接食用；也可加入葱花、麻油、食盐在锅内翻炒后食用。

4.3 传统莜面食品现代加工技术

莜面传统食品虽然口味独特，深受人们喜爱，但由于制作工序复杂、关键技术要求严格、精准度较高，因此制作技术难以掌握，而且相对费时费事、食用不方便，致使莜面窝窝、莜面鱼鱼等具有浓郁地方特色的传统莜面食品，很难走上大众消费者的餐桌。为使这一传统风味食品发扬光大，走向大众化，我国部分科研人员和企业在继承传统制作工艺的基础上，积极开展莜面机加工和冷冻加工技术研究，为传统莜面食品大规模生产提供了基础。

此外，张家口市农业科学院等单位研究了莜面传统食品冷冻技术及与其相配伍的 4 类（肉菜配伍类、肉菇配伍类、净肉类、净菜类）13 种（猪肉口蘑汤、猪肉酸菜汤、猪肉雪里红汤、猪肉马铃薯汤，羊肉口蘑汤、羊肉酸菜汤、羊肉雪里红汤、羊肉马铃薯汤，猪肉汤、羊肉汤，马铃薯汤、酸菜汤、雪里红汤）汤料的制作方法，初步形成了传统食品冷冻加工与方便汤料调配的配套技术。

4.3.1 莜面窝窝机加工技术

图 4.5 为自动莜面窝窝机的结构示意图。该设备主体由机架、电机、减速机、螺旋千斤顶、面桶、模具和电器控制部分组成。目前，市场上一般的莜面窝窝机有 85 孔、109 孔、121 孔等不同规格，平均每小时可生产莜面窝窝上千笼。

该设备工作时，将成型的面块放入面桶 2 中，将升降机 3 的压盘 3-2 与面块全面接触，打开电机 4，升降机 3 会自动将面块向下压，面块通过面桶 2 内莜面窝窝的压制成型模块形成莜面窝窝，莜面窝窝由面桶 2 的下方挤压出，同一时间继电器在开始工作时计时，到达一定时间后，电机自动停止工作，然后拉动固定于面桶下方的钢丝，将莜面窝窝切下，落入下方圆盘，完成整个操作过程。

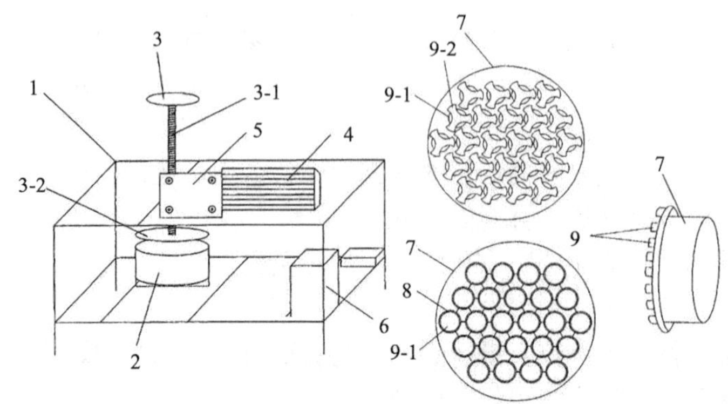

图 4.5　自动莜面窝窝机结构示意图

1. 机架；2. 面筒；3. 升降机（3-1. 升降机主轴，3-2. 压盘）；4. 电机；5. 减速机；6. 电控箱；7. 压制机头；8. 圆孔；9. 成型模块（9-1. 盘座，9-2. 翼片）

自动莜面窝窝机加工莜面窝窝外型整齐，壁薄光滑，食用爽口。与手工推制相比（单个人为标准）可批量生产，克服了手工窝窝费时、费力、技术难以掌握的缺点，提高了生产效率。

4.3.2　莜面鱼鱼机加工技术

图 4.6 为莜面鱼鱼机的结构示意图。该机器整体分为底座、支承架、圆柱体滚子、面板、滑动轴、轴套、涡杆、涡轮、曲轴、曲轴连接杆、电动机、减速器、面板间隙调节装置、分割进料装置。水平放置的圆柱体滚子和与滚子平行的面板组成搓制莜面鱼鱼的机构。该设备工作时，圆柱体滚子自身匀速旋转，同时圆柱体滚子与面板之间保持相对往复移动，面板竖直倾斜并与圆柱体滚子截面圆形成相切位置，此间隙即为莜面鱼鱼的出口成型点。滚子匀速旋转及面板沿水平方向的往复移动统一由一只减速电动机通过涡杆、涡轮、曲轴、曲轴连接杆各个机构联动实现。

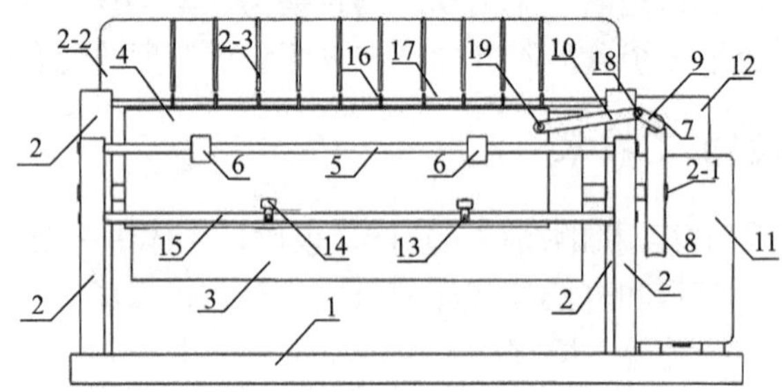

图 4.6　莜面鱼鱼机的结构示意图

1. 底座；2. 支承架（2-1. 圆柱体滚子两侧的轴；2-2. 莜面托盘；2-3. 莜面托盘分割片）；3. 圆柱体滚子；4. 面板；5. 滑动轴；6. 轴套；7. 涡杆；8. 涡轮；9. 曲轴；10. 曲轴连接杆；11. 电动机；12. 减速器；13. 面板间隙调节装置；14. 轴承；15. 限位杆；16. 进料装置分割片；17. 分割片连接杆；18. 曲轴与曲轴连接杆的连接轴；19. 面板与曲轴连接杆的连接轴

4.3.3　速冻莜面糕加工技术

速冻莜面糕在莜面和马铃薯泥混合料中加入谷朊粉、盐形成产品独特的风味，口感黏软有弹性，风味独特，营养丰富。代替米饭、馒头等主食或与其一起食用，可以让人们在享受美味的同时也得到健康。通过冷冻保藏技术使其得到长期保藏，可以作为一种商品来销售，满足人们对食品营养健康消费需求的同时也给消费者带来方便。以下为速冻莜面糕的制作工艺。

1. 工艺流程

马铃薯带皮煮熟→马铃薯去皮→制马铃薯泥→添加莜面、谷朊粉→和面→揉捏成型→冷冻→包装→成品。

2. 制作方法

（1）选取新鲜、无病虫害的马铃薯，清洗干净，煮熟。

（2）熟马铃薯去皮，迅速放入挤压机挤压 4～5 次制成马铃薯泥，挤压力为 4～6 kg/cm^2。

（3）取马铃薯泥 60 份，莜面 20 份，将莜面放入马铃薯泥中进行混合，再加入 1 份谷朊粉，再混合，备用。

（4）将备用的预混料和制均匀，用挤压机挤压 4～5 次，挤压力为 4～6 kg/cm^2。再加 1.5 份盐在和面机里继续和面直至其均匀。

（5）将面团分成大小均匀的小面团，将小面团搓成长 6～7 cm、宽 3 cm 椭圆形或直径 5 cm 圆形莜面糕。

（6）将成型的莜面糕在−40～−18℃条件下冷冻 0.5～1 h，用双向聚丙烯/流延聚丙烯或聚对苯二甲酸/流延聚丙烯复合材料密封包装后在−18～−10℃条件下冷藏，即得到速冻莜面糕成品。

3. 食用方法

食用时放入蒸锅蒸 8～10 min 即可食用，或者在蒸锅蒸 5～7 min 后放入油锅炸制后食用。

4.4.4　冷冻莜面饸饹加工技术

1. 工艺流程

雪花粉、莜麦粉调粉→加食盐水预混→和面→醒面→成型→冷冻→成品。

2. 制作方法

（1）调粉：将称量好的雪花粉和莜麦粉混合，二者比例以 3∶7 为宜，拌均匀。

（2）和面：将一定配比的食盐水倒入混合粉，调成面团。

（3）醒面：将面团在室温下放置 5～10 min，使其醒发。

（4）成型：用压面器将面团挤压成面条状。

（5）冷冻：将面条在–40℃条件下冷冻 3～5 h。

3. 食用方法

食用前蒸制 15～20 min。

第 5 章　燕麦类早餐食品加工技术

5.1　概　　述

5.1.1　谷物早餐食品

1. 谷物早餐食品定义

谷物早餐食品，又称为早餐谷物、谷类食品、谷类早餐等，是以谷物（玉米、小麦、稻米、燕麦等）为主要原料进行加工而成的早餐食品。通常加入牛奶中（冷食）或进行煮沸烹饪（热食）食用。谷物早餐食品可原味食用，也可添加砂糖、蜂蜜、巧克力、肉桂等调味品。谷物种类可为一种也可几种复合，同时添加坚果、脱水水果或蔬菜、葡萄干等生产复合早餐谷物食品，达到均衡营养、补充膳食的目的。部分谷物早餐食品配方中还添加维生素、无机盐或膳食纤维等成分，达到强化营养的目的，具有保健功效。

2. 谷物早餐食品发展历史

谷物早餐食品起始于 19 世纪末，美国 Kellogg 兄弟在美国密歇根州巴特尔克里克开办第一家谷物早餐加工企业。Kellogg 在 1894 年申请了第一个关于谷物片的专利（Fast，2001）。1974～1983 年，谷物早餐工业以年均 2%速度增长，1983～1985 年以年均 3.3%速度增长。近年来更是发展迅速，增长速度达到 4%～5%。在美国，谷物早餐食品是消费量最大的早餐食品之一，1997 年美国的谷物早餐食品总产值达到 92 亿美元，其中即食食品市场超过 68 亿美元（Fast and Caldwell，2000）。目前，全世界谷物早餐消费量已经超过 300 万 t。

发达国家谷物早餐食品消费增长迅速，在爱尔兰、英国、澳大利亚和北美地区，人均谷物早餐消费量 4～6 kg。受不同文化和饮食习惯的影响，不同国家与地区对于谷物早餐要求和发展趋势也不尽相同。表 5.1 中数据表明，在北美和欧洲西北部，谷物早餐人均消费量很大，但市场增长率仍较低（低于 5%）；在南美和欧洲西南部，谷物早餐人均消费量较低，但市场份额却由 5%升到 20%；在东欧，谷物早餐人均消费量很低，这主要是由于谷物早餐被面包所取代，但在波兰、斯洛文尼亚和捷克，谷物早餐市场的发展却非常快；在亚洲，由于饮食习惯和经济原因，谷物早餐消费量非常小；但目前，如韩国、新加坡等国，谷物早餐市场发展很快。

表 5.1　谷物早餐世界性消费及市场发展趋势

国家或地区	人均消费量/kg（1997 年）	年度市场增长率/%		市场发展趋势
		市场份额增长率（1993～1997 年）	销售额增长率（1997～2002 年）	
英国	7.6	3～4	＜1	增长针对成年人健康和膳食特制品
美国	4.5	3～4	＜1	增长针对成年人健康和膳食特制品
德国	2.1	4～5	3～4	稳定或消减儿童早餐谷物市场
法国	1.5	6～8	2～4	稳定或消减儿童早餐谷物市场
西班牙	0.75	6～8	＜1	提高儿童消费量
意大利	0.5	15～25	10～20	提高儿童消费量
东欧	＜0.1	20～25	—	成为面包替代品，开发新市场
南美	0.25～1.0	15～20	—	提高城市儿童消费量，影响对早餐食用习惯
日本	0.18	3～4	3～4	正常市场推动
亚太区	＜0.1	5～15	＜0.1	通过年轻人和城市专业人士消费提高市场份额

目前，美国、日本及西欧各国对挤压技术的理论研究越来越完善，应用领域广阔，各种各样的挤压食品遍布超市货架。有关挤压技术和设备的专利已经达到数百项，产品遍及世界各地，挤压膨化食品产值超过十几亿，在消费者心中的地位也越来越重要。食品工业日新月异的发展，谷物早餐加工设备的不断完善，有力促进了谷物早餐产业的快速发展。

3. 谷物早餐食品特点

早餐的质量关乎人们一天的精神状态和营养供求。越来越多的消费者意识到一顿营养均衡的早餐对身体健康的重要性。谷物含有丰富的碳水化合物，日常生活中 21%的能量由早餐供应。经常食用谷物早餐食品还能有效增加膳食中纤维素、维生素 B_2、维生素 C、烟酸、叶酸，以及钾、钙、镁、铁、锌和铜离子的含量。表 5.2 中列举了市面上常见的几种谷物早餐食品的主要营养组成。同时，谷物早餐食品通常和牛奶一起食用，牛奶提供了丰富的动物蛋白、维生素 A、维生素 B_{12}、核黄素、钙、锌及其他营养元素。

表 5.2　谷物早餐食品的主要营养组成

营养组分	1	2	3	4	5	6	7
热量/kJ	1465.4	1745.9	1611.9	1662.2	1758.5	1704.0	1662.2
脂肪/g	1.5	3.8	＜1	2	7.0	6.4	5.2
蛋白质/g	4	7.5	6.5	5.0	5.7	3.9	9.2
碳水化合物/g	80	82.5	82.5	86	82.4	82.3	77.1
维生素 B_1/mg	0.8	0.75	1.0	0.8	0.98	0.98	0.98
维生素 B_2/mg	1.0	1.0	1.0	1.0	1.12	1.12	1.12
烟酸/mg	10.6	10.8	11.0	10.6	12.6	12.6	10.8
叶酸/μg	156.0	156.3	165.0	156.0	140.0	140.0	140.0
维生素 B_6/μg	0.9	1.0	1.3	—	1.4	1.4	1.4
维生素 C/mg	34	4.3	50	34	42	42	42
铁/mg	7.5	3.0	10	7.5	9.8	9.8	9.8
钙/mg	175	—	3	175	267	267	400

资料来源：张才科等，2012。

儿童和成人食用谷物早餐，会相对减少全天脂肪和胆固醇的摄取量，增加更多纤维素、维生素和矿物质的摄取。Hill（1995）研究表明，儿童年龄和食物成分决定早餐中蛋白质和能量日常供应量。不吃早餐的儿童比吃早餐的孩子需要更多的乳酸盐和脂肪酸以满足能量供应。不吃早餐的儿童更易发怒、头晕、头疼、感冒、耳部感染、精力不集中。Smith 等（1999）研究表明，食用早餐可提高记忆力，产生良好情绪，但对注意力没有影响；食用早餐也可提高心律，但对血压没有影响。在日常生活中，有规律食用谷物早餐对控制体重、控制心脏疾病及糖尿病均有良好的功效（Booth et al.，1996）。除了提供营养保证，谷物早餐食品的食用便捷性和较长时间的货架期符合快节奏的现代生活方式，为大部分的上班族、学生和家庭主妇提供了方便营养的早餐，适应现代新的消费趋势，有更巨大的市场成长空间。

4. 谷物早餐食品分类

谷物早餐食品通常分为两类，一类需要进一步烹煮加工才能食用，称为热食谷物早餐食品；另一类是即食食品。即食食品是 20 世纪中后期发展起来的一类食品，不需要再次加工即可直接食用，方便、快捷，又称为冷食谷物早餐食品（Serna-Saldivar，2010）。谷物早餐食品原料组成方式众多，可采用单一谷物或者几种谷物进行复配，增强食品的营养功效。同时，谷物食品中还会添加其他膳食补充原料，常见的有脱水水果或蔬菜、坚果、巧克力等，补充营养和改善风味。加入适量的盐、糖或其他糖类替代物等风味改善物质和色素类改善物质能增加产品的感官品质和市场接受度。此外，营养强化剂，如维生素、矿物质和膳食纤维等，近年来也受到越来越多消费者的关注。对美国市场上谷物早餐食品的调查表明,26 种谷类产品包含了 123 种不同的原辅配料,产品中谷类原料的含量从 35.5%到 100%呈现出大幅度的变化。

按原料的组成结构，谷物早餐食品又可分为普通谷物、预加糖谷物和混合型谷物三种。经过加工后谷物食品中原有谷物的质地、风味、营养特性均有所改变，不同加工方式对谷物和其他原辅料的影响存在较大差异，加工后产品形式也显著不同。按照加工方式和产品形状，谷物早餐食品可以分为以下几类，如表 5.3 所示。传统的谷物早餐食品是通过蒸煮和脱水工艺使谷物转变成一种更易于食用和消化的形式，并达到长期储藏的目的。按产品形状可分为整粒、切粒和片状。随着加工技术的进步，目前挤压和膨化技术已经逐渐成为谷物早餐食品的主要加工方式，膨化食品占谷物早餐产品的一半以上。其中，15%的谷物早餐是直接由挤压加工而成的，薄片状或喷射爆熟状等膨化类食品（包括挤压成型）分别占据了市面上产品数量的 35%和 26%。

表 5.3　常见的谷物早餐食品分类

产品种类	所占市场比例/%
薄片状产品（包括挤压成型）	35
喷射爆熟状产品（包括挤压成型）	26
直接挤压产品	15
整粒谷物产品	8
普通谷物产品	7
其他类型产品	9

5.1.2　燕麦类早餐食品

从 20 世纪 80 年代以来，全谷物食品的营养价值逐渐引起人们的关注。丰富的膳食纤维和抗氧化等生理活性成分通过单个组分或组分间协同增效作用构成的“全谷物营养包”具有多种保健作用。国际全谷物委员会资料表明全谷物的保健作用包括：中风危险降低 30%～36%，Ⅱ型糖尿病危险降低 21%～30%，心脏疾病危险降低 25%～28%，同时还有利于体重控制。美国、英国、瑞典等发达国家的政府与有关组织发布了许多有关全谷物的健康声称。燕麦是一种典型的全谷物原料，与其他常见大宗谷物相比，燕麦蛋白质和脂肪含量偏高；富含水溶性膳食纤

维 β-葡聚糖；含有丰富的维生素 B_1、维生素 B_2、维生素 E 和营养元素铁、钙等，能有效预防心血管疾病、调节血脂和血压水平。从营养和保健功效角度来看，燕麦是理想的谷物健康食品。

最初谷物早餐食品中常见的谷物原料主要由小麦、玉米和稻米构成。近年来随着人们对杂粮的营养和保健功效的逐渐深入认识，杂粮也成为谷物早餐的主要原料，如燕麦、荞麦、高粱等。特别是随着对燕麦营养和保健功效的逐渐深入了解，以燕麦为主要原料的谷物早餐食品日益受到消费者的喜爱。燕麦早餐食品早已成为西方发达国家广大消费者日常餐饮的重要构成部分。我国燕麦加工起步较晚，第一家燕麦片加工厂于 1986 年在内蒙古建成，这同时也是谷物早餐食品在中国正式进入工业化生产的标志。

同多数谷物早餐食品一样，市场上常见的燕麦类早餐食品多为热食型和即食型两种。燕麦片就是典型的热食型燕麦早餐产品，需要一定时间烹煮或者沸水冲泡后食用。此类为燕麦的传统早餐食品。即食型属于现在市场上主流燕麦早餐食品，随着加工技术的发展，产品类型较多，如常见的即食燕麦片、挤压燕麦片或圈、纤维状燕麦食品等。此类产品通常食用方便，具有一定脆性和质构，大多数制品伴随焙烤香味，深受消费者喜爱。按照所用原料的种类和配方，燕麦类早餐食品又分为单一燕麦早餐食品和复合型燕麦早餐食品。复合型燕麦食品中常常复配其他谷物原料，如小麦粉、玉米粉、米粉等，或者一些风味和营养物质，常见的有核桃、芝麻等各种坚果和脱水果蔬等，起到改善产品的口感和丰富营养的功效。根据最终产品的形状，燕麦类早餐食品分为以下几类。

1. 普通籽粒类产品

普通籽粒类产品是指燕麦原料经过传统热处理后最终依旧保持了燕麦籽粒的形状。此类产品是典型的全谷物产品。美国食品药品监督管理局对全燕麦产品给出的定义是含有完整燕麦籽粒的产品，产品标签中健康声称（21 CFR101.81）表示全燕麦产品必须提供至少 4%（干基）β-葡聚糖可溶性膳食纤维和至少 10%（干基）总膳食纤维含量。

普通籽粒类燕麦早餐产品通常分为燕麦籽粒和切粒燕麦两类（图 5.1）。此类食品通常需要较长时间的加热烹饪，但因具有较好的咀嚼性和质地，受到部分消费者的喜爱。切粒燕麦是燕麦全籽粒在传统蒸汽或焙烤处理后进行钢丝切割而成的碎粒状产品，产品形状较为均匀一致，又称为针头燕麦或爱尔兰燕麦。切粒燕麦保留整粒燕麦的咀嚼感，但相对于整粒燕麦具有易烹饪性的特点。此类产品适合与调味品、水果和糖浆一起混合食用，风味更佳。

由于需要较长时间的烹煮和口感偏硬，目前这一类早餐产品在市面上已较少流通。但此类产品已进行一定程度的加热处理，水分含量低，杀死和钝化部分微

（a）燕麦籽粒

（b）切粒燕麦

图 5.1　普通籽粒类燕麦早餐产品

生物和酶活，不易霉变和油脂氧化而产生哈喇味，比新鲜原料更容易储藏。同时，此类产品中的淀粉已经部分糊化，可作为后期进一步加工燕麦片或其他燕麦食品的预处理原料。

2. 传统片状类产品

燕麦片是燕麦早餐食品的重要产品类型，是将熟化（蒸煮或焙烤）处理后的燕麦籽粒进行轧制而成。也有的是将熟化处理后的燕麦籽粒先进行切割处理（2～3 段），再进行轧制加工（图 5.2）。

（a）燕麦片

（b）快熟燕麦片

图 5.2　传统片状类燕麦早餐产品

燕麦片完整保留了燕麦籽粒的所有组织和营养，但由于轧制成薄片而具有较好蒸煮性，比燕麦籽粒更容易熟化，烹饪时间较短。烹饪时间通常由燕麦片的大小和厚薄程度而定。有时候为降低燕麦片的蒸煮难度，采用切粒燕麦进行轧片或轧制成更薄的片状，称为快熟燕麦片。或者在快熟燕麦片基础上切割得更小、轧制更薄，同时增加熟化的强度，使得产品无须烹煮，直接用沸水冲泡后食用，这种燕麦片称为即食燕麦片。不同片状燕麦产品厚度不同，其厚度分布如表 5.4 所示。

表 5.4　不同类型燕麦片的厚度分布

燕麦片类型	普通燕麦片	快熟燕麦片	即食燕麦片
厚度/mm	0.508～0.762	0.356～0.457	0.279～0.330

资料来源：Webster 和 Wood，2011。

3. 膨化类（包括挤压）燕麦产品

膨化类早餐食品通过加压、加热处理后使谷物原料本身的体积极度膨胀，内部的组织结构也发生了变化，再进一步加工、成型后制成。此类产品具有网状组织结构、多孔蓬松、口感香脆和酥甜、形状繁多的特点，同时有利于原料自身营养的消化和吸收而备受消费者喜爱，已成为市面上谷物早餐食品的主要产品类型。

市面上燕麦类早餐食品中，挤压膨化类燕麦产品也占据了很大的市场。常见的产品类型有燕麦圈、膨化燕麦片、膨化燕麦籽粒（全籽粒或切粒籽粒）等。与传统的燕麦籽粒类产品和燕麦片相比，此类产品无须再加工，属于即食类产品。挤压或膨化加工时的高温处理在保留燕麦原有风味基础上给予产品更为浓郁的焙烤香气；酥脆的质地同时避免了燕麦纤维带来的粗硬口感。最终产品的食用品质得到改善，感官质量得以提升。

此类产品通常与牛奶搭配食用。从营养上而言，燕麦类食品能满足一定量的能量和营养需求，但营养价值有限，不能作为牛奶的替代品。因此，与牛奶搭配食用能更好提供早餐所需的能量和营养。随着时代进步，现代加工技术开始在燕麦早餐食品加工过程中将牛奶和燕麦原料混合，再进一步加工成固定形状，烤炉焙烤后冷却，即可得到营养和风味俱佳的谷物和牛奶共同食用的燕麦类早餐食品。此类产品进一步消除了传统燕麦早餐食品与牛奶一起食用的不方便性，更加适合现代快节奏的消费趋势。通常，此类产品会添加一定量糖分来保持形状和口感，或在产品表面涂裹一层糖衣，焙烤后在表面形成一层薄薄的、具有一定硬度、发亮的外壳，提升了产品的口感和感官品质。但需要注意的一点是，过高的含糖量不太利于消费者的健康。目前，市场上此类产品也很多。除牛奶外，其他的营养和风味物质均可按一定比例添加进来，满足更多消费者对于风味和营养的需求。

5.2　燕麦类早餐食品的加工技术

燕麦类早餐食品的加工工艺通常包括清理、分级、脱壳、灭酶、熟化、成型、焙烤、冷却、营养和风味强化及包装等步骤（图 5.3）。燕麦原料首先要进行基本的清理和分级等预处理。皮燕麦需要进一步进行脱壳处理，裸燕麦则不需要进行此工艺。预处理后的燕麦籽粒即可进行储藏或流通环节等待下一步加工，或直接进入燕麦类早餐食品加工环节。

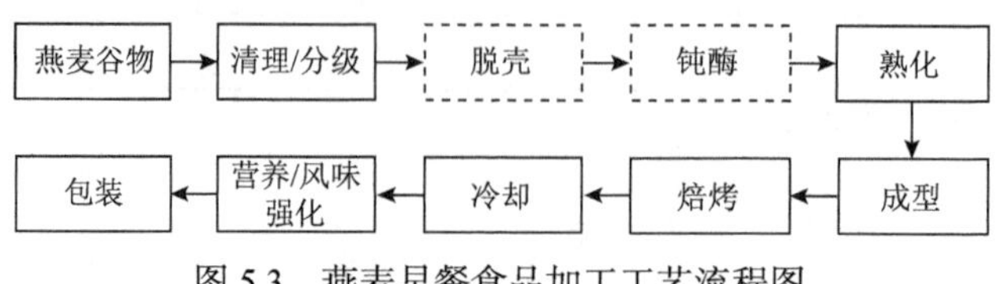

图 5.3 燕麦早餐食品加工工艺流程图

相比其他谷物原料，燕麦具有更高的脂肪含量，且燕麦籽粒中含有脂肪酶和脂肪氧化酶，加工过程中，如切粒和轧片过程会破坏燕麦籽粒的完整性，脂肪与酶接触后在氧气参与下造成氧化变质，导致油脂的氧化和风味的败坏，令产品产生令人不愉快的气味，最终影响产品的感官品质和货架期。因此，燕麦早餐食品加工有时候会在加工前增加灭酶处理环节。

熟化工艺是谷物类早餐食品加工中最重要的加工步骤，其目的是保证淀粉的部分或充分糊化，同时也是后期成型工艺的重要物质基础。谷物中淀粉颗粒在适当温度下（各种来源的淀粉所需温度不同，一般为 60～80℃）与水充分结合，发生溶胀、分裂等现象，淀粉粒中有序及无序（晶质与非晶质）态的淀粉分子之间的氢键断开，分散在水中成为胶黏化淀粉基质，包围和维持其他原料成分及各种加入成分。这种半均相物质在适当温度和水分下，经后期成型工艺处理能直接形成各种需要的形状。

最初的谷物熟化是通过蒸煮工艺完成的，传统的燕麦片类早餐食品是采用蒸煮、轧片、干燥（焙烤）工艺生产加工制成的。蒸煮工艺包括常压蒸煮和蒸汽加压蒸煮两种方式。随着技术的更新发展，越来越多的新技术开始应用于燕麦早餐食品的加工。欧美发达国家于 20 世纪 70 年代开始将挤压技术运用于谷物早餐工业，谷物早餐食品得到迅速发展和更新，产品类型日益丰富。目前，挤压膨化类谷物早餐食品占据了早餐食品一半以上的市场。除挤压技术外，谷物早餐加工产业涌现了许多新的膨化技术，常见的有烤箱膨化技术、气流膨化技术、喷射膨化技术、真空膨化技术等。相对于传统的蒸煮熟化技术，此类新技术加工速度更快（几十秒到几分钟），高效节能，配备不同形状的模具可以生产多种形状的产品，新的组织形态减轻了燕麦膳食纤维粗硬口感，产品风味得到改善，符合现代消费发展趋势。

后期进一步的焙烤工艺能增加产品的香味，改善燕麦产品的色泽，口感更佳。焙烤工艺参数非常关键，直接影响产品的最终感官品质，包括颜色、风味、质构和货架期。焙烤工艺通常通过烤炉完成，包括旋转式焙烤和平板式焙烤。前者是工厂常见的方式，适合于片类燕麦产品。后者适合体积较大的产品，如膨化的燕麦产品。

加工中的高温处理会导致一些营养的损失，如维生素等。因此，在燕麦早餐食品加工后期会添加一些营养素成分来强化营养，或者添加调味剂、风味和色泽改善物质，提升产品的感官品质。加工后的产品经过包装、贴标签，最后进入流通市场进行销售。

5.2.1　传统燕麦片早餐食品加工技术

传统燕麦片早餐食品加工是直接将全粒燕麦或切粒燕麦经过传统汽蒸熟化工艺后直接轧片而成的早餐食品。此类产品基本包含了燕麦籽粒的全部营养组分。

1. 加工原理

燕麦中淀粉的含量在 60%左右，淀粉是一种亲水胶体，与水接触后，水渗透进入淀粉颗粒发生膨胀现象。汽蒸过程中的高温导致吸水的淀粉颗粒进一步膨胀后破裂，淀粉糊化形成一种胶黏化淀粉基质。淀粉糊化后质地变软，胶黏化的特性保证了后期轧片工艺的顺利进行。同时，汽蒸也完成燕麦原料的熟化过程，进一步起到杀菌、灭酶的效果。

2. 加工工艺

传统燕麦片（普通和速煮燕麦片）加工工艺流程如图 5.4 所示。

1）切粒

传统燕麦加工通常分整粒轧片和切粒轧片两种。切粒是通过转筒切粒机将燕麦切成 1/2～1/3 大小的颗粒。切粒轧片的燕麦片型整齐一致，容易压成薄片而不易产生较多粉末。切割时产生的粗粉可采用平筛进行分离，圆形吸风分离器可以去除黏附于小燕麦籽粒上的糠皮碎片。同时配备袋孔分离机，将未切割的燕麦籽粒分离出送回切割机。

2）汽蒸

传统燕麦片产品加工必须经过加热处理步骤。汽蒸是最常见的加热处理步骤，包含 3 个目的。首先是熟化，特别是速煮燕麦片。其次是软化燕麦籽粒。通常原料自身水分含量在 9%～12%，硬度较大，直接轧片时容易破碎，影响产品最终的感官品质。汽蒸处理增加了籽粒含水量，软化了籽粒，同时淀粉的糊化增加了籽粒的韧性，减少轧片时的破碎率和粉末的生成。最后，汽蒸起到进一步的灭酶和杀菌效果。

最初采用的蒸煮设备是间歇式的蒸汽蒸煮设备。设备比较简单，容易操作，在一些小型加工厂中比较常见。间歇式蒸煮设备通常采用锥式蒸煮锅（立式蒸煮锅），外形结构简单。钢板制成的圆柱圆锥体联合形式，上部是圆柱形，下部是圆

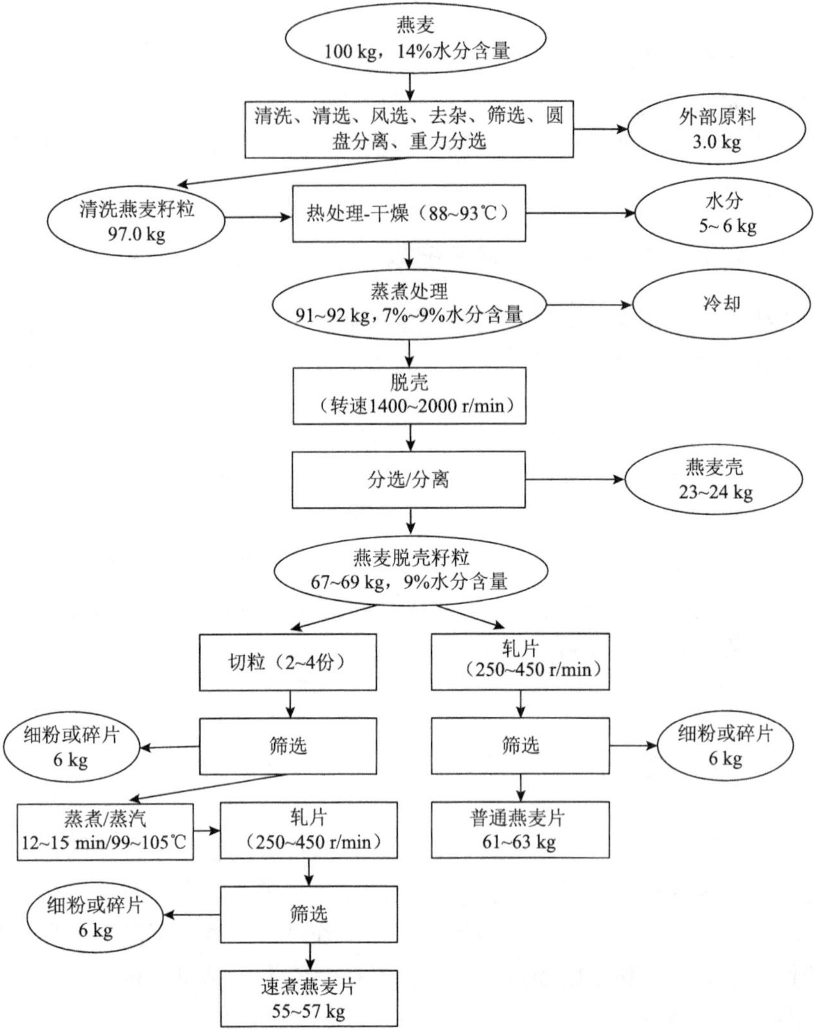

图 5.4　传统燕麦片（普通和速煮燕麦片）加工工艺流程图

锥形，焊接而成。加料口和排汽阀位于蒸煮锅的上部，取样孔、蒸汽喷嘴和加热蒸汽管位于蒸煮锅下部。蒸汽喷嘴是蒸煮设备的核心部位，其孔径和数量需与物料通过量及蒸汽通过量相匹配，直接决定物料的加热速度和均匀度。蒸汽从底部锥形部分进入蒸煮锅中，利用蒸汽循环搅动原料，或设备自身配置搅拌装置，保证蒸煮过程物料受热的均匀性。大部分蒸煮锅承受的压力在 3920 kPa 左右。间歇式蒸煮设备通常容易导致蒸汽与原料接触不均匀，存在蒸煮时间较长、原料很难彻底糊化、蒸汽量消耗较大、设备利用率低、劳动强度较大等缺点。

随着技术的进步，目前燕麦片加工主要采用连续式的蒸煮设备。与传统方法比，其蒸煮效果更好，淀粉糊化更加充分，设备利用率和热能利用率大幅提高，劳动生产率增加，蒸汽与物料接触迅速均匀，时间更短，节约蒸汽，降低能耗，生产容易实现机械化、自动化，生产管理方便，设备占地面积更小，生产能力扩大。

通常汽蒸环节的时间为 12~15 min，籽粒的温度达到 99～105℃（Ganssmann and Vorwerck，1995）。蒸煮过程能增加燕麦籽粒 3%～5%的含水量。蒸煮的均匀性是蒸煮过程中特别要注意的环节，保证整个物料温度和含水量的平衡与均匀，才能保证轧片环节有较低的破碎率。因此，在汽蒸过程中，必须尽量满足物料均匀地喂入和排出、蒸汽的饱和度尽量高、蒸汽在物料和处理期间尽量均匀分布。

3）干燥

燕麦加工过程中，窑式烘干机是最传统的、最常见的烘干方式。出于更高的卫生要求和更经济的能耗需求，现在窑式烘干机已经在原有基础上有了很大程度的改进。

4）轧片

通常工艺要求轧片时水分含量为 15%左右。汽蒸结束后的燕麦片经过喂料机形成均匀的物料幕进入轧片机中轧片处理。轧片设备采用双辊轧片机，能形成均匀的燕麦片，片的厚度通常控制在 0.5 mm 左右，过厚会增加煮制时间，太薄产品又易碎。双轴之间的间歇通过空气压力来控制，厚度由间隙和最终产品的类型控制。Vorwerck（1988）采用全籽粒模型研究了燕麦片的厚度和强度之间的相关性，发现燕麦片最终的厚度与轧片前燕麦籽粒的堆积密度呈极显著的正相关关系（图 5.5）。

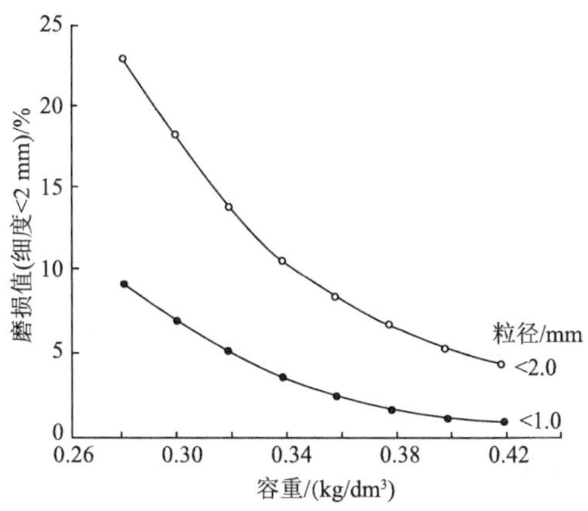

图 5.5　燕麦片的厚度和轧片前燕麦籽粒的堆积密度之间的相关性

5）干燥和冷却

轧片后的燕麦片必须经过干燥和冷却步骤，便于后期的包装和保存。需要将燕麦片从 90～95℃、14%～15%水分含量迅速降低到 5～10℃和 10%～12%的水分含量。燕麦片较薄，接触面积大，干燥时稍加热风，甚至只鼓冷风就可达到干燥的目的。干燥设备通常选用流化床干燥机。干燥之后，产品冷却至常温。通常采用气流方式冷却，再通过摇动筛分级除去团块和细粒，即得成品，包装后上市。

6）包装

一般采用气密性较好的材料，如镀铝薄膜、聚丙烯袋、聚酯袋。另外，燕麦片是一种速食食品，卫生要求高，蒸煮工艺后尽量做到系统内无菌化生产。

5.2.2 挤压类燕麦早餐食品加工技术

传统的燕麦早餐食品采用蒸汽蒸煮方式，包括燕麦片、切粒燕麦等产品。随着加工技术不断进步，挤压技术进入谷物早餐食品的加工中，挤压蒸煮过程逐渐替代了传统蒸汽蒸煮的方法。与传统汽蒸生产工艺相比，挤压加工改善传统加工技术，缩短加工时间，丰富了最终产品类型，降低劳动强度和耗能，改善了产品组织形态和口感，提高产品质量，逐渐成为大多数谷物早餐食品加工的主要技术之一（Serna-Saldivar，2010）。

1936 年，第一台应用于谷物加工的单螺杆挤压膨化机问世，并第一次开始在谷物方便食品的生产中进行应用，生产膨化玉米圈。美国用挤压机生产小学生食品，深受消费者的欢迎。20 世纪 50 年代初，由于省时省力，挤压蒸煮技术很大程度上取代了当时的饼干焙烤。1856 年，美国沃德申请了第一份有关膨化的专利。60 年代中期，高温高压短时杀菌挤压机用于对食物进行有效热处理、杀菌、钝化酶活性，对营养成分破坏较少。挤压膨化技术在早餐食品加工领域得到迅速发展，正式进入到工业化谷物早餐食品加工中，许多发达国家对挤压膨化相关的设备和工艺相继做了广泛研究。

近年来，挤压食品已经成为单独的一大类方便食品，其应用已经扩展到方便休闲食品、快餐、儿童营养食品等领域。除食品加工，挤压技术已广泛应用于饲料加工业、发酵工业等。

由于食品工业日新月异的发展，挤压机不断改进与换代，挤压理论在不断完善，挤压食品种类也越来越多。20 世纪 90 年代，世界已有法国 Clextral 公司、瑞士 Buhler 公司、德国 WP 公司、美国 Wenger 公司、意大利 Pavan-mapimpiantis 公司等为代表的食品挤压机著名厂家。这些公司生产的双螺杆挤压机已经能够实现温度、压力、转速的自动调节和数字显示。同时，螺杆挤压机的生产能力得到大幅度的提高，大型双螺杆挤压机的生产能力可达每小时几吨到几十吨。

1. 挤压加工技术原理

概括来说，食品挤压加工是当食品物料经过高温高压挤压机处理后突然释放到一个常温常压环境时，物料的内部结构和性质发生变化的过程。

含有一定水分的疏松原料从加料斗被送入挤压机中，随着螺杆螺旋的推动作用，物料沿着螺槽方向向前轴向输送。在挤压筒内，由于受到卸料模具或套筒内节流装置（如反向螺杆）的反向阻滞作用，固体物料逐渐压实；同时物料与螺旋和挤压机筒，以及物料内部产生强烈的机械摩擦。这些综合作用的结果使物料处于高达 3～8 MPa 的高压和 200℃左右高温的状态之下。在这种高温高压的环境和强烈搅拌、混合、剪切等作用下，物料温度开始升高，淀粉颗粒发生解体、糊化、裂解，进一步细化和均化，形成熔融状态。随着机腔内部压力的逐渐增大和温度相应地不断升高，在强大压力差下物料从一定形状模孔瞬间挤出，由高温高压瞬间降至常温常压，导致游离水分急骤汽化，产生了类似于“爆炸”的情况。物料急剧膨化，水分从物料中的逸散，同时带走大量热量，使物料温度从挤压时的高温迅速降至 80℃左右，瞬间内结构突变成片层状疏松海绵体，固化定型并保持膨胀后的形状。最后切割器对成型的产品进行切割，形成体积膨大数倍到十几倍、形状酥松、多孔、酥脆的挤压产品。

同湿热蒸煮一样，挤压蒸煮过程同样是将淀粉聚合体从结晶状态转变为无序状态，但两者之间存在很大的差异。在挤压过程中，塑化（流体化）作用对淀粉分子结构产生特定的影响。食品物料这种蓬松结构的形成是加热蒸煮时水蒸气的释放和挤压时压力的释放共同导致的。湿热蒸煮过程中淀粉的糊化作用是可以忽略的，但在挤压蒸煮过程中，它对剪切作用是非常敏感的，这样有助于淀粉分子的重新排列。由于塑性和剪切的共同作用，有助于获得各种各样的分子结构，使流体产生各种功能特性，从而有助于获得各种不同特性的产品类型。

2. 挤压机的结构和工作原理

典型的挤压机通常由进料系统、调质器、挤压组件等组成（图 5.6）。

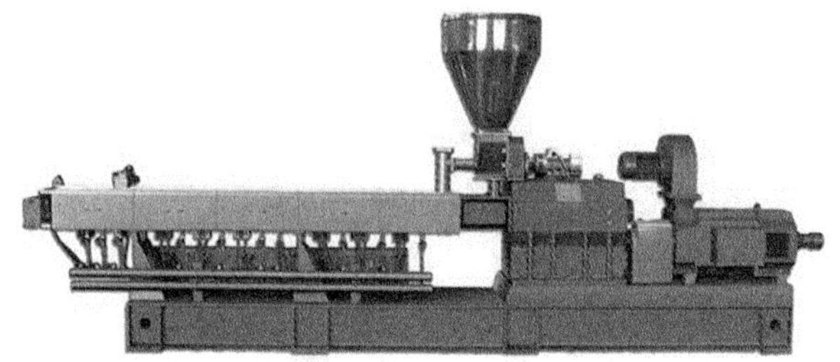

图 5.6　螺杆挤压机示意图

1）进料系统

进料系统通常接有缓冲仓，以储存一定量的物料，仓内物料在喂料器的推送下，连续均匀地进入调质器中。该装置把储存于料仓的各种易黏结、不能自由流动的混合配料均匀而连续地喂入机器之中，确保挤压机稳定地操作。螺旋进料系统是最常见的形式，进料段常采用变径或变距螺旋，以保证缓冲仓出口均匀卸料。螺旋的直径和螺距，应与膨化机的生产率相适应，以避免供料波动。进料系统的转速是可调的，根据挤压机的工作情况随时调整进料量，通常转速要高于100 r/min，尽量减少低速引起的供料波动现象，保持进料的稳定性。

2）调质器

谷物原料具有一定的硬度，自身含水量通常在8%～12%，难以达到较好的膨化效果。因此，在进行挤压加工处理前需要进行调质。调质器是一种将蒸汽和液体等添加剂与原料充分混合的机械装置。原料在容器中先与水或蒸汽进行均匀混合，提高原料水分含量和温度，从而易于使原料部分或全部糊化。物料软化后，更具可塑性，有效改善了物料的膨化性；避免了在膨化过程中大量的机械能转变为热能，提高产量，降低能耗；同时减缓了螺旋、汽塞、挤压腔的磨损，延长了设备部件的使用寿命。

调质器主要由外腔和桨叶式转子组成，桨叶式转子分为单轴桨叶式转子和双轴异径差速桨叶式转子两种，以单轴桨叶式转子居多。通常调质器还配备蒸汽夹套，通过加热和保温来保证一定时间内水分与物料充分混合和吸收。一般桨叶式调质器转速不低于100 r/min。桨叶的角度可调，通过对其桨叶角度的调节可以使调质时间在几十秒至两百多秒内变动。如需增加调质时间，可增加大径低速正桨叶片与桨叶轴的夹角。适当减小小径高速反桨叶片与搅动轴的夹角，可加剧反桨叶片对粉料的逆向搓动，减少物料黏壁滞留现象。

3）挤压组件

挤压组件是挤压机的核心工作部件，包括挤压腔、螺杆、汽塞和揉切块等机械部件。在挤压腔中，物料紧贴螺杆的周围呈螺旋形的连续带状，螺杆转动时物料沿着螺旋向前轴向移动。但当物料与螺杆的摩擦力大于物料与机筒的摩擦力时，物料将与螺杆产生共转，产生的阻力限制了物料的向前挤压和输送。物料与螺杆的摩擦力与物料的水分含量和化学组成有关，水分和油脂含量越高，这种反阻力量越强。为避免这些问题，现在大多数的单螺杆挤压膨化机采用分段式，单、双螺旋，压力环与捏合环交错排列的组合螺杆和内壁开槽机筒，以适应机腔内物料的变化情况。

（1）挤压腔：通常为圆筒状，为增大与物料的摩擦剪切力，与螺杆仅有少量间隙。挤压腔内壁有直沟型和螺旋沟型，直沟型有剪切、搅拌作用，一般位于挤压机膛中段；螺旋沟型有助于推进物料，通常位于进料口部位，靠近模板的节段也设计成螺旋沟型，使模板压力和出料保持均匀。挤压腔也可做成夹套型，方便通入蒸汽或冷却水。为便于操作，一般在挤压腔上安装有压力传感器和温度表。

（2）螺杆：分单头螺杆和多头螺杆。螺杆的材质是衡量螺杆质量的重要指标，不同材质的耐磨性差异较大。目前市场上的螺杆材质主要有：40铬钼铝、高铬铸铁，以及不锈钢及合金钢渗碳、渗氮、渗碳化钨处理材质。表示螺杆结构的参数主要有：直径、螺距、根径、螺旋角和叶片断面结构。

（3）汽塞：汽塞的目的是阻碍物料在挤压腔内的流动。当物料从一个螺旋传送到另一个螺旋时，汽塞可使物料内外翻转，伴随着流动和混合。同时，汽塞可以产生高低不同的剪切区域，有很强的剪切和揉搓效果，对通过的物料有强烈的摩擦作用，升温效果显著。通常通过改变汽塞的使用数量和直径来得到不同膨化度的产品。

（4）出料装置（模孔）：作为挤压机的最后关卡，出料装置决定了产品的形状、质地、密度及外观特征，也称为成型装置。模孔对物料应有适当的控制，保证足够长度的挤压腔被充满。因此，模孔还决定了挤压机的生产量。挤压机的出料通常有单孔出料、环隙出料及模孔出料 3 种形式。

（5）切割装置：切割装置的作用是将产品切割成一定的长度，与模具配合给予产品一定的外形。产品生产过程中需要对挤压后的产品表面进一步进行造型处理。挤压加工系统中常用的切割装置为端面切割器。切割刀具旋转平面与模板端面平行，通过调整切割刀具的旋转速度和挤压产品的线速度来获得所需挤压产品的长度。通常在操作之前就调整好切刀与压模的间隙，刀片位置可以个别调整；对成型要求较高的场合，一般采用弹簧刀片，刀片与模面保持接触。

（6）蒸汽系统：蒸汽是调质时水分和热量的来源，其质量的好坏直接影响调质的效果。桨叶式调质器在安装时必须合理地设计蒸汽管路，使用稳定可靠的蒸汽减压阀和疏水阀，保证进入调质器的是压力稳定的干饱和蒸汽；蒸汽应从切线进入调质器，沿轴向喷出使之与粉料混合更强烈；蒸汽方向不可垂直对着调质器轴，那样不仅达不到好的混合效果，反而使蒸汽对调制质器轴产生“汽蚀”而割断调质器轴。调质时应根据原料和配方及气候的变化选用合适的蒸汽压力和添加量，湿度大的季节、原料水分含量高时应适当提高蒸汽压力、减少蒸汽添加量；干燥季节、原料水分含量低时应降低蒸汽压力、增加蒸汽添加量；夏天室温较高，可降低蒸汽压力，因为低压蒸汽释放热量和水分更为迅速；冬季气温低，可提高蒸汽压力，增强调质温度，减少蒸汽管道中的冷凝水，有助于粉料的熟化。

（7）电控装置：挤压加工系统控制装置主要由微电脑、电器、传感器、显示器、仪表和执行机构等组成。其主要作用是：控制电机，使其满足工艺所要求的转速，并保证各部分协调地运行；控制温度、压力、位置和产品质量，实现整个挤压加工系统的自动控制。由于膨化原料的特性不同，膨化机的产量差距很大。喂料器和切刀的转速应可调。控制柜应安装在现场，便于操作员随时调整。

3. 挤压加工技术特点

相对于传统蒸汽蒸煮技术，挤压技术生产工艺简单，加工过程温度高、时间短，食品营养成分几乎不被破坏。挤压加工在淀粉糊化后破坏其微晶束结构，即使温度降低后也不易再形成微晶束，因此长时间放置不会发生老化现象（即回生）；

改善了谷物原料粗硬的组织结构；高温产生的美拉德反应增加了食品的色、香、味，改善食用品质，使食品具有体轻、松脆、香味浓郁的独特风味。

挤压技术在挤压加工过程中同时完成混合、破碎、杀菌、压缩成型、脱水等工序，使生产工序显著缩短，制造成本降低，同时可节省能耗 20%～40%。整个加工过程在密闭容器内进行，不会产生浪费和向环境排放废水和废气，环境友好，无污染；产品口感好，产品类型多样化，食用方便，消化性好。只要简单地更换模具，便可方便地改变产品的形状。同传统生产工艺相比，挤压膨化技术极大地改善了谷物食品的加工工艺，缩短了工艺过程，丰富了谷物食品的花色品种，降低了产品的生产费用，减少了占地面积，大大降低了劳动强度，同时也改善了产品的组织状态和口感，提高了产品质量。

此外，挤压技术不要求以特定的颗粒状或片状的原料形态，任何谷物粉状原料均可以通过挤压技术生产谷物早餐食品。采用挤压技术生产燕麦早餐食品，原料配方可以多样化，按照不同配方比例添加其他谷物原料（如小麦粉、玉米粉、糙米粉等）或者燕麦麸皮等，丰富燕麦早餐食品的口感和营养保健功能，满足消费者日益增长的营养需求。从产品形状来看，挤压技术既可以生产基本片状的燕麦片产品，也可以塑造膨化的燕麦圈、纤维状燕麦产品等类型。因此，挤压技术促进了燕麦早餐食品新品种和新类型的开发。

随着食品挤压加工的广泛应用和发展，挤压加工设备类型日益增多，挤压机分类方法也多种多样。按照受热方式，挤压机分为自热式挤压机和外热式挤压机。自热式挤压机在挤压过程中所需的热量来自物料与螺杆之间、物料与机筒之间的摩擦。挤压温度受生产能力、水分含量、物料黏度、环境温度、螺杆转速等多方面因素的影响，故温度不易控制，偏差较大。该设备转速可达 500～800 r/min，产生的剪切力也比较大。自热式挤压机可用于小吃食品的生产，但产品质量不易保持稳定，操作灵活性小，控制难度较大。外热式挤压机依靠外部加热的方式提高挤压机筒和物料的温度，加热方式有蒸汽加热、电磁加热、电热丝加热、油加热等。根据挤压过程各阶段对温度参数要求的不同，挤压机可设计成等温式挤压机和变温式挤压机。等温式挤压机的筒体温度全部一致，变温式挤压机的筒体分为几段，分别进行加热或冷却，达到温度分级控制的目的。

按照螺杆数量分类是最常用分类方法，即把挤压机分为单螺杆挤压机和双螺杆挤压机两大类。单螺杆挤压机在机筒内只有一根螺杆，依靠螺杆和机筒对物料的摩擦力达到输送物料和形成一定压力的目的。双螺杆挤压机是在单螺杆挤压机的基础上发展起来的，其套筒横截面呈现“∞”型，螺杆与机筒之间形成扭曲的、近于闭合的 C 形空间，加工过程中物料将充满这个空间并且被向前推送。随着物料逐渐被压实，套筒内部会逐渐产生内压力。同时，由于双螺杆挤压机在 C 形开口处总有另一根螺杆的螺旋齿板旋转着，即一螺杆的齿板对应着另一根螺杆 C 形空间中的物料，起到挡板的作用，故物料不会出现共转，而机筒表面也可做成光滑表面，避免不必要的摩擦而降低能耗。与单螺旋挤压机相比，双螺旋挤压机物料输送不仅仅依靠摩擦力，而是正位移输送泵滑移，这样能在部分填料情况下输送物料；生产能力不受物料本身特点（水分和脂肪含量）的限制；能耗低，热分布更均匀。单、双螺旋挤压机均可以用于生产燕麦原料的谷物早餐食品，但由于结构的不同，特点存在一定的差异，如表 5.5 所示。

表 5.5　单螺旋挤压机和双螺旋挤压机的主要特点

序号	单螺旋挤压机	双螺旋挤压机
1	靠机器挤压自然膨化	靠外部加热和挤压
2	温度不易控制	可以恒温
3	只能膨化具有一定颗粒度、脂肪含量低的谷物	能以各种谷物粉为原料，并加入 6%的油脂进行膨化
4	容易产生倒粉现象	不产生倒粉现象
5	膨化前不易调味，必须在膨化产品表面喷撒调味液	可在膨化前调整各种风味，可以加入奶粉、蛋粉、糖粉和调味液等
6	机器使用一段时间后要更换易损坏零件	不易损坏零件
7	物料易黏附螺杆	具有自身排清的功能
8	可加工产品：各种膨化食品、速溶谷物粉粉丝、锅巴类小食品、速食方便米粥等	可加工产品：虾球和麦圈等膨化食品、高蛋白米粉、速食挂面、淀粉软糖、粉丝、速食米饭、米粥、冷面、变性淀粉、膨化饼干、面包干等

4. 挤压燕麦类早餐食品加工工艺

根据挤压后产品的形态，挤压燕麦类早餐食品分为非膨化类挤压食品和膨化类挤压食品。非膨化类挤压燕麦早餐食品主要是利用挤压机完成蒸煮过程，再进行成型工艺，常见的产品类型有挤压燕麦片。膨化类燕麦早餐食品又分为直接膨化和间接膨化两类。直接膨化燕麦食品又称为一次膨化食品，是指燕麦等原料经挤压机模具挤出后，直接达到最终产品所需的膨化度、熟化度和产品造型，不需要后续进一步加工。该种产品只须依据产品的特点及需求，在挤出膨化后进行调味和喷涂。间接膨化燕麦食品又称为二次膨化食品，是指燕麦原料经挤压机模具挤出后，没有膨化或只产生较小程度膨化，后期再采用微波、焙烤、油炸、炒制等来完成最终产品的膨胀和成型。此外，还有在产品成型后填充果酱、巧克力酱等夹心的产品，如常见的纤维状燕麦挤压产品。

1）挤压燕麦片加工工艺

随着挤压技术的广泛应用，挤压燕麦片也成为市面上常见的燕麦早餐食品。

与传统燕麦片加工方式的差异在于挤压燕麦片采用挤压蒸煮代替了传统的蒸汽蒸煮，其优势在于原料配方的多样化能满足人们不同的营养需求。挤压燕麦片的原料不局限于燕麦一种原料，可以采用多种谷物原料，或者在原料中添加麸皮来增加产品的纤维含量等。多样的产品配方满足了人们日益增长的营养和保健功能需求。同时，挤压蒸煮将传统的蒸煮时间由 30～60 min 大幅缩短到几十秒到几分钟，提高了生产效率。挤压燕麦片生产流程如图 5.7 所示。

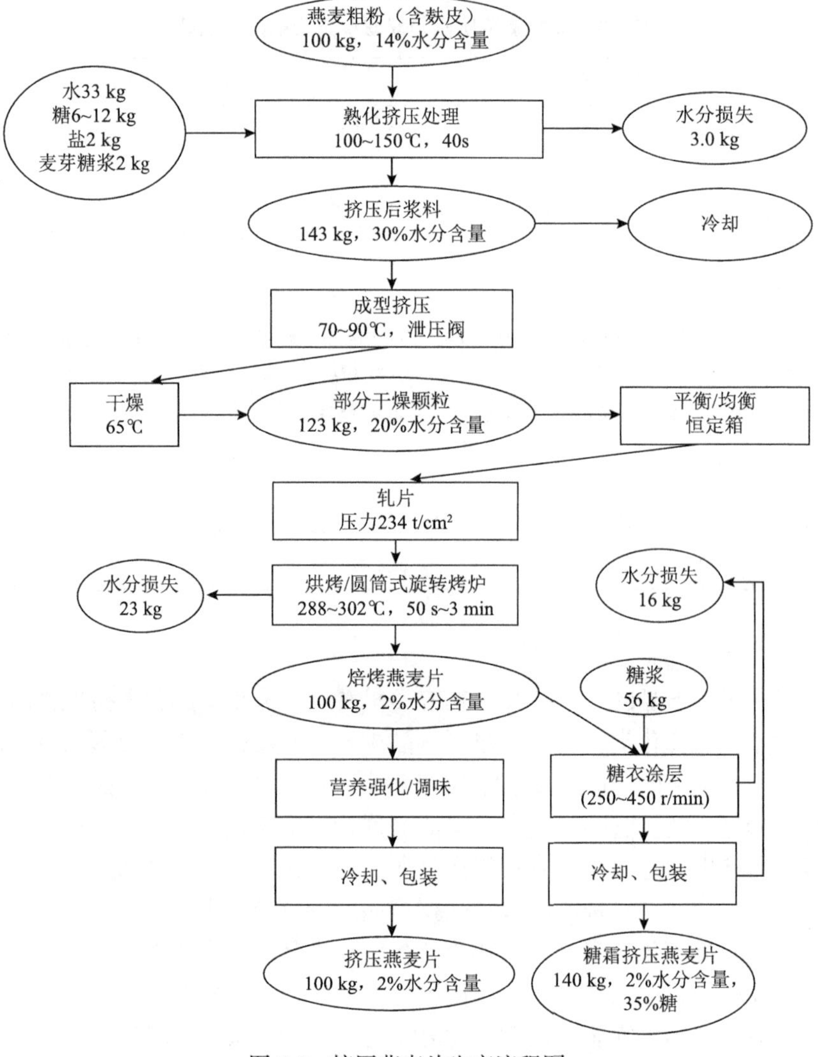

图 5.7 挤压燕麦片生产流程图

资料来源：Serna-Saldivar，2010

（1）原料筛选和混合：单一的燕麦原料或多种谷物原料经预处理后，磨粉，

40～60 目过筛，配方与各种配料经正确计量后进行混配。样品必须混合均匀，无结块，疏松。常见配料有糖、盐类等调味料，主要用来调节产品风味。

（2）熟化挤压：将配比好的原料粉置于挤压机中完成淀粉的糊化步骤。挤压蒸煮时的水分含量和挤压过程中热量和压力是挤压环节的关键。通常，挤压前通过调质机将混合原料的水分含量调节至 30%左右。挤压蒸煮时保持较高的温度和剪切力，保证原料中的淀粉充分糊化。物料温度通常控制在 100～150℃，挤压时间控制在 40 s 左右。

（3）成型挤压：蒸煮后的湿热物料经过成型挤压步骤后形成球形的小丸。相对于熟化挤压，成型挤压的温度和剪切力较低。模具挤出、冷却并干燥后切断，出口温度保持 70～90℃。挤压装备通常配备专门的卸压阀门或卸压管，用以增强挤压出小丸的密度。

（4）干燥：干燥是挤压燕麦片生产中的重要工艺操作。挤压成型后小丸的水分含量约为 23%，需要烘干将水分含量脱除到 15%～20%后才可进行轧片。干燥过程中，物料表面的水分首先蒸发，物料内部的水分先迁移到物料表面后再受热蒸发逸散。如果干燥时温度太高或者空气湿度过小，干燥时物料表面容易形成一层薄膜阻止水分的逸散，导致物料表面硬化，而内部仍然保留较高水分含量，物料内外部水分不均匀而影响后期的轧片工艺和最终的产品质量。通常烘干温度在 60～65℃，脱水至 20%左右后再进行降温、水分平衡，保持燕麦颗粒的均匀性。

（5）轧片：水分平衡后的燕麦挤压小丸采用轧片机来轧片，轧片辊将燕麦颗粒压碎成薄片状。随着加工技术的不断进步，燕麦轧片技术和装备大幅进步。滚轮之间的厚度调整和校正越来越精确，破损率得到降低。滚轮配备预热装置，在物料进入滚轮之间以前滚轮先被预热，从而降低物料和滚轮之间温度不同而导致的对产品质量的影响。

（6）焙烤：挤压燕麦片完成轧片工艺后通常直接送入烤箱焙烤。高温赋予燕麦特殊焙烤香味，同时产品形成松脆的质地和金黄的颜色，产品的感官品质得以增加。工业上通常采用旋转式烤炉或高速流化床，焙烤温度 300℃左右，时间几十秒到几分钟，具体视燕麦片的厚度和形状大小而定。与传统燕麦片的干燥技术相比，烤箱焙烤时间更短，效率更好，风味更佳。因此，近年来挤压燕麦片越来越受到消费者喜爱，市场的份额也在逐渐赶超传统的燕麦片。

（7）营养、风味强化：按照配方要求对焙烤后的燕麦片喷涂营养素、糖和各种风味物质，制备成多种口味和营养丰富的挤压燕麦片产品。大多数的营养物质，如水溶性维生素和风味物质，属于热敏性物质，如果挤压前添加，挤压过程的高温会导致营养和风味物质的损失，所以通常选择在挤压、焙烤等高温工序完成后再添加。也有的在燕麦片表面涂裹一层糖浆，形成一层薄薄的、脆的、发亮的糖衣，增加产品的口感和感官品质。但此类产品的糖分含量很高，糖尿病患者食用时需注意控制摄入量。

（8）冷却、包装：营养/风味强化后的燕麦片经过冷却后进行包装工序。由于高温焙烤过的燕麦片水分含量很低（通常 5%以下），因此对于此类产品的包装需要注意防水防潮。同时，挤压后的产品质地较为松脆，包装还要注意防碎和防氧化。

2）直接膨化燕麦类早餐食品加工工艺

直接膨化燕麦类早餐食品的工作原理是利用挤压机同时完成蒸煮和成型工艺。在挤压过程中，挤压机的套筒内保持较高的压力（3～8 MPa）和温度（200℃），由于套筒内压力已经超过挤压温度下的饱和蒸汽压，物料水分在挤压机的套筒内不会沸腾蒸发，呈现熔融状态。当物料从模具口挤出时，压力骤然降低导致水分急剧蒸发，产品随之膨胀。水分快速逸散同时带走大量热量，物料的温度瞬间降低到 80℃左右，从而使产品固化定型，得到直接挤压膨化产品。

原料经挤压膨化后，其宏观结构的变化可以用膨化制品表观密度和膨化度表示。表观密度是指单位体积膨化制品的质量。膨化度是衡量挤压膨化后产品的一个重要指标。膨化度是指膨化后制品的体积增大倍数。通常情况下，膨化度在 5 以上，就充分疏松。根据不同的要求，膨化度可控制在 10～20。

原料的品质特性对直接挤压膨化产品的膨化度影响很大，包括水分含量、颗粒的尺寸大小和分布及原料的化学组成。通常而言，原料的脂肪、纤维含量和淀粉破损率越低，膨胀率越高。谷物中玉米和大米最适合直接膨化，燕麦、小麦和大麦的膨化率偏低。特别是燕麦，油脂和纤维含量丰富，对膨胀率影响较大。采用直接膨化技术加工燕麦食品时，挤压过程中必须采用更高的剪切力，结束时必须严格控制流速。工业化生产上，也常在燕麦粉中混入其他的谷物粉，如小麦粉、大米粉、玉米粉等，以期获得较好的膨化形态。直接膨化燕麦产品生产流程如图 5.8 所示。

（1）原料预处理和混合：将燕麦粉和其他谷物粉按照一定配比混合均匀，疏松无结块，过 40～60 目筛。原料初始水分含量 12%～13%。

（2）原料调质：水分含量是影响直接挤压膨化食品的重要因素之一。由于直接挤压类产品在挤压过程中的水分不会沸腾蒸发，因此原料中初始水分含量不需太高，通常调节至 17%～18%。注意保持水分和物料混合均匀，水分充分浸润到原料中，无团块现象。

（3）挤压蒸煮：对于燕麦类谷物原料，挤压膨化时需要增加螺旋来增大挤压套筒内的剪切力。调质好的物料刚进入挤压机的套筒内时填充在螺旋的流动管中，物料温度较低（60～80℃）时物料和物料、筒壁之间的摩擦力较小，物料和空气产生轻微挤压。随着物料进入挤压机中段，物料温度瞬间上升至 90～120℃，淀粉迅速发生糊化，体积膨胀，挤压力增大，物料迅速形成热塑性面团。物料在螺

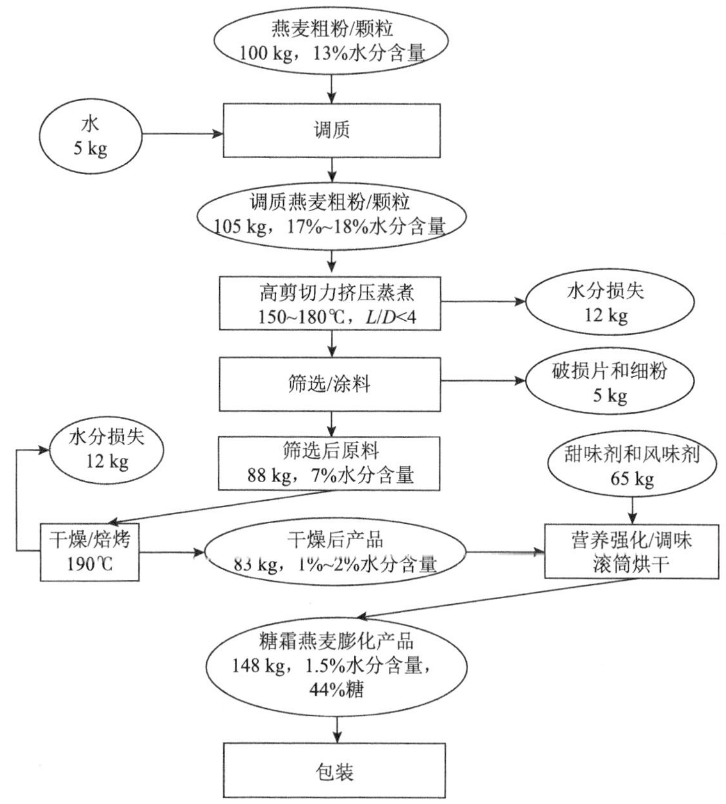

图 5.8　直接膨化燕麦产品生产流程图

L/*D* 表示挤压机长度与直径比例

资料来源：Serna-Saldivar，2010

旋带动下继续在挤压套筒中前行，物料温度进一步升高（140～180℃），压力和剪切力进一步增大，导致在挤压套筒后端时物料迅速形成熔融状态。当物料从模具口迅速挤压出时，巨大的温差使得水分快速逸散到空气中，物料体积急剧膨胀。通常，挤压膨化后膨化率达到 5%～8%。

（4）干燥、焙烤：挤压成型后的物料温度通常为 80℃，水分含量为 7%～9%。需要干燥进一步脱除产品中的水分。通常采用圆筒旋转干燥机或烤炉进行干燥，烘干温度保持在 150～190℃。直接挤压膨化类产品在挤压结束后具有较高的膨化率和疏松结构，脱水速率较快，通常干燥 4～6 min 后原料中水分可降至 1%～2%。此外，由于最初原料混合物中基本不含糖或糖含量很低，美拉德反应程度低，挤压和干燥过程的高温对产品色泽影响较小。

（5）营养、风味强化：对干燥后的燕麦产品进行营养和风味调节及喷涂。如果调味剂中添加有糖浆类物质，需要调味后再烘干，保持最终燕麦产品的水分含量在 2%以下。

（6）冷却、包装：调味后的最终燕麦产品冷却至常温后进行包装。直接膨化后的产品结构疏松，质地松脆，特别是燕麦类产品油脂含量较高，包装时需要选择适当的包装材料，防止储藏期间产品的氧化、吸潮和碰撞。

3）间接膨化燕麦类早餐食品加工工艺

间接膨化谷物类早餐食品是在挤压类早餐食品中最受欢迎的产品类型。间接膨化食品的加工通常分为两步：第一步是先挤压蒸煮形成高密度和一定强度的蒸煮小球或小丸后，再脱水形成货架期稳定的产品。由于蒸煮过程中物料温度保持在 100℃左右，原料面团在低温下成型，避免发生水分的急剧蒸发，产品膨化率很低，体积变化较小。挤压工艺主要让原料达到熟化、半熟化、组织化，以及给予产品一定形状的目的。经过此步加工的产品可作为中间体产品，在短期水分平衡后再进行第二步加工，或直接长期储藏。第二步是对中间体产品进一步膨化，常见的膨化方式有喷枪式膨化、油炸膨化和焙烤膨化等。

相对直接挤压膨化产品，间接挤压膨化产品淀粉糊化更加彻底，膨化效果和成型率更高，组织形态更均匀，口感更好，不易黏牙，膨化度也容易控制。特别是对于燕麦类膨化率较低的谷物产品，直接膨化难以达到直接成型的效果。间接膨化燕麦产品生产流程如图 5.9 所示。

（1）原料混合：将燕麦粉或者添加一定比例的其他谷物粉按一定配方混合均匀，保持疏松，无结团。原料初始水分含量 12%左右。由于挤压过程的温度较低，为保证糊化和成型顺利进行，原料中有时需添加一些增强质构的配料，如盐、乳化剂等。

（2）原料调质：调质时原料中的水分含量和水分均匀度是加工的关键环节。为使第一步挤压过程产生的中间体产品保持充分的糊化和较小的膨胀度，原料调质时需要有比直接挤压膨化更高的水分含量。通常，水分含量调至 25%～35%，同时需要严格控制物料和水分的混合速率及温度，保证水分和物料混合均匀。

（3）挤压蒸煮、成型：挤压蒸煮和成型可以分为两步进行，也可以一步完成。挤压温度通常控制在 100℃左右，物料水分含量为 25%～35%，处理时间为 15～20 s，可根据物料特性增减时间。成型部分装有泄压阀，精确控制压力的释放，避免物料体积膨胀，使挤压颗粒小丸具有一定强度。挤压出口温度控制在 70～90℃，挤压小丸的水分含量控制在 20%～25%。

（4）干燥：挤压成型的小球立刻脱水至 10%～12%。干燥是生产中间体产品的关键步骤，干燥过程中的温度和相对湿度必须严格控制，防止挤压小丸表面过热和开裂，影响最终产品品质。干燥步骤分为预干燥和干燥两步。采用持续传输带的转筒式干燥机，干燥温度控制在 60～80℃，干燥时间 1 ~ 4h，具体视挤压小丸的大小、厚度和初始水分含量而定。水分含量控制在 10%～12%即可。建议水分的平衡时间至少 24 h 以上，同时注意保持环境的恒温恒湿状态。平衡后的挤压小丸称为中间体产品，可直接进行下一步加工或者入库进行储藏。

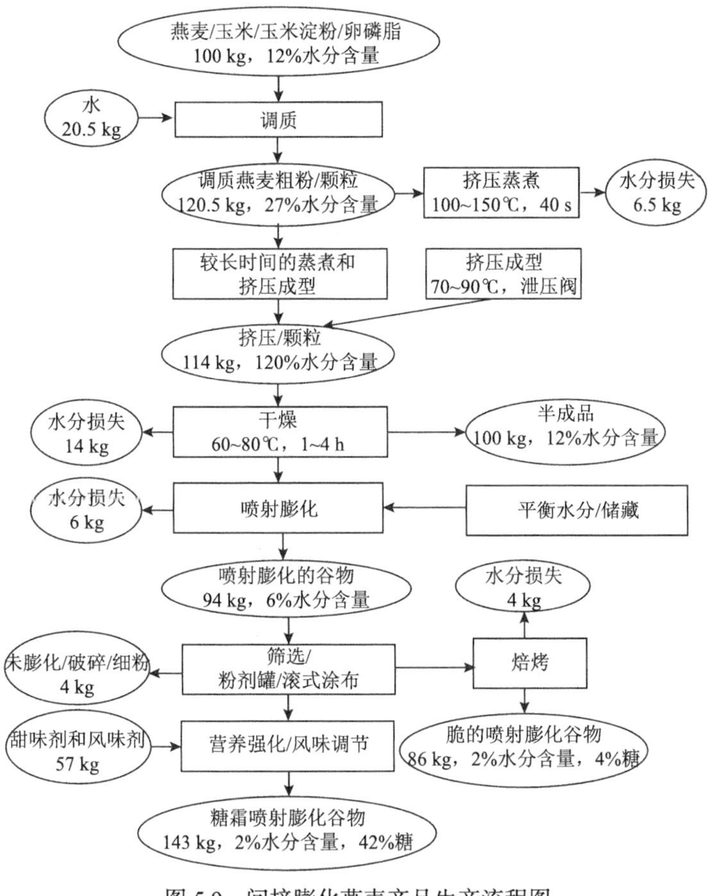

图 5.9 间接膨化燕麦产品生产流程图

资料来源：Serna-Saldivar， 2010

（5）膨化：喷枪式膨化是最常用的膨化技术，膨化速度快，产品口感、质地好，膨化率高，也称为喷射膨化。将物料放置于密闭容器中在高压环境下加热，当容器突然打开时压力的骤然变化导致水分急剧汽化，产品迅速膨化。由于物料膨化时不受剪切作用，基本保留原有形状。喷射器温度 200～260℃，压力 1034～1379 kPa。原料置于喷枪内后封闭加热，腔内压力达到设定压力后立刻开门泄压，产品在巨大压力差下迅速发生膨胀，体积可瞬间膨大 17 倍。膨化后的产品水分含量 6%～9%，再焙烤进一步降低水分至 2%～3%。

（6）营养、风味强化：进行营养和风味的调配。

（7）冷却、包装：产品冷却后进行包装，注意包装材料要能有效防潮和保护产品松脆质地。

4）挤压纤维状燕麦产品加工工艺

挤压纤维状早餐谷物食品也属于挤压膨化类食品，是与挤压膨化类食品的前期工艺一样，只是后期依靠特殊的成型机械来生产的细条状或管状食品。此类产品口感酥脆，质地较好，受到欢迎。产品最大的特点是产品中空，空腔可以填充夹心，填充物料如果酱、巧克力酱、花生酱等易凝固的酱状物料。产品形式新颖，风味独特，广受消费者好评。挤压纤维状燕麦产品生产流程如图 5.10 所示。

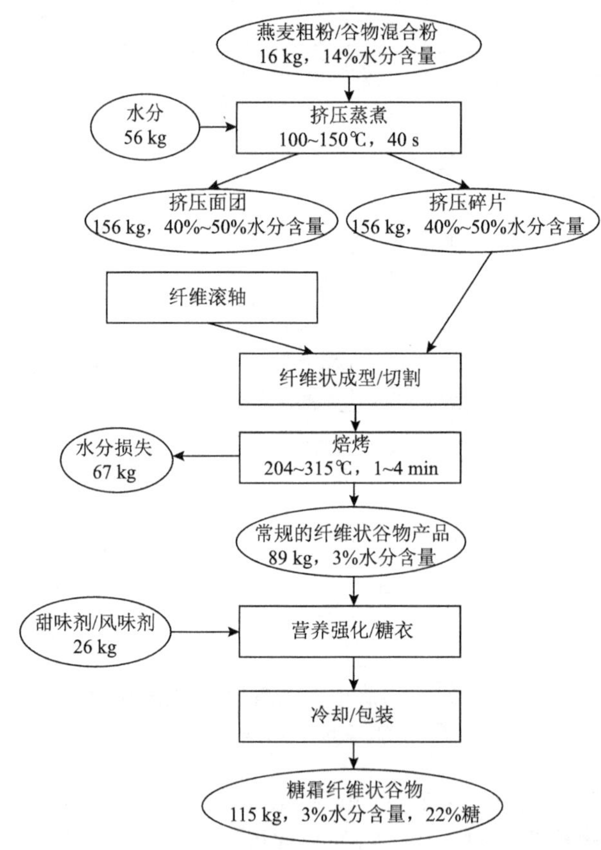

图 5.10　挤压纤维状燕麦产品生产流程图

资料来源：Serna-Saldivar，2010

（1）原料配比：此类产品加工通常采用燕麦与其他谷物的混合物作为原料，常用小麦粉，也可搭配大米、玉米或杂粮，为增加产品口感和营养也可适当添加一些奶粉、糖、盐类等物质。将各种谷物原料和配料按照一定配比混合均匀后，过 40～60 目筛。混合原料粉的水分含量调节至 14%左右。

（2）挤压蒸煮：纤维状燕麦早餐食品加工通常采用两种不同的加工形式。常见的一种加工方式是先进行挤压蒸煮，完成原料的熟化、淀粉糊化过程后挤压面团再进行纤维化处理。蒸煮时大量水分会进入物料中，蒸煮完成后物料的水分含量基本保持在 40%～50%。纤维成型机械的核心是纤化辊，它是由一对水平平行放置、相向旋转且直径较小的圆筒体组成，其中一个辊子表面是光滑的，另一个辊子沿长度方向刻有一组沿圆周方向的沟槽，通过这些轴向沟槽产生谷物纤维化组织。加工时纤化辊表面温度为 35～46℃，有时加工时需要冷却处理，以保持温度不要太高。另一种加工方式是采用挤压机一步完成蒸煮工艺和纤维化工艺，这对设备要求较高。

（3）成型、切割：挤压机机头模具出口形状较小，碎片直接形成，切割器进行切割，最后形成小的、纤维化的燕麦食品。如果生产填充类产品，需要采用特殊的模具，这种模具称为复合模，由喷嘴板、成管模和填馅管组成。模头中有两根细管，分别对着螺杆轴的轴心，当挤压物料从细管和模头之间的缝隙穿过时，填馅料同时注入细管内，物料离开模头外端面时由于压力骤降，物料体积迅膨胀，形成蓬松的管壳并将填料裹紧。适当冷却待填馅料凝固后便可切割包装。

（4）焙烤：物料纤化成型后水分含量依旧保持 40%～50%。采用高温焙烤，温度控制在 204～315℃，时间保持为 1～4 min。焙烤能进一步形成质地松脆的纤维状早餐谷物食品，高温还赋予产品更好的风味和色泽。

（5）营养、风味强化：根据口感、需要进一步对焙烤结束后的纤化物料进行营养和风味调节与强化。

（6）冷却、包装：产品加工后进行冷却，再包装。

5. 影响挤压类燕麦产品品质的因素

1）挤压机出口处的膨化度

产品挤压膨化的程度取决于产品的组成、产品离开模具时其内部的微观结构及挤压条件（压力和温度）。膨化度是判定挤压产品膨化程度的指标，膨化度可以用挤出物的直径或面积与模具的直径或面积的比例来计算。

2）容积密度

挤压膨化产品的密度不仅取决于固体原料的性质，也取决于产品中气体空间的大小。高度膨化的产品拥有大量膨化的空间，与气体容量小的产品相比，其容积密度大大降低。因此容积密度可以用于判断固体原料的好坏和产品空间网络的疏密度。

3）机械特性

产品的物理和流变性质决定产品挤出后的品质，可用弹性模数等参数或通过实验测定数据（如硬度和脆度）来表征。通过测定其基本性质的仪器（流变仪）或经验技术（质构仪或穿刺硬度）可以使挤压产品的特性定量化。

4）内部微观结构

挤压产品中各组分的比例直接影响最终产品的内部微观结构，如最终产品中淀粉的状态，无论是部分糊化还是完全糊化都强烈影响产品的物理特性。通常情况下，可以用显微镜（电子扫描显微镜）对挤压产品的内部结构进行评估。

5）蛋白质的质量

挤压加工中高温处理会导致大多数原料中的蛋白质变性，直接或间接会影响到黏度等物理性质。因此，对原料中蛋白质性质的测定可以帮助确定操作参数，从而提高最终挤压产品的质量。

6）淀粉的特性

在挤压产品中影响质量特性的淀粉性质包括水吸收指数、水溶指数、酶的敏感性，测定相关指标有助于确定挤压操作的参数及所用原料的类型。

7）蒸煮度

蒸煮度会影响挤压产品的外部特性，如色泽、风味、外观及物理性质。对于淀粉含量高的谷物原料，可以测定物料中淀粉的性质，如用具有偏振光滤器的光学显微镜可以测量二次折射现象的消失、用 X 射线衍射测定淀粉晶状结构和特性的变化、淀粉热焓在温度升高或降低过程中的变化，这些都可以用来对被挤压物料中淀粉的蒸煮程度进行量化。

5.2.3　速溶复合营养燕麦片加工技术

1. 加工原理

速溶营养燕麦片属于即食类产品，冲水即溶，形成糊状后直接饮用。与传统燕麦片和挤压燕麦片不同，此类产品采用湿法调浆、磨浆、熟化、糊化、干燥和造粒等工艺进行加工，利用滚筒糊化干燥技术生产出小片状的速溶薄片。产品直接用沸水冲饮即可，产品冲调时燕麦片呈现良好的悬浮状分散状态，香味浓郁，方便快捷，深受广大上班族的喜爱。为了增加产品的营养和风味，在原料配方中添加奶粉、坚果粉或果粉等辅料营养粉，产品类型多，给消费者提供了选择的空间，是一种新型的早餐燕麦食品。

2. 加工工艺

速溶营养燕麦产品生产流程如图 5.11 所示。

1）原料配比

将燕麦粉和其他各种谷物粉或辅料营养粉按一定比例混合均匀，具体配方依据市场的消费趋势和食用价值而定，一方面要求营养全面，能量均衡，满足人体在各方面的能量需要；另一方面要求具有良好的冲调性和口感，满足消费者在视觉和味觉上的较高要求，同时具有较长的货架期，耐储藏。常见的辅料营养粉有芝麻、花生、核桃、红枣等食品原料。按照一定比例加入奶粉、蔗糖、植脂末、强化矿物质、维生素等食品配料或添加剂。生产用的食品原料粉，除了卫生指标

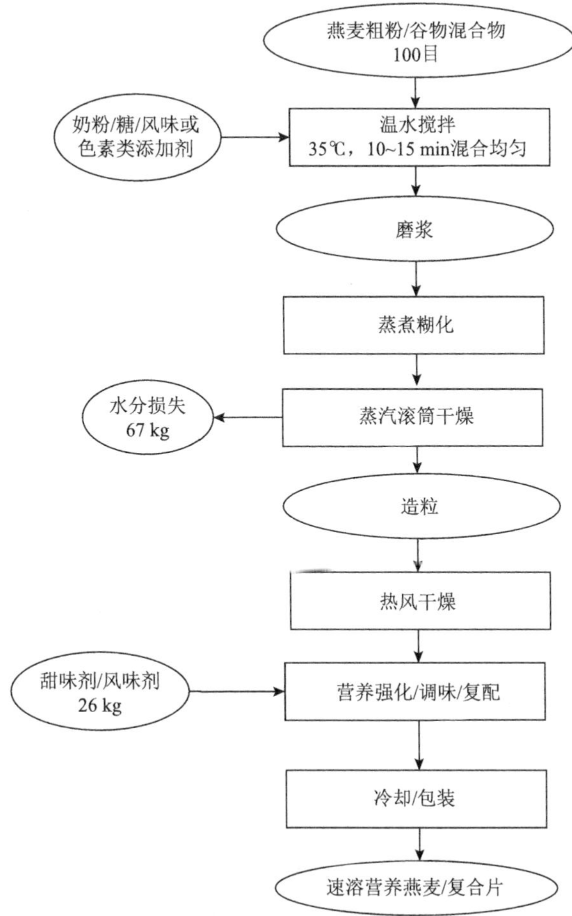

图 5.11　速溶营养燕麦产品生产流程图

外，对于粉的细度有较高要求。细度的大小影响搅拌时产品的胀润效果和预糊化程度及原料的利用率。生产加工中，食品原料粉的细度至少要达到 60～80 目。

2）调浆

将混合好的物料粉加水搅拌成糊状，考虑到原料的吸水胀润效果，搅拌用水一般使用 35℃左右的温水，糊状浆料应具有一定的黏稠度和较好的流动性，以便于通过胶体磨。充分搅拌 10～15 min，确保没有结块、均匀和疏松、手感细腻。静置于储料罐中备用。

3）磨浆

原料的多样性影响到搅拌、混合的效果，而且有些油脂类物质不易溶于水，经过胶体磨的胶磨，可以有效地克服这一弊端，使浆料近似乳化，提高燕麦片品质。胶磨时应注意调节细度，并且注意加冷却水。采用胶体磨进行磨浆加工。

调节胶体磨间隙，从粗到细，保证浆料均一，接近于乳化状态，这样能改善燕麦片的品质。

4）糖化、预糊化

磨浆后的物料在被输送到蒸汽滚筒干燥机蓄料槽并积累到一定量时，通常会升高温度、适当添加淀粉酶和糖化酶来产生糖化及预糊化反应。糖化反应可以改善原片的色泽和口感，预糊化后便于干燥成型，提高热能的利用率和原片生产产量。

5）干燥

干燥是生产速溶燕麦片的关键工序，产品的色香味主要由此工艺定型。蒸汽滚筒干燥机具有较强的热稳定性，滚筒干燥机表面温度控制在 140℃左右，能快速完成浆料的糊化和干燥，控制产品的色、香和味等品质。注意协调好转速与温度的关系，干燥好的物料最后由刮刀刮下。

6）造粒

调节造粒机筛网的疏密来控制麦片的颗粒大小，保证产品外观的一致性。加以一定的辅助设备，同时达到粉、片分离的目的。

7）复配

按照产品配方的要求，将上述干燥好的麦片与一定量原味即食燕麦片及其他辅料（植脂末、糖粉、麦芽糊精、添加剂等）进行充分混合，保证产品的均匀度。

5.2.4 燕麦发酵乳

燕麦乳属于中性植物蛋白饮料，其对杀菌条件和工艺设备要求较高。而燕麦乳经过乳酸发酵以后可以提高其安全性，延长货架期，燕麦乳的营养价值进一步得到提高，作为益生元的 β-葡聚糖和益生菌共同调节肠道菌群，获得美味又健康的时尚饮品。燕麦发酵乳一般采用燕麦和鲜奶为主要原料，充分利用燕麦和牛奶各自的优势，是一种富含 β-葡聚糖、优质蛋白、膳食纤维、不饱和脂肪酸、钙、铁、锌、硒及维生素等多种功能因子的复合型营养健康产品。也有产品与大豆搭配制备燕麦发酵乳，燕麦与大豆的搭配实现了谷物与豆类蛋白和氨基酸在营养上的互补，营养价值高于单独饮用。

1. 原料配方

燕麦、鲜奶、纯净水、蔗糖、球菌、杆菌、增稠剂、乳化剂、植物油、甜味剂等。

2. 工艺流程

燕麦→筛选→清洗→浸泡→预糊化（焙烤、微波、蒸制或煮制）→打浆→胶磨→过滤→调配→均质→真空脱气→杀菌→冷却→接种→发酵→灌装→成品。

3. 操作要点

1）原料选择

选择籽粒饱满、本底较清洁的燕麦作为原料。原料奶为生鲜牛奶，符合我国生鲜牛奶的收购标准，不含抗生素和抑菌物质。

2）浸泡

燕麦浸泡的程度决定后续预糊化的效果。浸泡时间主要视水温而定，一般夏季浸泡 1～2 h，冬季则浸泡 3～4 h。

3）预糊化

预糊化的目的是将燕麦中的淀粉糊化，糊化后的淀粉有利于被微生物充分利用。可采用焙烤、微波、蒸制或煮制等加工方式进行糊化。

4）打浆

按水与燕麦 8∶1 的比例混合后，加入打浆机中打浆。

5）胶磨

采用胶体磨将燕麦浆磨细，使得燕麦浆的细度达到约 3 μm。

6）过滤

使用 200 目左右的滤网将燕麦浆液中的皮渣去除。

7）调配

调配是根据产品配方和标准要求，在调制缸中将燕麦浆与其他辅料均匀混合。

8）均质

均质压力在 35～40 MPa，温度为 60～70℃，均质两次。

9）杀菌、冷却

采用合适的杀菌方式杀死全部的微生物后冷却。

10）菌种选择

将菌种取出后进行反复活化、扩大培养。由于菌种不可能同时满足风味强度、黏稠度、酸度及蛋白质水解度等方面的要求，所以在选择生产用发酵剂时，应根据产品类型来考虑这些要求的优先顺序。调味型、搅拌型发酵乳应考虑用产酸能力中等、产黏能力高、水解蛋白质能力较弱的发酵剂，可不强调发酵剂的产香能力。因此，在试验时将球菌与杆菌的接种比例调整为（2∶1）～（3∶1）为宜。一般燕麦乳加工过程中多用保加利亚乳杆菌、双歧杆菌、鼠李糖乳杆菌和嗜热链球菌作为发酵剂进行发酵。

11）接种、发酵

将活化好的菌种接种到经过杀菌冷却的燕麦浆中，按照 3%～5%的比例控制接种量，培养温度控制在 38℃左右，到达适宜的酸度后停止发酵。

12）灌装

冷却后的燕麦发酵乳包装后，置于 4℃，冷藏 12 h 后，灌装得成品。

5.3 加工方式对燕麦片风味的影响

燕麦原料籽粒灭酶处理是燕麦片加工的前提。蒸煮、焙烤、微波均为常见的灭酶方式，这些不同强度的热处理伴随着微生物的杀灭、美拉德反应、脂肪氧化及焦糖化反应等，这些变化使燕麦片具有了不同于原料的风味，如焙烤将产生烤香等。电子鼻是一种新型快速检测方法，在分析食品的气味时可以快速对食品中挥发性气味进行分类和识别。曹汝鸽等（2010）利用电子鼻分析了焙烤、常压蒸煮、高压蒸煮、远红外和微波加热等 5 种灭酶处理方法对燕麦粉气味的影响，识别鉴定不同灭酶处理的燕麦粉气味上的差异。固相微萃取（SPME）集采样、萃取、浓缩、进样为一体，与气相色谱和质谱（GC-MS）联用已高效用于巧克力、面包、虾等挥发性成分的研究。

5.3.1 实验方法

1. 灭酶处理

蒸煮处理：燕麦籽粒在金属敞口容器中平摊成 0.5 cm 薄层，100℃常压蒸汽蒸制 30 min（温度达到 100℃时开始计时，裸燕麦原料中脂肪酶活被完全灭活）。

微波处理：燕麦籽粒经过润麦后（调节样品含水率到 20%，润麦 12 h），称取一定质量样品用保鲜膜密封，微波 1000 W 条件下处理 40 s。

焙烤处理：燕麦籽粒经过润麦后（调节样品含水率到 20%，润麦 12 h），称取一定质量样品使用焙烤箱 155℃焙烤 30 min。

2. 燕麦片加工工艺

裸燕麦→去杂筛选→水洗除尘→灭酶→烘至水分 15%→轧片→烘至水分 10%以下。

3. 固相微萃取条件

精密称取已经粉碎的燕麦片 5 g 置于 20 mL 顶空瓶中，加入 1.8 g NaCl、10 mL 双蒸水，混匀，用聚四氟乙烯/硅橡胶隔垫密封压紧。采用 65 μm PDMS/DVB 萃取头，将样品置于 40℃条件下平衡 15 min，将萃取头插入顶空瓶中萃取 40 min。

4. 气相色谱/质谱条件

气相色谱条件：载气：氦气；柱流速：1 mL/min；进样口温度：250℃；萃取头在进样口解析5 min，脉冲无分流进样；起始温度40℃，保持5 min，以3℃/min

升至160℃，保持2 min，再以8℃升至220℃，保持3 min。

质谱条件：离子源温度200℃，传输线温度250℃，采用全扫描模式采集信号，扫描范围35～500 m/z。

5. 电子鼻条件

精密称取已经粉碎的燕麦片 3.00 g 置于 20 mL 顶空瓶中，用聚四氟乙烯/硅橡胶隔垫密封压紧。载气为合成干燥空气，自动进样，获取时间为 60 s。

6. 统计分析

采用Microsoft excel进行数据整理，SPSS软件进行主成分分析（PCA）。未知化合物采用NIST05谱库检索和人工图谱解析，用峰面积归一化法算出各成分的相对含量。

5.3.2　结果分析

1. 不同处理工艺燕麦片电子鼻主成分分析

PEN3 便携式电子鼻主要有 10 个金属氧化物传感器阵列，各个传感器的名称及性能描述见表 5.6。

表 5.6　PEN3 的标准传感器阵列

阵列序号	传感器名称	性能描述
1	W1C	对芳香成分灵敏
2	W5S	对氮氧化合物很灵敏
3	W3C	对氨水、芳香成分灵敏
4	W6S	对氢气有选择性
5	W5C	对烷烃、芳香成分灵敏
6	W1S	对甲烷灵敏
7	W1W	对硫化物灵敏
8	W2S	对乙醇灵敏
9	W2W	对芳香成分、有机硫化物灵敏
10	W3S	对烷烃灵敏

传感器阵列组成的仪器主要包括传感器通道、采样通道和计算机。信号采集过程为：燕麦片粉末经密封一段时间后将其顶空气体经采样通道泵入电子鼻中，传感器因吸附了一定量的挥发性物质，电导率发生改变，此信号被数据采集系统

获取并存储于计算机中。采样完成后，经活性炭过滤之后的洁净空气被泵入电子鼻，对传感器进行清洗并使其恢复到初始状态。

PCA是一种多元统计方法，它将所提取的传感器多指标的信息进行数据转换和降维，并对降维后的特征向量进行线性分析，最后体现在PCA图上。PCA可以识别样品组间是否存在差异及总结对这些差异贡献最大的因素。表5.7是各主成分的因子载荷矩阵及其特征值、方差贡献率和累计方差贡献率。

表 5.7　主成分因子载荷矩阵及方差贡献率

传感器名称	第一主成分	第二主成分	第三主成分
W1C	0.99	–0.12	0.04
W5S	0.88	0.44	–0.13
W3C	0.98	–0.14	0.06
W6S	0.56	–0.61	0.52
W5C	0.99	–0.11	0.06
W1S	0.62	0.55	0.54
W1W	0.31	0.82	–0.41
W2S	–0.56	0.60	0.53
W2W	0.89	0.42	–0.03
W3S	–0.75	0.44	0.28
特征值	6.13	2.32	1.12
贡献率/%	61.33	23.19	11.18
累计贡献率/%	31.82	84.52	95.70

第一主成分的累计贡献率为61.33%，第二主成分的累计贡献率为23.19%，第三主成分的累计贡献率为11.18%。对第一主成分贡献较大的传感器为W1C（0.99）、W5S（0.88）、W3C（0.98）、W1S（0.62）、W5C（0.99）、W2W（0.89）和W3S（–0.75），对第二主成分贡献较大的传感器为W6S（–0.61）、W1W（0.82）和W2S（0.60），各传感器对第三主成分贡献均较小（＜0.60）。

图5.12中，第一主成分和第二主成分的总贡献率达到84.52%，足够收集特征性信息。同一样品组的投影在第一主成分轴上分布较窄，在第二主成分轴上的分布较宽，说明第一主成分对同一样品的重复识别率更高。在第一主成分坐标轴上1、3和4号样品在图5.12中的分布较为接近，而2号样品与其他3个样品间的距离较大，说明1、3和4号样品间的差异较小，而2号样品与其他样品的差异较大；第二主成分坐标轴上3号样品与其他样品距离较大，表明3号样品与其他样品差异较大。通过主成分分析，不同处理的燕麦片经电子鼻分析后均可以得到有效的区分，表明

不同热处理后燕麦片风味组成有较大的差异，通过固相微萃取-气质联用仪可分析热处理后燕麦片风味物质的变化及其主要挥发性成分。

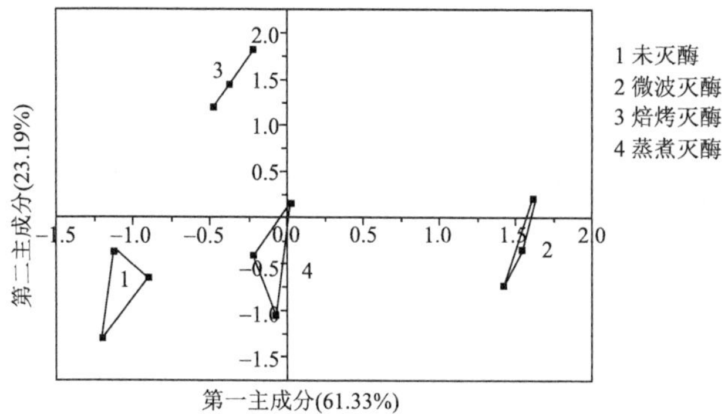

图 5.12　不同处理燕麦片样品主成分分析图

2. 不同处理工艺燕麦片挥发性成分的 GC-MS 分析

未处理和微波、焙烤、蒸煮处理的燕麦片，经顶空 SPME 法获得了其挥发性成分，总离子流色谱图如图 5.13 所示。

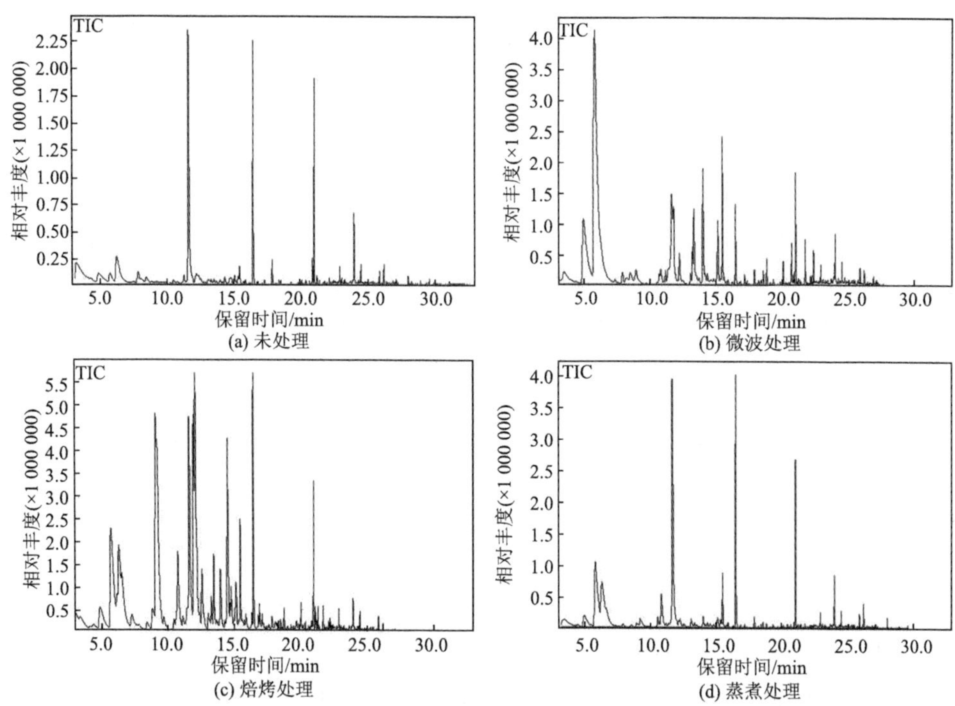

图 5.13　利用 SPME 检测燕麦片挥发性成分的 GC-MS 总离子流色谱图

四个图谱比较结果表明，未处理及蒸煮处理燕麦片的挥发性成分较少且含量较低，微波及焙烤处理燕麦片挥发性成分种类较丰富，并且含量高，尤其在保留时间5～10 min的挥发性成分的含量较蒸煮处理燕麦片有明显差异。焙烤产生的挥发性物质种类最多，含量也最高。

3. 不同处理工艺燕麦片挥发性成分分析

将上述色谱图经NIST05谱库检索和人工图谱解析，用峰面积归一化法算出各成分的相对含量，共鉴定出61种挥发性风味成分。由于燕麦籽粒在灭酶过程中主要发生美拉德、焦糖化和脂肪降解三种反应，所以将这些风味成分划分为八类，分别为醛类、烯类、酯类、酮类、醇类、烷烃类、杂环类及其他，其中醛类18种，烯烃类3种，酯类4种，酮类5种，醇类6种，烷烃类5种，萘类、嘧啶和吡嗪类共13种，其他7种为苯酚及酸类物质。

1）不同处理工艺燕麦片的醛类物质

醛类物质一般具有奶油、脂肪、香草及清香等气味。三种热处理方式产生的醛类物质在相对含量和数量上都占绝对优势，且醛类化合物的阈值一般较低，对燕麦片整体香气有很大贡献，是燕麦片的主要挥发性成分。未处理、微波、焙烤及蒸煮燕麦片挥发性成分中醛类物质各占14.30%、61.69%、33.95%及80.65%。在检测到的18种醛类物质中，相比未处理样品（仅2种醛类物质），微波产生了10种，焙烤产生了12种，蒸煮产生了7种。其中，正己醛含量最高，具有浓郁的青草味，是重要的香气成分。

表5.8数据表明，三处理方式中，蒸煮和微波产生正己醛量最多，且含量相当，焙烤产生的量最低。除了正己醛，微波处理燕麦片中还含有壬醛、正戊醛和正辛醛等；焙烤处理燕麦片中含有苯甲醛、3-呋喃甲醛、苯乙醛及不饱和醛；蒸煮处理燕麦片含有苯甲醛、壬醛、正庚醛等。壬醛呈现蜡香、柑橘香味，苯甲醛可呈现苦杏仁和坚果香味，不饱和醛类物质含量低于饱和醛，但是其阈值也低于饱和醛，可呈现坚果香和干炒味等。醛类物质产生的香气赋予了燕麦片特有的清香。

表5.8 不同处理燕麦片风味中醛类物质的种类和相对含量（单位：%）

保留时间/min	中文名称	未处理	微波处理	焙烤处理	蒸煮处理
3.045	2-甲基丁醛	—	—	1.66	—
3.409	3-甲基丁醛	—	—	1.79	—
3.471	正戊醛	—	1.67	—	—
5.748	正己醛	9.06	50.58	11.34	51.66
6.551	3-呋喃甲醛	—	—	4.62	—

续表

保留时间/min	中文名称	未处理	微波处理	焙烤处理	蒸煮处理
8.860	正庚醛	—	—	1.20	2.21
8.895	5-甲基己醛	—	1.00	—	—
10.768	苯甲醛	—	0.89	5.14	14.08
12.190	正辛醛	—	1.34	—	1.63
13.474	苯乙醛	—	—	2.63	—
13.978	反-2-壬烯醛	—	—	2.20	—
15.459	壬醛	5.24	4.97	2.24	9.51
18.536	癸醛	—	0.39	—	0.83
18.798	反,反-2,4-壬二烯醛	—	0.74	0.43	0.73
20.062	2-十一烯醛	—	—	0.35	—
21.329	反-2,4-癸二烯醛	—	—	0.35	—
22.233	反-2-十一烯醛	—	0.11	—	—
醛类总和		14.30	61.69	33.95	80.65

2）不同处理工艺燕麦片的醇类及酯类物质

表5.9显示了不同处理燕麦片醇类及酯类物质的种类和相对含量。

表 5.9　不同处理燕麦片风味中醇类及酯类物质的种类和相对含量　（单位：%）

保留时间/min	中文名称	未处理	微波处理	焙烤处理	蒸煮处理
4.908	正戊醇	—	14.44	2.93	—
7.310	糠醇	—	—	0.93	—
7.854	正己醇	10.83	0.83	—	—
11.135	正庚醇	—	0.49	—	—
13.200	苯甲醇	—	1.59	—	—
15.130	2-甲基-4-己烯-3-醇	—	3.00	2.11	—
醇类总和		10.83	20.35	5.97	—
13.991	己酸乙烯酯	—	5.25	—	2.82
19.842	丙位辛内酯	0.56	—	—	—

续表

保留时间/min	中文名称	未处理	微波处理	焙烤处理	蒸煮处理
22.129	丙位壬内酯	1.13	0.18	—	—
28.876	邻苯二甲酸二异丁酯	0.61	—	—	—
酯类总和		2.30	5.43	—	2.82

在检测到的6种醇类物质中，未处理燕麦片仅含正己醇，相对含量占10.83%；蒸煮处理燕麦片不含醇类；微波处理燕麦片含有5种，相对含量为20.35%；焙烤处理燕麦片含有3种，相对含量为5.97%。饱和醇类化合物阈值较高，对燕麦片风味影响可能不大。不饱和醇类，如2-甲基-4-己烯-3-醇阈值较低，在微波和焙烤处理燕麦片中被检测到，可能对燕麦片的风味有贡献。

不同处理的燕麦片中酯类物质含量均较少（＜10%），在检测的4种酯类物质中，未处理燕麦片含有3种，丙位辛内酯、丙位壬内酯和邻苯二甲酸二异丁酯；微波及蒸煮处理主要产生了己酸乙烯酯；焙烤处理燕麦片未检测到酯类物质，这可能与脂肪或脂肪酸的热降解和氧化有关。

3）不同处理工艺燕麦片的酮类物质

表 5.10 显示了不同处理燕麦片酮类物质的种类和相对含量。

表 5.10　不同处理燕麦片风味中酮类物质的种类和相对含量　（单位：%）

保留时间/min	中文名称	未处理	微波处理	焙烤处理	蒸煮处理
8.441	甲基戊基甲酮	—	0.76	0.62	—
13.298	3-辛烯-2-酮	—	3.70	—	0.92
14.309	3,5-辛二烯-2-酮	6.18	0.40	—	2.88
20.066	环癸酮	—	0.65	—	—
21.135	4-羟基-3-甲基苯乙酮	—	—	0.28	—
酮类总和		6.18	5.51	0.90	3.80

未处理燕麦片中仅含有 3,5-辛二烯-2-酮（6.18%）；蒸煮处理检测到 3-辛烯-2-酮和 3,5-辛二烯-2-酮 2 种（3.80%）；微波处理主要检测到 3-辛烯-2-酮等 4 种酮类物质（5.51%）；焙烤处理产生了甲基戊基甲酮和 4-羟基-3-甲基苯乙酮 2 种（0.90%）。酮类物质一般具有奶油香味和果蔬香味，阈值高于同分异构体的醛，对风味物质贡献相对较小。链状酮类化合物在 C_5～C_8 中等长度时具有挥发性较强的果实味，如微波处理产生的 3-辛烯-2-酮具有水果香，对燕麦片整体风味有一定的贡献。

4）不同处理工艺燕麦片的碳氢类物质

表5.11显示了不同处理燕麦片碳氢类物质的种类和相对含量。

表 5.11　不同处理燕麦片风味中碳氢类物质的种类和相对含量　（单位：%）

保留时间/min	中文名称	未处理	微波处理	焙烤处理	蒸煮处理
18.390	十二烷	0.87	—	—	—
20.385	十四烷	1.33	—	—	—
22.887	正十四烷	2.56	0.45	0.24	1.36
24.465	正十七烷	2.55	0.42	—	1.48
25.838	正二十一烷	1.83	0.28	—	1.23
烷烃总和		9.14	1.15	0.24	4.07
3.250	氮杂环丙烷-1-乙烯	37.78	—	—	—
13.040	右旋萜二烯	—	—	—	2.56
21.724	8-甲基-1-十一烯	—	0.97	—	—
烯烃总和		37.78	0.97	—	2.56

在检测到的8种碳氢类物质中，未处理样种类较多（6种），相对含量为46.92%；蒸煮处理燕麦片含4种，相对含量为6.63%；微波处理燕麦片含4种，相对含量为2.12%；焙烤处理燕麦片仅含1种，相对含量为0.24%。相对于未处理样，热处理后碳氢类化合物相对含量比较低，并且此类物质阈值较高，所以碳氢类化合物对产品的风味贡献比较小。

5）不同处理工艺燕麦片的杂环类物质

热处理过程中燕麦中的氨基酸类、二胺类等成分会发生热裂解及类脂的氧化降解，形成杂环化合物，使食品带有香味（表 5.12）。

表 5.12　不同处理燕麦片风味中杂环类物质的种类和相对含量　（单位：%）

保留时间/min	中文名称	未处理	微波处理	焙烤处理	蒸煮处理
17.887	萘	6.86	0.50	—	1.77
20.869	1-甲基萘	5.13	—	—	—
21.203	2-甲基萘	1.47	0.34	—	—
23.248	1,2-二甲基萘	0.70	—	—	—
萘类总和		14.16	0.84	—	1.77

续表

保留时间/min	中文名称	未处理	微波处理	焙烤处理	蒸煮处理
6.336	2-甲基吡嗪	—	—	6.10	—
9.123	2,5-二甲基吡嗪	—	—	—	4.33
11.952	2-乙基-6-甲基吡嗪	—	—	7.67	—
12.076	2-乙基-3-甲基吡嗪	—	—	16.08	—
12.578	2-乙烯吡嗪	—	—	2.69	—
14.504	3-乙基-2,5-二甲基吡嗪	—	—	5.85	—
16.932	3,5-乙基-2-甲基吡嗪	—	—	0.43	—
吡嗪总和		—	—	38.82	4.33
9.112	4,6-二甲基嘧啶	—	—	20.12	—

不同处理燕麦片含有的杂环类物质主要为萘、吡嗪及嘧啶类，共 12 种。未处理燕麦片主要含有 4 种萘类（14.16%）；蒸煮处理燕麦片含有 1 种萘类（1.77%）和 1 种吡嗪（4.33%）；微波处理燕麦片中仅含 2 种萘类（0.84%）；焙烤处理燕麦片中含有 6 种吡嗪（38.82%）及 1 种嘧啶类（20.12%）。杂环类物质主要由焙烤处理生成，这是因为在焙烤过程中，高温使氨基酸容易发生热解反应，生成复杂化合物。产生的吡嗪类、嘧啶类大多是由氨基酸和糖类的美拉德反应及斯特雷克（Strecker）反应形成的。这些杂环类物质阈值较低，具有较浓的烤坚果香气，是焙烤处理后燕麦片的主要呈香成分。

6）不同处理工艺燕麦片中的其他物质

表 5.13 显示了不同处理燕麦片中酸类、苯及苯酚类物质的种类和相对含量。

表 5.13　不同处理燕麦片风味中其他物质的种类和相对含量　（单位：%）

保留时间/min	中文名称	未处理	微波处理	焙烤处理	蒸煮处理
11.291	正己酸	2.93	—	0.35	—
17.325	辛酸	1.13	—	0.35	—
20.067	壬酸	0.72	—	—	—
酸类总和		4.78	—	0.70	—
11.333	苯酚	—	0.92	—	—
20.641	1-甲氧基-4-丙烯基苯	0.53	—	—	—
20.706	3-叔丁基苯酚	—	1.13	—	—
22.354	1-乙氧基-4-三甲基丁苯	—	0.90	—	—
苯及苯酚类总和		0.53	2.95	—	—

未处理样品含有 3 种酸类（4.78%）和微量 1-甲氧基-4-丙烯基苯（0.53%）；蒸煮处理燕麦片未检测出酸类和苯及苯酚类物质；微波处理燕麦片含有少量苯及苯酚类物质（2.95%）；焙烤处理燕麦片仅含微量正己酸（0.35%）和辛酸（0.35%）。不同处理燕麦片风味中其他物质的种类和相对含量均较少，对燕麦片风味影响不大。

5.3.3　主要结论

研究采用电子鼻技术和PCA方法，电子鼻能较好地区分不同热处理燕麦片气味的差异。第一主成分的贡献率为61.33%，第二主成分的贡献率为23.19%。对第一主成分贡献较大的传感器为W1C（0.99）、W5S（0.88）、W3C（0.98）、W1S（0.62）、W5C（0.99）、W2W（0.89）和W3S（–0.75），对第二主成分贡献较大的传感器为W6S（–0.61）、W1W（0.82）和W2S（0.60）。

4种不同处理的燕麦片共鉴定出61种挥发性风味成分，其中仅含有6种相同挥发性成分，表明不同热处理方式对燕麦片挥发性成分影响较大。未处理燕麦片主要香味为烯类（37.78%）、醛类（14.30%）、萘类（14.16%）；微波和蒸煮处理燕麦片均产生了较多的醛类，分别占总挥发性成分的61.69%和80.65%；焙烤处理除了产生较多醛类（33.95%），还生成了较多的吡嗪类（38.82%）与嘧啶类（20.12%），呈现了浓郁的烤香味。

5.4　燕麦类早餐食品质量标准

5.4.1　膨化食品

目前尚没有燕麦膨化食品的相关国家标准。燕麦膨化类食品的质量标准基本参照《食品国家标准 膨化食品》（GB 17401—2014）。该标准对膨化食品的产品分类、技术要求、检验方法、检验规则、判定规则、标签、包装、运输和储藏进行了规定。

1. 术语和定义

1）膨化

原料受热或压差变化后使体积膨胀或结构疏松的过程。

2）膨化食品

以谷类、薯类、豆类、果蔬类或坚果籽类等为主要原料，采用膨化工艺制成的组织疏松或松脆的食品。

2. 产品分类

膨化食品按加工工艺可分为五类。

1）焙烤型

采用焙烤或焙炒方式膨化制成的膨化食品。

2）油炸型

采用食用油煎炸方式膨化制成的膨化食品。

3）直接挤压型

原料经挤压机挤压，在高温、高压条件下，利用机内外压差膨化而制成的膨化食品。

4）花色型

以焙烤型、油炸型、直接挤压型产品为坯子，用油脂、酱料或果仁等辅料夹心、注心或涂层而制成的膨化食品。

5）其他型

采用微波、气流或真空等方式膨化制成的膨化食品。

3. 技术要求

1）原辅材料

原辅材料应符合相应的国家标准或行业标准。

2）感官要求

（1）焙烤型、油炸型、直接挤压型和其他型产品的感官要求应符合表 5.14 的规定。

表 5.14　产品的感官要求

项目	要求
形态	具有相应品种的特定形状，允许有部分碎片
色泽	具有相应品种应有的色泽
滋味、气味	具有主要原料经加工后应有的香味，无异味
组织	内部呈多孔状或内部结构均匀，口感疏松或松脆
杂质	无正常视力可见的外来杂质

（2）花色型产品的感官要求应符合表 5.15 的规定。

表 5.15　花色型产品的感官要求

项目	要求
形态	具有相应品种的特定形状
色泽	具有相应品种应有的色泽

续表

项目	要求
滋味、气味	具有主要原料经加工后应有的香味，无异味
组织	坯子应符合表 5.14 的规定；夹心或注心产品的夹心料或注心料无外溢；涂层产品的涂层涂布均匀
杂质	无正常视力可见的外来杂质

3）理化要求

产品的各项理化指标应符合表 5.16 的规定。

表 5.16　产品的理化要求

项目	指标/%	
筛下物[a]	≤5.0	
水分	≤7.0	
脂肪[b]	≤40.0	
氯化钠	≤2.8（普通型）	≤4.5（大颗粒型[c]）

a 筛下物指标不包括以果仁为原料的花色型膨化食品及产品直径小于标准筛孔直径的产品；b 脂肪指标不包括添加花生仁、榛子仁等高油脂坚果类的产品；c 大颗粒型是指较大颗粒盐粘在表面的产品。

4）卫生要求

产品的酸价、过氧化值、羰基价、总砷、铅、黄曲霉毒素 B_1、菌落总数和致病菌指标应符合 GB 17401—2014 的规定。

5）食品添加剂和食品营养强化剂

食品添加剂的使用应符合 GB 2760—2014 的规定；食品营养强化剂的使用应符合 GB 14880—2012 的规定。

4. 检验方法

（1）感官：将样品放入白搪瓷盘中，在自然光线下目测其形态、色泽、组织和杂物，嗅其气味，品尝其滋味。

（2）筛下物：样品过标准筛，筛下物质量与总质量的比值。

（3）水分：依照 GB 5009.3—2016 规定执行。

（4）脂肪：依照 GB 5009.6—2016 规定执行。

（5）氯化钠：依照 GB 5009.44—2016 规定执行。

（6）酸价、过氧化值、羰基价、总砷、铅、黄曲霉毒素 B_1、菌落总数和致病菌：依照 GB 17401—2014 规定执行。

5. 检验规则

1）批

同日生产和包装，且同品种的产品为一批。

2）抽样

从每批产品中按万分之五的比例随机抽取样品，抽样量不应少于 1 kg。

3）出厂检验

每批产品均应进行出厂检验，检验合格后方可出厂。出厂检验项目包括：感官、水分、净含量偏差、菌落总数和大肠菌群指标。

4）型式检验

常年生产的产品每年应进行一次型式检验，型式检验项目包括技术要求中规定的全部项目。

有下列情况之一时也要进行型式检验：

①新产品的试制鉴定时；

②原料、工艺有较大改变，可能影响产品质量时；

③产品长期停产后恢复生产时；

④出厂检验结果与上一次型式检验结果有较大差异时；

⑤国家质量监督机构提出进行型式检验的要求时。

6. 判定规则

（1）检验结果中全部项目符合上述规定时，判该批产品为合格品。

（2）检验结果中若有一项或一项以上项目不符合上述规定时，可以在原批次产品中抽取双倍样品复验一次，复检结果全部符合上述规定时，判该批产品为合格品；复检结果仍有一项指标不合格，则判该批产品为不合格品。

7. 标签、包装、运输、储藏

1）标签

（1）产品标签应符合 GB 7718—2011 的规定，此外标签中还应标注“膨化食品”字样。

（2）称量销售产品的标签可以不标示净含量。

2）包装

（1）包装材料应清洁、干燥、无毒、无异味，且符合相应的卫生标准。

（2）采用袋装、盒装或筒装等包装形式，封口平整，包装严密。

（3）外包装应牢固，确保内容物在运输和储藏的过程不受挤压。

3）运输

（1）运输工具应清洁、干燥，无异味，有篷盖。

（2）运输中应轻装、轻卸、防雨、防晒。

4）储藏

（1）产品储藏于通风、干燥、阴凉、清洁的仓库内，不应与有毒、有异味、有腐蚀性、潮湿的物品混储。

（2）产品应码放整齐，且离地、离墙 10 cm 以上，中间留有通道，码放高度以不倒塌、不压坏外包装为限。

5.4.2　复合麦片行业标准

由中国轻工业联合会提出的轻工行业标准《复合麦片》（QB/T 2762—2006）中对以大麦、小麦、大米等为原料，经制浆、干燥、破碎工艺制成原片，添加（或不添加）奶粉、植脂末、白砂糖等原料混合而成的产品的卫生指标和检验方法以及食品添加剂、生产加工过程、包装、标识、储藏、运输的卫生要求进行了规定。

1. 定义

复合麦片是以大麦、小麦、大米等为原料，经制浆、干燥、破碎工艺制成原片，添加（或不添加）奶粉、植脂末、白砂糖等原料混合而成的产品。

2. 指标要求

1）原料要求

所使用的原料及辅料应符合相应的产品标准要求。

2）感官要求（表 5.17）

表 5.17　感官要求

项目	要求
形态	片状或片状和粉末状的混合物
色泽	呈白色、淡黄色或该品种应有的色泽
滋味、气味	具有该品种应有的滋味与气味，无异味
冲调性	冲调后有部分麦片浮在上层或沉在底部
杂质	无正常视力可见外来杂质

3）净含量偏差要求

应符合国家质量监督检验检疫总局第 75 号的规定。

4）理化指标（表 5.18）

表 5.18　理化指标

项目	指标/%
水分（质量分数）	≤5.0
总糖（以蔗糖计，质量分数）	≤45.0
脂肪（质量分数）	≤13.0
蛋白质（质量分数）	≥4.0

5）食品添加剂和食品营养强化剂要求

食品添加剂和食品营养强化剂的使用应符合 GB 2760—2014 和 GB 14880—2012 的规定。

6）总珅、铅、黄曲霉毒素 B_1、菌落总数、大肠菌群、致病菌和霉菌要求应符合 GB 19640—2016 的规定。

3. 实验方法

（1）感官：将样品散倒在白色的平盘中，在自然光线下目测其形态和色泽。称取 30 g 的样品，以 200 mL 80℃温开水冲调后嗅其气味，品尝其滋味并观察其组织，并判断有无杂质。

（2）净含量偏差检验：用感量为 1 g 的天平称量。

（3）水分：依照 GB 5009.3—2016 规定执行。

（4）总糖：依照 GB 5009.7—2016 和 GB 5009.8—2016 规定执行。

（5）脂肪：依照 GB 5009.6-2016 规定执行。

（6）蛋白质：依照 GB 5009.5—2016 规定执行。

（7）总砷、铅、黄曲霉毒素 B_1、菌落总数、大肠菌群、致病菌和霉菌：依照 GB 19640—2016 规定执行。

4. 检验规则

1）检验分类

（1）出厂检验

产品出厂前应进行逐批检验，工厂检验部门出具产品合格证后方可出厂。出厂检验的项目包括：感官、净含量偏差、水分、菌落总数和大肠菌群。

（2）型式检验

常年生产的产品每年应进行一次型式检验，但有下列情况之一时也应进行型式检验。

①新产品的试制、定型鉴定或老产品转厂生产时；

②正常产品如原料、工艺有较大改变，可能影响产品质量时；

③产品停产一年以上，恢复生产时；

④出厂检验结果与上次型式检验有较大差异时；

⑤国家质量监督机构提出进行型式检验的要求时。

型式检验的项目包括指标要求中规定的全部项目。

2）抽样

（1）批

同批次、同品种、同规格的产品为一批。

（2）抽样量

从每批产品中按质量的万分之一的比例随机抽取样品，抽样量最低应不少于 1.5 kg。

（3）判定标准

检验结果中全部项目符合上述规定时，判该批产品为合格品。

微生物指标中有一项检验结果不符合上述要求时，判该批产品为不合格品。

除微生物指标外，其他项目检验结果不符合上述要求时，可以在原批次产品中双倍抽样复验一次，判定以复验结果为准；若仍有一项指标不合格，则判该批产品为不合格品。

5. 标签、包装、运输、储藏

1）标签

预包装产品的标签应符合 GB 7718—2011 的规定。

2）包装

各种包装材料和包装容器应清洁、干燥、无毒、无异味，符合相应的食品卫生标准。

3）运输

运输工具应干燥、清洁、卫生，并具有防晒、防雨措施。

4）储藏

产品应储藏在干燥、通风良好并具有防鼠设施的仓库中。不应与有毒、有害、有异味、易腐蚀、易挥发或潮湿的物品混放。

第 6 章　燕麦饮品及方便休闲食品加工技术

燕麦是制作饮品及方便休闲食品的优质原料，并已经有多种产品在市场上销售。燕麦是油含量最高的谷物，油脂丰富了燕麦饮品口感的同时有利于其稳定性的维持。此外，较高含量的蛋白质也使得燕麦成为制作谷物蛋白饮料的优良原料。燕麦 β-葡聚糖作为可溶性膳食纤维，在燕麦饮品加工过程中会得到充分的保留，也是开发燕麦功能饮品的重要功能成分。本章就燕麦饮品及方便休闲食品的加工技术进行介绍。

饮品分为无酒精饮品和含酒精饮品。目前，燕麦乳、燕麦发酵乳、燕麦茶、燕麦叶茶、燕麦方便粥、燕麦白酒和啤酒作为具有显著功效的功能性饮品深受广大消费者的喜爱。在瑞典、加拿大、美国、日本等国家以燕麦为原料生产的纯谷物饮品、与牛奶或杂粮等复配的饮料及发酵饮料等一系列燕麦饮料正成为饮料市场的新宠。燕麦饮品是饮用方便、口味浓郁的健康产品。随着人们的食品消费观念不断发生变化，功能性食品和保健食品备受消费者欢迎。

除了饮品，燕麦在方便休闲食品中的应用也越来越广泛。方便休闲食品具有风味鲜美、营养丰富、功能多样等特点，被誉为食品工业的重要创新，同时也是未来重要的发展方向。燕麦休闲食品种类繁多，本章就目前市场最为常见的燕麦焙烤食品、膨化食品、方便面、能量棒及膳食纤维产品的加工技术进行介绍。

6.1　燕 麦 饮 品

国家统计局数据显示，2018 年 1～5 月，中国饮料产量累计达 6711 万 t，同比增长 6.7%；2017 年中国饮料产量累计达 18051.2 万 t，同比增长 4.6%。随着我国经济的快速增长和人民生活水平的不断提高，消费者对饮料的消费出现了多元化的需求。现如今，消费者对饮料的要求从过去单纯的爽口、解渴向着营养、健康、美味等方向发展，低热量饮料、健康营养饮料、新型果蔬汁饮料、乳饮料、植物蛋白饮料、活菌性饮料等饮料的市场份额逐步扩大，而普通的碳酸饮料出现逐步下滑的趋势。目前，随着我国老龄人口比例的增加及消费者健康意识的提高，以燕麦等杂粮为主要原料生产的健康营养饮品正渐渐成为市场的主流。

6.1.1　燕麦乳

瑞典的 Oatly AB 公司是专门从事燕麦乳产品生产的企业。该公司的系列产品（Oatly Healthy、Oat Organic、Oatly Healthy Oat Enriched 和 Oatly Healthy Chocolate 等）以纯燕麦为原料制作，具有爽滑的口感及独特的燕麦香味，并保留了燕麦中绝大部分的营养成分，具有保持机体健康和平衡膳食等功效。此外，澳大利亚 Pure Harvest 公司生产的有机燕麦乳、进口于意大利的谷思康（GoodCorn）燕麦原浆等国外优秀的燕麦乳饮料均具有类似于牛奶的口感，以及稳定剂、甜味剂等添加剂少等特点。我国燕麦饮料的加工起步较晚，但是目前也出现了一些品质很好的产品。例如，广东省佛山市广粮饮料食品有限公司生产的粗粮牌燕麦浓浆产品具有燕麦本身独特淳香的同时，具有均匀稳定的组织形态。福建惠尔康集团有限公司的“粒谷力”燕麦浓浆是以我国居民平衡膳食宝塔为指导，通过合理搭配、科学配方及先进的生产工艺开发出来的营养健康谷物饮料。

1. 原料

燕麦、纯净水、蔗糖、α-淀粉酶、糖化酶、增稠剂、乳化剂、植物油、甜味剂等。

2. 工艺流程

燕麦→筛选→清洗→润麦→预糊化（焙烤、微波、蒸制或煮制）→打浆→胶磨→酶解→过滤→调配→均质→真空脱气→杀菌→冷却→灌装→成品。

3. 操作要点

1）原料选择

我国燕麦种植区域广、品种众多，从而导致燕麦原料在品质上存在显著差异，这些品质差异直接影响最终燕麦乳产品的品质。因此，在筛选燕麦原料时根据最终产品的定位，如高 β-葡聚糖、高蛋白饮料等，产品均需针对性地选择原料。燕麦中有较高含量的直链淀粉，因其容易引起燕麦乳析水，甚至凝胶，所以选择品种时应选择低直链淀粉的品种。而 β-葡聚糖和脂质的含量越高，饮料的稳定性越好，因此，如果在不添加稳定剂时，可考虑选择高 β-葡聚糖和脂质的燕麦品种。

2）润麦

润麦的程度决定后续预糊化的效果。润麦时间主要视水温而定，一般夏季须浸泡 5～10 min，冬季则须浸泡 10～20 min。浸泡后沥干水分进入预糊化工序。

3）预糊化

预糊化的目的是将燕麦中的淀粉糊化，糊化后的淀粉才能够被 α-淀粉酶充分酶解。此外，预糊化过程可以灭活燕麦中脂肪酶等内源酶，有利于保持产品品质稳定。预糊化可根据不同的条件和生产工艺采用炒制、焙烤、微波、蒸制或煮制等加工方式进行。

炒制预糊化具有设备成本低、产量大等优点，但对操作要求较高，因此必须控制燕麦炒制的程度。炒制过程中会出现微黄色、焦黄色、浅黑色，而制作燕麦乳的燕麦须炒至微黄色，不可炒制过度。焦黄色和浅黑色的出现，不仅影响最终产品的口感，还会影响产品的色泽。焙烤预糊化同炒制一样，控制好籽粒焙烤的程度，不可出现焦糊粒。微波预糊化前期设备投资较高，但其具有效率高、生产连续性好、脂肪酶灭活效果好等优点。微波预糊化时，控制燕麦籽粒产生微香不焦糊为宜。蒸制预糊化是运用热蒸汽将燕麦籽粒蒸熟，这种工艺优点是设备成本低廉，前期投入少，比较适合中小型饮料加工企业。同蒸制一样，煮制同样具有蒸制的优点，且煮制后由于去掉蒸煮水，有利于产品颜色的保持。但是煮制带来工业废水的产生，是企业需要考虑的问题。

4）打浆

按燕麦与水以 1∶8 的比例混合后，加入打浆机中打浆。打浆至燕麦浆中无明显的大颗粒为止。

5）胶磨

采用胶体磨将燕麦浆磨细，调节胶体磨细度从粗到细，使得燕麦浆中大颗粒的细度达到约 3μm。

6）液化

将燕麦浆升温，随着温度的升高预糊化过的浆液黏度不断上升，到 70℃时加入液化酶。淀粉液化酶指 α-淀粉酶从淀粉分子内部任意水解淀粉，黏度迅速下降至碘反应消失，水解终产物为麦芽糖、低聚糖，含 α-1,6 键的糊精。常用的 α-淀粉酶有中温淀粉酶和高温淀粉酶，燕麦乳加工过程中为不过度加热，一般采用中温淀粉酶。加入燕麦籽粒质量万分之二的中温 α-淀粉酶，搅拌反应 10 min。

7）糖化

糖化酶又称为葡萄糖淀粉酶，是淀粉外切酶。它能够从淀粉的非还原性末端水解 α-1,4-葡萄糖苷键产生葡萄糖，也能够缓慢水解 α-1,6-葡萄糖苷键和糊精。

将液化好的燕麦浆温度调整到 60℃，加入燕麦籽粒质量千分之一的糖化酶，搅拌糖化 1 h。

8）过滤

使用滤网或者采用离心机（碟片式或卧螺式）将燕麦浆液中的皮渣去除，控制燕麦浆液能够过 200 目筛。

9）调配

调制是根据产品配方和标准要求，在调制缸中将燕麦浆与其他辅料均匀混合，并使其浓度符合标准要求的过程。为了保证产品的稳定性，需要添加增稠剂（羧甲基纤维素、黄原胶等）、乳化剂（单甘酯、蔗糖酯等）、植物油等食品添加剂及辅料。

10）均质

均质在燕麦乳的加工中对产品的风味、口感及稳定性起到至关重要的影响。稳定性与均质压力和温度在一定范围内几乎呈线性关系，压力越大、温度越高，产品的稳定性也就越好。燕麦乳适宜的均质压力为 35～40 MPa，温度为 60～70℃下，均质两次。

11）杀菌

杀菌的温度和时间对于产品的储藏稳定性、色泽与风味有重要影响。中性谷物蛋白饮料由于营养物质丰富，是微生物生长的极佳营养源，因此对于杀菌要求极为严格。燕麦乳一般采用超高温瞬时灭菌，在 135～140℃用时 5～8 s，并迅速降至 40～60℃，能够使产品获得良好的色泽和风味，产品可在室温下保存 9 个月。

12）灌装

冷却后的燕麦浆液放入无菌罐中进行后续包装，目前市场上一般以利乐包和无菌聚对苯二甲酸乙二酯瓶两种包装形式为主，瑞典和意大利的产品均为利乐包，而我国台湾爱之味的产品为无菌聚对苯二甲酸乙二酯瓶。

6.1.2　燕麦茶

麦茶在中国、日本、韩国等国家有着悠久的饮用历史，尤以大麦茶和苦荞麦茶的饮用最为广泛。麦茶味道甜美清香，营养物质丰富，饮用时伴着浓浓的麦香。大麦和苦荞麦之所以被用以制茶，不仅因为它们制茶后具有浓郁的风味，还因为大麦和苦荞麦具有降血脂、降低血清胆固醇、降血糖的功效。长期饮用麦茶能够去火解暑、消除油腻、助消化，还具有护胃、健脾、预防生活习惯病等功效。麦茶不含茶碱、咖啡因等刺激神经的成分，不影响睡眠，也不会弄脏牙齿和茶具。燕麦的功能性质已得到世界的公认，且具有类似于大麦的化学组成和籽粒结构，用其制作麦茶具有良好的物质基础。目前，国内外已有一些燕麦茶产品上市销售。

燕麦茶按照原料主要分为用籽粒制作的燕麦茶和用燕麦叶制作的燕麦茶两种，燕麦籽粒制作的又分为发芽和不发芽两种。燕麦籽粒制作的燕麦茶工艺简单，一般经过筛选、清洁、焙炒后制得。焙炒又分为轻炒型和重炒型，轻炒型口感淡爽，重炒型口感醇厚。日本人和韩国人口味偏清淡，因此多为轻炒型，而中国人口味偏重，市场上多为重炒型的产品。有些燕麦茶是在此基础上增加了发芽的工序，从而丰富了燕麦茶的营养。这一类型产品具有制作工艺简单、产品风味淳厚、成品得率高等特点。

1. 原料

燕麦、茶叶。

2. 工艺流程

燕麦→筛选→清洗→（发芽）→焙炒（轻炒、重炒）→粉碎→过筛→混合→包装→成品。

3. 操作要点

1）清洗

先将燕麦洗净，除去其中石子、砂粒等杂物，然后水洗后再晒干，晒的过程中用纱布覆盖在燕麦籽粒的表面，防止落灰。

2）发芽

如制作发芽燕麦茶，则通过调节发芽温度和发芽时间控制好燕麦的发芽程度，将发芽后的燕麦用于后续焙炒。将清洁的燕麦置于温度为 25～35℃的水中浸泡 6～18 h，捞出浸泡好的燕麦沥去水分。转移至发芽机中，控制温度 25～30℃，每隔 6 h 用清水漂洗一次，发芽时间在 36～72 h，控制芽长为 0.5～0.8 cm。

3）焙炒

焙炒分轻炒和重炒两种，轻炒时用焙炒机均匀焙炒直到表皮微黄、能够压碎为止；重炒是将燕麦籽粒炒至表面焦黄而不发黑为止。

4）粉碎

有些燕麦茶以燕麦籽粒的形式煮后饮用，有些需经过粉碎与茶叶混合后装入茶包饮用。

5）过筛

用粗筛将燕麦粉中颗粒较大的表皮去除。

6）混合

将燕麦粉和茶叶粉按比例混合均匀。

7）包装

混合后包装，即为成品。

6.1.3 燕麦叶茶

目前工业化的燕麦叶茶主要分为传统制茶工艺制备的茶叶和通过冷冻干燥技术加工而成的燕麦叶茶粉。下面分别介绍利用我国传统的茶叶制作工艺和冷冻干燥技术制备燕麦叶茶和燕麦叶茶粉的加工技术。

1. 原料

燕麦。

2. 工艺流程

燕麦→清洗→筛选→培育幼苗→剪苗→杀青→揉捻→干燥→包装→成品。

3. 操作要点

1）清洗

先将燕麦洗净，除去其中杂物、石子、砂粒等，然后水洗后再沥干。

2）培育幼苗

将清洁的燕麦置于温度为 30℃的水中浸泡 12～18 h，捞出浸泡好的燕麦沥去水分。将燕麦籽粒平铺到育苗板上，放置在光线充足的房间内，每隔 8 h 用清水漂洗一次，发芽 10 d 左右，控制苗长 15～20 cm。

3）剪苗

控制苗长到 15 cm 左右后，从根部剪下并将其剪成 2 cm 左右的小段。

4）杀青

杀青对燕麦叶茶品质的形成起着决定性的作用，因此，必须在操作上严格要求。影响杀青质量的因素有锅温、投叶量、机种、时间、杀青方式等。根据不同的设备类型选择最优的杀青工艺，控制杀青后的水分在 60%左右。

5）揉捻

揉捻是燕麦叶茶塑造条状外形的一道工序，对提高成茶滋味、浓度也有重要作用。根据揉捻叶的老嫩、揉筒直径大小、揉捻叶条索的紧结度来确定合适的揉捻时间。

6）干燥

经揉捻后的湿茶坯，含水率在 60%左右，如果直接进行炒干，会在炒干机的锅内很快结成团块，而且茶汁易黏结锅壁形成锅焦。因此将揉捻叶去掉部分水分，再放入锅中炒干。将揉捻叶放在烘干机上烘，控制含水率降到 35%～40%。用自动烘干机在 110～115℃，烘 10 min 左右。冷却后包装获得成品。

6.1.4　燕麦叶茶粉

制作燕麦叶茶粉采用的工艺流程为：燕麦→筛选→培育幼苗→剪苗→冷冻干燥→粉碎→包装→成品。

剪苗前的加工工艺同燕麦叶茶的加工，剪苗以后直接放入冷冻干燥机进行冷冻干燥。冷冻干燥相比于热风干燥等加工技术，能够保持原有的化学组成和物理性质；对于燕麦叶茶粉来讲，能够获得颜色翠绿的产品，但是由于加工过程中能耗成本较高，所以适宜加工附加值较高的高端产品。在冷冻燕麦叶茶粉时，将剪好的幼苗在－50℃温度下冻结成固态，在真空 5 Pa 下使其中的水分不经液态直接升华为汽态。将冷冻好的幼苗粉碎，过 200 目筛，包装即得成品。

6.1.5　燕麦白酒

白酒是世界八大蒸馏酒之一（中国白酒、威士忌、白兰地、伏特加、朗姆酒、龙舌兰酒、金酒、日本清酒），又名烧酒。据《杜康造酒》记载，我国最早的白酒起源于夏代，由夏代 5 代君王杜康所发明。而现在的蒸馏酒加工工艺可以追溯到元朝，据《本草纲目》记载："烧酒非古法也，自元时创始，其法用浓酒和糟入甑，蒸令气上，用器承滴露。"因此，白酒在我国有着悠久的历史。

燕麦的功能性已毋庸赘述，以其为原料酿造的燕麦酒也具有保健功能。以燕麦为主要原料酿造燕麦白酒的历史可以追溯到宋朝末年。相传我国燕麦白酒最初源于蒙古部落，成吉思汗的大军征战蒙古各部及周边各国时，士兵常备于身的酒就是用燕麦酿造而成的。燕麦酒也在元朝时期得到盛行，其香醇的味道一直流传至今。白酒的类型根据酒精含量、香型、糖化发酵剂、生产工艺分为好多种类。本节重点介绍目前市场上常见的一种燕麦酒的加工技术。

1. 原料

燕麦、麦曲、糖化酶、酵母。

2. 工艺流程

燕麦→筛选→浸渍→蒸料→凉渣、冷却→入缸→糖化、发酵→压榨→原酒→调配→灌装→成品。

3. 操作要点

1）浸渍

燕麦籽粒经过清洗以后浸泡于 0.2%～0.3%的碳酸钠水中，浸泡至用手能够将籽粒碾成粉状。

2）蒸料

蒸料时既要保证原料中淀粉充分糊化，又要达到灭菌要求。为减少在蒸煮过程中产生有害物质，蒸煮压力不宜过高，蒸煮时间不宜过长，一般采用常压蒸煮，蒸料温度在 100℃左右，蒸煮时间应在 45～55 min。

3）凉渣、冷却

为了降低料醅温度，以便接入麸曲和酒母进行糖化发酵，并使水分和杂质得以挥发，所以进行凉渣。料醅温度要求降低到下列范围：气温在 1～10℃时，料温降到 30～32℃；气温在 10～15℃，料温降到 25～28℃；气温高时，要求料温降低到降不下为止。

4）入缸

加入麦曲、糖化酶等，搅拌均匀入缸发酵。加曲温度一般在 25～35℃。曲的用量应根据曲的质量和原料种类、性质而定，一般为原料量的 8%～10%。

5）糖化、发酵

料醅在 30～32℃下糖化 22～24 h，然后接入 0.5%左右已经活化的酵母，进行发酵，发酵过程中通过开耙降温控制温度不超过 32℃，发酵 42～48 h。在发酵过程中，伴随着淀粉的糖化和乙醇的形成，还会生成其他的物质，如杂醇油、有机酸、酯类、甲醇、甘油、双乙酰、乙酸等。

6）压榨

通过对发酵好的酒醪进行压榨获得原酒。

7）调配

根据不同配方对原酒进行调配，如加入中草药浸汁、蜂蜜等。

8）灌装

调配好的酒灌装后得成品。

6.1.6　燕麦啤酒

啤酒于 20 世纪初传入我国，其以大麦芽、酒花为主要原料，以玉米、大米、小麦、大麦、淀粉及糖浆等为辅料，经发酵而酿制的低酒精度酒。啤酒富含各种人体所需的能量、氨基酸、维生素及矿物质，也称为“液体面包”。啤酒根据发酵工艺分为下面发酵啤酒和上面发酵啤酒两大类。下面发酵啤酒是指发酵温度不超过 13℃，发酵时间为 5～10 d，因在发酵后期大部分酵母菌沉降于发酵罐的底部，故称为下面发酵啤酒。而上面发酵啤酒发酵温度在 15～20℃，发酵 4～6 d，发酵后酵母菌大部分浮于液面，故称为上面发酵啤酒。随着啤酒工业的不断发展，酿造啤酒的原料范围也不断拓宽，目前有以小麦制作麦芽后发酵的啤酒。因含有丰富的营养物质，燕麦成为酿造营养保健啤酒的优质原料，在英国等，燕麦啤酒已经广泛存在于普通家庭的餐桌上。在我国，燕麦啤酒处于起步阶段，目前已有一些产品上市销售。下面就一种燕麦啤酒的酿造技术进行简要介绍。

1. 原料

燕麦、燕麦芽、大米、啤酒酒花、淀粉酶、糖化酶、脱支酶。

2. 工艺流程

燕麦芽的制备→燕麦芽糖化→燕麦、大米粉的糊化→混合→酶解→保温→升温→过滤→分次煮沸→添加酒花→沉淀→冷却→发酵→储藏→过滤→灌装→成品。

3. 操作要点

1）燕麦芽的制备

经清理的燕麦，加 2%次氯酸钠溶液于室温下浸泡 20 min，进行表面杀菌。用蒸馏水洗净后置于水中浸泡 16 h，沥干后置于发芽盘中发芽 2～3 d。温度控制在 15～20℃，每 8 h 用纯净水漂洗一次。发芽好的燕麦经烘干、除根后获得燕麦芽。

2）燕麦芽糖化

燕麦芽经粉碎后加入适量的温水，在 30～38℃利用燕麦芽自身的酶制剂进行糖化，燕麦芽中的部分淀粉水解成麦芽糖。由于燕麦芽中自身的酶数量和活性有限，短时间内很难完全作用，因此添加其质量约 5 倍的水，加入复合酶进行糖化。加温至 40～45℃，加入原料量 0.05%的复合酶，保温 20 min 左右，升温至 50～55℃，再保温 40 min 成糖化醪液。

3）燕麦、大米粉的糊化

燕麦、大米粉碎后加入 5 倍的水，加温至 40～45℃，加入原料量 0.05%的耐高温淀粉酶，升温至 65～75℃，保温 30 min，再升温至 95～100℃，保温 30 min，成糊化醪液。

4）混合

将糖化醪液与糊化醪液混合，调整混合的醪液温度为 65℃左右。

5）加糖化酶、脱支酶

按原料量的 0.02%加糖化酶，保温 30 min，然后加 1 倍的冷水，降温至 55℃左右；加入原料量 0.08%的脱支酶，保温 30 min，升温至 70℃左右，保温 30 min，再升温至 75℃过滤，将过滤后的汁液分次煮沸。

6）添加酒花

啤酒花为大麻科葎草属多年生蔓性草本植物，酿造所用的均为雌花。酒花的加入使啤酒具有独特的苦味和香气，并具有延长保质期的功效。添加原料量 0.8%的酒花到混合液中。

7）沉淀、发酵

在沉淀槽中进行沉淀，冷却至 8～10℃后，加入原料量 5%的酵母，发酵 6～10 d，发酵控制在 12℃以下，即前面所说的下面发酵法。发酵过程分为起泡期、高泡期、低泡期。刚发酵好的啤酒一般称为嫩啤酒，口味粗糙，CO_2 含量低，不宜直接饮用，故需要经过后酵。将嫩啤酒输送到储藏罐中，冷却至 0～1℃，并加一定的压力，将 CO_2 溶入啤酒中。经过 2 个月后酵以后啤酒成熟。

8）过滤

采用硅藻土、微孔滤膜等方式在−1℃温度下过滤得到啤酒清汁。

9）灌装

啤酒的灌装一般分为桶装、易拉灌装和瓶装。一般未经巴氏杀菌的鲜啤酒采用桶装的形式，具有品质好、成本低廉的优势，但是保质期有限。而易拉灌装和瓶装是啤酒大范围流通的主要形式。易拉灌装和瓶装的啤酒都经过巴氏杀菌且保气性和遮光性均较好，故可长距离运输和长期保存。随着科技的进步，啤酒发展出了不经巴氏杀菌的纯生啤酒，这种啤酒采用除菌过滤与无菌包装技术相结合的方式来保证产品的无菌状态。这类啤酒由于未经过加热破坏鲜啤酒的品质，非常受消费者欢迎。

6.1.7 燕麦方便粥

研发人员采用快熟型大燕麦片，搭配再制米粒、脱水蔬菜、肉粒、香辛料调味等，研制出鸡茸玉米口味、香菇瘦肉口味、特浓牛奶口味三种方便粥。这种粥既有咬劲和麦香，又实现了燕麦全谷物的摄入，营养而方便。新产品不仅实现了燕麦食品从西式食品向中式食品转化的梦想，也为中式传统食品产业化开辟了新领域，同时还体现了休闲食品的健康转型。下面围绕一种方便燕麦粥的加工工艺进行简要介绍。

1. 原料

燕麦、其他配料。

2. 工艺流程

选料→焙炒→水煮→离散→冷冻或干燥→成品。

3. 操作要点

1）选料

选择适于蒸煮食用的燕麦原料品种，将燕麦轻碾制成燕麦米后再制作方便燕麦粥。燕麦米经过筛选、风选、色选机色选，去除坏粒、不成熟粒、病虫害粒和杂质等。如配方中加入小米、荞麦等配料，则处理方式同燕麦。

2）焙炒

采用小火，使燕麦籽粒中的水分慢慢脱去，控制 30 min 左右将水分降到 6%。炒制过程中水分从籽粒内部不断扩散，使籽粒形成多孔的结构。

3）水煮

含水量 6%左右的炒燕麦，水煮后体积比原来体积增大 5～6 倍。水煮以后燕麦籽粒已经完全糊化，这样的产品在食用过程中凉水、热水均能够冲泡食用。

4）离散

向蒸煮后的燕麦中散入淀粉等离散剂或者通过机械打散的方式进行离散。

5）冷冻或热风干燥

方便粥有冷冻型和干燥型。冷冻型是在温度 −25℃的条件下冷冻制得的产品，此类产品具有复原的速度快、米粒无硬心等特点。干燥型是在 80℃条件下进行热风干燥制得的产品，控制燕麦粒的含水量为 6%左右，需干燥 1 h 左右。

6.2 燕麦焙烤食品

燕麦焙烤食品是以燕麦粉、小麦粉、酵母、食盐、砂糖为基本原料，添加适量的奶粉、鸡蛋、油脂等辅料，通过和面、醒发、高温焙烤等一系列工艺而制成的方便食品。其具有良好的保存性且营养丰富，可作为主食，又可作为饭前饭后的甜点，而广受人们喜爱。燕麦焙烤食品顺应了当今食用全谷物食品的潮流，能够充分利用燕麦中的功能活性成分，对改善我国居民的膳食结构、增加膳食纤维的摄入等均具有重要意义。焙烤食品种类繁多，可大致分为面包、饼干和糕点三大类，糕点又分中式糕点和西式糕点。本节重点围绕燕麦面包、饼干、西式糕点和中式糕点介绍燕麦焙烤食品的加工工艺。因西式糕点和中式糕点的种类均非常多，本节就西式糕点中的蛋糕和中式糕点中的酥饼及月饼的加工工艺进行介绍。

6.2.1 燕麦面包

传统的面包加工采用精白面粉作为主料，生产的产品称为白面包。多年以来，精细化的加工让谷物中的维生素、微量元素、膳食纤维、矿质元素等含量大大低于全谷物产品，造成摄入的能量过剩而重要的营养因子摄入不足的现状。近年来，欧美等都开始全力推出全谷物食品，2010 年美国市场上全谷物的“黑”面包的销量首次超过了普通白面包的销量。目前，全谷物食品在发达国家已成为消费的潮流。

由于制作面包需要高面筋的面粉，而燕麦麦谷蛋白含量（20%～25%）与小麦蛋白相差不大，但是由于燕麦麦谷蛋白的分子量较小，不具备良好的黏弹性，加工过程中不能形成面团。因此，在制作燕麦面包时燕麦全粉的添加量受到了一定的限制，目前燕麦全粉制作的面包一般添加量在 15%左右。在面包制作过程中除了直接添加燕麦全粉以外，还有添加燕麦片、燕麦麸皮等的产品。燕麦面包的加工工艺同普通面包一样，分为一次发酵法、二次发酵法及三次发酵法。本节介绍一种最常见的二次发酵法生产的燕麦面包生产工艺。

1. *原料*

小麦粉、燕麦全粉、面包改良剂、酵母粉、黄油、糖、盐、鸡蛋、奶粉。

2. *工艺流程*

原辅料预处理→一次和面→发酵→二次和面→醒发→搓圆→中间醒发→整形与装盘→醒发→焙烤→冷却→包装→成品。

3. *操作要点*

1）原辅料预处理

将燕麦粉、高筋小麦粉、面包改良剂投入和面机中混匀后，加入总粉量约 1%的酵母粉混匀，加入总粉量约 35%的温水，静置约 8 min。当酵母体积膨胀，出现大量气泡时即可调制面团。燕麦粉和高筋小麦粉的比例尤为重要，面筋的含量决定了面包的组织结构是否均匀细腻，面筋不足时面包组织粗糙，气孔大，面包品质不佳。由于高筋小麦粉的面筋含量有限，限制了燕麦粉的添加。因此在制作燕麦面包过程中也可加入谷朊粉来进一步提高筋力，再辅以面包改良剂，这样能够将燕麦粉的添加量提高到 35%以上。

2）一次和面

再向和面机中加入糖、盐后，开始慢速搅拌，使糖和盐充分溶化、混匀。混匀后开始加快搅拌的速度，直到调制成疏松的面团。

3）发酵

发酵是面包加工中的关键环节，发酵过程中酵母菌将面粉中的淀粉和糖分分解产生 CO_2 和乙醇等物质。CO_2 以气体的形式存在于面筋网络之中。在后续加热时 CO_2 气体受热膨胀，使面包具有疏松多孔的结构。发酵程度的控制非常关键，发酵不足，面包不能够很好地膨胀，体积小，风味明显不足且质地粗糙；发酵过度则面团会发黏，影响后续工艺且产生不良的酸味。此处的发酵也称为一次发酵，将面团置于 28℃、空气相对湿度 75%的条件下发酵 4 h。

4）二次和面

一次发酵结束后加入剩下的辅料后，先以慢速搅拌成团后，然后改用中速搅至面筋形成良好，再快速将面团搅拌至细腻、光滑的成熟面团。

5）醒发

醒发又称为中间发酵，目的是为了使面团容易伸展，方便后续的整形。将面团静置在温度约 32℃、控制相对湿度 78%的条件下，醒发约 20 min 至面团充分发起。

6）搓圆

将和好的大块面团分割成 80 g 小块面团，再将不规则的面团经搓圆揉成圆球形状，使之表面光滑、结构均匀。

7）整形

整形过程中须将面团中的所有气体全部排出，不可有气体残留，残存的气体是面包内部空洞产生的原因。将成型的面包坯置于烤盘内。

8）醒发

这次醒发又称为第二次发酵，将搓圆整形后的面包坯置于醒发箱内，醒发温度为 38℃，相对湿度在 85%以上，醒发 1 h，待面包坯膨大到 2 倍大的体积，便可进行焙烤。

9）焙烤

焙烤之前为了获得面包表面美观的色泽，在表面刷液，如牛奶、蛋清液、蛋黄液或者全蛋液、蜂蜜等。将面包坯送入烤炉中，上火温度 210℃，下火温度 190℃，焙烤 15 min，烤至面包皮色发黄即可出炉。

10）冷却、包装

室温冷却到 35℃以下即可包装出货。

6.2.2 燕麦饼干

饼干是以小麦粉（可添加糯米粉、淀粉等）为主要原料，加入（或不加入）糖、油脂及其他原料，经调粉（或调浆）、成型、焙烤等工艺制成的口感酥松或松脆的食品。根据原料和加工工艺的不同分为酥性饼干、甜酥性饼干、韧性饼干、苏打饼干、薄脆饼干、曲奇饼干、夹心饼干、威化饼干等。饼干产品多以精白米面制作，添加大量油脂，使饼干成为高油、高脂的不健康食品。近年来，杂粮饼干、膳食纤维饼干成为消费的时尚，多以无蔗糖、富含膳食纤维为主打。但是很多产品简单地添加杂粮，导致不溶性膳食纤维的含量增高，严重降低了饼干的食用品质；而且加工过程中依然大量使用高饱和脂肪酸含量的猪油等低端油脂，因此真正健康的杂粮饼干并不多。

由于酥性饼干的制作并不依赖于面粉的筋力，因此是添加无筋力燕麦粉、燕麦麸皮及其他膳食纤维原料的最佳产品形式。燕麦饼干分为燕麦全粉饼干、燕麦麸饼干、燕麦片饼干、燕麦籽粒饼干等。燕麦富含可溶性膳食纤维，添加时对口感的影响较小。燕麦含有谷物中最高的油脂含量，燕麦粉的使用可以降低起酥油的使用。因此，通过科学设计和加工工艺的优化可以用燕麦加工出真正营养健康的杂粮饼干。本节仅介绍一种燕麦全粉酥性饼干的制作方法。

1. 原料

燕麦粉、白糖、起酥油、奶粉、鸡蛋、食盐、碳酸氢钠、碳酸氢铵、柠檬酸、起发粉、香精。

2. 工艺流程

原料计量配比→面团调制→辊轧→成型→焙烤→冷却→包装→成品。

3. 操作要点

1）原辅料计量配比

按照配方设计将各种原辅料计量备用。将燕麦粉、白糖、起酥油、起发粉、奶粉及食盐倒入和面机中混合均匀。再将碳酸氢钠、碳酸氢铵、柠檬酸用少量水溶解后倒入和面机。最后将鸡蛋、香精加入和面机混合均匀。

2）面团调制

将称量好的粉状物料混合均匀，边搅拌边加水揉制成软面团。加水量不能过多，控制在 3%～5%以内，最终面团的含水量在 16%～20%为宜。

3）辊轧、成型

将和好的面团放入饼干成型机中，进行辊压和冲印成型。面团较软，成型时，在面片表面洒少许植物油或燕麦粉，以防面片黏轧辊。压延比控制在 1∶4 以内。

4）焙烤

将成型好的饼干放入上火 220℃、下火 200℃的烤箱内，焙烤 20 min，即可烤熟。

5）冷却、包装

经焙烤后的饼干，挑出残次品，待自然冷却到 35℃后，包装、储藏。

6.2.3　燕麦西式糕点

从国外传入我国的糕点统称为西式糕点，如法式、英式、德式等。制作西式糕点一般以面粉、糖、黄油、牛奶等为主要原料，因此蛋白质、脂肪的含量较高，口味香甜，样式繁多。西式糕点分为蛋糕、混酥、点心、起酥和气古等五类，而蛋糕是西式糕点中最主要，也是最多的。蛋糕又分为奶油蛋糕、水果蛋糕、冰淇淋蛋糕。燕麦粉吸水率高、黏度大、面团筋力差、稳定时间短的特点限制了其在制作面包时的添加量。但是制作燕麦蛋糕能够进一步提高燕麦的添加比例，甚至采用 100%的燕麦粉来替代小麦粉。这是由于蛋糕的制作不需要形成强的面筋网络，面筋含量高了反而在搅拌过程中容易起筋，从而破坏蛋糕的品质和口感。下面介绍一种全燕麦蛋糕的制作工艺。

1. 原料

燕麦粉、白砂糖、鸡蛋、植物油、食盐、香甜泡打粉、发酵粉。

2. 工艺流程

原料预处理→计量配比→打蛋→调面糊→入模→焙烤→冷却→包装→成品。

3. 操作要点

1）原料预处理

将燕麦粉过 100 目筛，去除粗糙粒、麸皮及杂质。

2）打蛋

按配比将鸡蛋、白砂糖、泡打粉放入打浆机中，搅打 20 min 左右，直到蛋液变得奶白，且体积增加至 2～2.5 倍。

3）调面糊

将燕麦粉和其他辅料按照配方比例缓慢均匀地加入到蛋浆中，边倒边搅拌。搅拌成均匀的面糊以后静置 10～15 min。

4）入模

将调好的面糊加入到经过预热和涂油的蛋糕模具中，加入量控制在磨具容量的 2/3 为宜。

5）焙烤

将烤盘放入 180℃的烤箱中，焙烤 15～20 min，即可烤熟出炉。

6）冷却、包装

经焙烤后自然冷却到 35℃后包装、储藏。

6.2.4 燕麦酥饼

酥饼色泽金黄诱人、口味香脆美味，是我国闻名遐迩的传统特产。我国的酥饼尤以金华酥饼最为著名。随着酥饼配方和工艺的不断改进，目前制作酥饼须经过制皮、制馅，经泡面、揉面、搓酥、摘坯、制皮、包馅、收口、擀饼、刷饴、撒麻、焙烤等 10 余道工序。加工原料也不断丰富和改进，现已有火腿酥饼、牛肉酥饼、甜酥饼、辣酥饼、双麻酥饼、姜堰酥饼、卤肉豆沙酥饼、红庙酥饼等多种品种。随着人们对营养健康的追求，加入了燕麦、荞麦等的五谷杂粮的酥饼正成为流行的新趋势。下面就一般的燕麦酥饼的加工工艺加以介绍。

1. 原料

燕麦粉、小麦粉、梅干菜、五花肉、芝麻、白砂糖、鸡蛋、植物油、老姜末、料酒、胡椒粉、食盐、酱油。

2. 工艺流程

调馅→炒油酥→调制面团→包馅→刷糖→焙烤→冷却→包装→成品。

3. 操作要点

1）调馅

将梅干菜浸泡 1 h 后备用，将五花肉剁成肉丁。肉丁放入油锅中，加入少量酱油翻炒而不变色，再加入浸泡好的梅干菜翻炒均匀。加入老姜末、料酒、胡椒粉、食盐、白砂糖、植物油、少量水混合均匀搅拌成馅料。

2）炒油酥

将植物油倒入锅里，烧热后加入小麦粉，炒至颜色发黄后取出。

3）调制面团

将燕麦粉、小麦粉、植物油混合后加入一定量的温水，和好面以后醒发。

4）包馅

将醒发好的面团用擀面杖擀成大的薄饼，把油酥均匀地抹在薄饼上，然后从一端开始卷成长条。用刀将长条分割成一个个小面团，将面团再擀成薄饼，然后再放上调制好的馅料，包好。

5）刷糖

将包好馅料的面团，压成圆饼，在表面刷上糖水。

6）焙烤

将烤盘放入 160～180℃的烤箱中，焙烤 15～20 min，即可烤熟出炉。

7）冷却、包装

经焙烤后自然冷却到 35℃后包装、储藏。

6.2.5　燕麦月饼

月饼作为久负盛名的传统小吃，深受广大人民群众喜爱，从唐朝开始我国部分地区就出现了中秋节吃月饼的习惯，至明朝时已成名全民共同的饮食习俗。月饼以面粉等谷物粉、油、糖等原料调质成皮后，包裹上核桃仁、杏仁、莲蓉、枣泥、莲子及芝麻等内馅。我国传统意义上的月饼按照产地、销量和特色分为广式月饼、京式月饼、苏式月饼和潮式月饼。尽管月饼味道鲜美，但是由于月饼油多、糖多，加上馅料（如核桃仁、蛋黄等）也是高油高胆固醇的原料，所以月饼属于高热量食品，高血压、高血糖、高血脂及肥胖者不宜多吃。随着食品工业水平的不断发展，一些非传统月饼也登上了百姓的餐桌，且不限于节日期间食用，如市场上非常受欢迎的法式月饼、特色杂粮月饼等。以杂粮为原料加工的一些低糖、低脂的月饼因相对健康，受到消费者的欢迎。

目前市场上的杂粮月饼以燕麦、荞麦、苦荞、小米等为主要原料，配料也选用木糖醇作为甜味剂，生产的产品低糖而不油腻、营养全面而均衡。近年来，每逢中秋节各地月饼市场上的杂粮月饼成为销售的热点，如陕西榆林的老榆林杂粮月饼。老榆林杂粮月饼是在面皮中添加了小香米面，搭配融合了绿豆、荞麦、燕麦、黑豆、小玉米等杂粮馅料成分，加工过程中以低糖、低脂为原则，使用木糖醇和胡麻油为辅料而制成。此类杂粮月饼口感略微粗糙，但是不油腻、有嚼头、味道鲜美，深受广大消费者喜爱，中秋节期间常常供不应求。下面以广式月饼为例介绍一种燕麦月饼的加工工艺。

1. 原料

燕麦粉、面粉、玉米粉、白砂糖、植物油、食盐、牛奶、五仁（杏仁、花生仁、瓜子仁、核桃仁、芝麻仁）、木糖醇。

2. 工艺流程

熬糖浆→调制面团→醒发→包馅→成型→一次焙烤→冷却→刷蛋→二次焙烤→冷却→包装→成品。

3. 操作要点

1）熬糖浆

熬制好的糖浆需要存放至少 2 周以上，因为糖浆的转化是一个缓慢的过程，刚刚熬制好的糖浆尚未转化完全，不宜使用。熬制糖浆的原料是砂糖、柠檬片、柠檬酸、菠萝肉和清水。熬制时先用大火将水烧开，一边搅拌一边倒入砂糖，使糖完全熔化，以免沉入锅底糊锅。熔好糖以后改成小火，然后加入柠檬片、柠檬酸、菠萝肉，熬制 2 h，能够拉起糖丝即可出锅保存。保存时装入干净的容器中，冷却后密封保存 2 周以上便可使用。柠檬酸等的加入是为了使白糖转化成葡萄糖和果糖，因果糖在温度超过 95℃时会发生焦糖化反应，所以熬糖时温度不宜过高，一般控制在 115℃以下，时间也不可过长。此外，熬糖时糖浆的浓度应适宜，过稀，月饼难以上色，过浓则影响月饼皮的组织结构，产生裂纹，糖浓度一般控制在 78%～83%。

2）调制面团

广式月饼最鲜明的特点就是饼皮由糖浆面团制成，调制面团时向燕麦粉及面粉等粉质原料中加入糖浆、植物油调制成糖浆面团，注意制作时不加入水分。用糖浆制作面团的好处是既可以限制面筋的生成量，又能保证面团具有一定的延展性和可塑性。和好的面团在醒发箱中醒发，控制温度在 18～20℃，相对湿度控制在 65%左右，进行醒发，醒发时间控制在 5～10 h。

3）包馅

月饼馅根据配方配比以后，进行熟制。将月饼馅包入醒发好的面团中。馅料的硬度和面团的硬度尽量控制得一致，这样可以避免烤制后出现皮馅分离的现象。

4）成型

包好馅料以后在月饼表面撒上干面，防止黏模具，然后放入压模机压模。

5）一次焙烤

将月饼坯子均匀放置到烤盘中，在表面喷洒一些水分，这样可以使月饼表面的干面糊化，并使月饼受热稳定均匀，保持饼皮的色泽浅黄不开裂。控制上火温度在 220℃左右，下火温度在 180℃左右，焙烤时间根据月饼厚度、大小控制在 10～15 min。

6）冷却

将一次焙烤后的月饼从烤箱中取出，通风冷却至室温。

7）刷蛋

为将月饼烤至表面金黄色，在月饼表面刷上蛋液。蛋液按照蛋黄与全蛋 3∶1 的量配制，搅打混合以后均匀刷到月饼表面。

8）二次焙烤

将刷好蛋液的月饼再次放入烤箱中进行烤制，控制上火温度 240℃左右，下火温度在 200℃左右，时间控制在 5 min 左右。

9）冷却、包装

自然冷却到 35℃后包装、储藏。

6.3　燕麦膨化食品

膨化休闲食品又称为挤压食品或喷爆食品，是以谷物、薯类、豆类等淀粉含量较高的原料为主料，辅以其他食品辅料，经挤压膨化制成。在各类休闲食品中，我国有超过一半的居民曾购买膨化休闲食品，排在后面的是饼干类、口香糖和干果类，膨化休闲食品受欢迎的程度可见一斑。挤压膨化技术不仅可以生产小食品，也可以用于原料的预糊化，如生产预糊化粉、即食粉、营养粉等。

燕麦的挤压膨化技术目前用于生产直接挤压膨化食品和间接挤压膨化食品两种。现在市场上的一些燕麦片产品属于间接挤压膨化食品，加压机只是让原料达到熟化、半熟化、组织化状态并压成片状。有些间接挤压膨化之后还需要进行焙烤或者油炸来获得最终产品，这种方法有工艺烦琐、加工时间长、产量低的缺点。而直接挤压膨化与间接挤压膨化相比，在短时间内一次性完成产品的生产，具有工艺简单、加工时间短、产量大的优点。

直接连续挤压膨化工艺的核心设备是挤压机，其具有压缩、混合、混炼、熔融、膨化、成型等作用。挤压机最常用的是单螺杆挤压机和双螺杆挤压机，而双螺杆挤压机同单螺杆挤压机相比更具优势，因为单螺杆挤压机对物料粒度、水分要求、组分要求严格，且容易产生物料倒流、螺杆易磨损等问题。挤压膨化的原理是物料在高温高压条件下，水分不断吸收能量而汽化，物料从固态变成黏流态，这一过程中淀粉糊化、蛋白质变性。随着物料的不断连续挤出，到达挤压机腔体的末端，熔融的物料在高压的作用下通过模板的模孔而挤出，由于压力突然下降，水蒸气迅速膨胀和散失，使产品形成多孔结构，然后膨化的物料被旋转刀切成一定大小和形状的产品。

6.3.1　燕麦膨化粉

燕麦全粉含有较多的脂肪、蛋白质和纤维，挤压膨化的效果不佳。目前一般以燕麦粉为原料，经挤压机膨化后再粉碎制得燕麦膨化粉。燕麦可单独膨化后作为食品原料应用到保健品、谷物奶、营养米粉、婴幼儿食品、焙烤食品、调味品、冲调食品中，也可通过添加蔗糖或其他甜味剂直接加工成谷物早餐等即食产品。目前市场上也有将芝麻、豆类及其他谷物为混合原料，再辅以其他调味料后制得的谷物早餐食品，也有通过复配药食同源的原料（如淮山药、百合、薏苡等）制成的功能性产品。

燕麦膨化粉具有不添加任何添加剂（如香精、色素、膨松剂等）的优点，经过膨化的燕麦糊化度显著提高，纤维结构的细胞壁被破坏或者软化，改善了燕麦粉的适口性。同时膨化处理可以钝化燕麦中的脂肪酶及一些蛋白酶抑制剂，使得蛋白质变性而易消化。由于膨化过程中的高温高压处理，燕麦粉中的绝大部分微生物（如好气性生物、嗜中性细菌、大肠杆菌、霉菌、沙门氏菌等）被杀死，且膨化失水后的燕麦膨化粉水分活度低，便于储藏和运输。但是燕麦膨化粉也具有一定缺点，温度、压力、摩擦均会导致维生素的破坏，燕麦中含有丰富的生育酚类和三烯生育酚类等维生素，在加工过程中势必造成一定的损失。因此，膨化加工过程中如何减少营养成分的破坏及抑制有害物的生成是目前研究的热点。下面就纯燕麦膨化粉的加工工艺加以介绍。

1. 原料

燕麦粉。

2. 工艺流程

原料预处理→加水→挤压膨化→干燥→粉碎→包装→成品。

3. 操作要点

1）原料预处理

将燕麦粉过 100 目筛。

2）加水

加入物料 20%的水分，使得燕麦粉高度膨化。

3）挤压膨化

安装好预定形状的磨头和切刀后预热挤压机，设定螺杆转速 200～250 r/min，温度 150～180℃，工作压力 1 MPa 左右，挤压时间 20～25 s，获得高度膨化的燕麦粉，并使水分降低到 6%左右。

4）干燥

将膨化块放入 80℃热风干燥箱干燥。

5）粉碎

将干燥好的燕麦块置于粉碎机中粉碎，粉碎后包装。

6.3.2 膨化休闲小食品

膨化休闲小食品一般指经过挤压机挤压膨化所生产的一类产品，具有设备简单、制作简单、成本低廉、原料配方多样化、产品种类丰富、组织结构多孔蓬松、口感爽脆、易于消化等特点。但是，膨化小食品给人的印象一向是高热量、高脂肪、高盐的代表。因此，传统的膨化小食品是不宜长期大量食用的，容易造成热量和油脂的过多摄入，造成脂肪过度堆积从而引发生活习惯病。此外，挤压膨化过程容易造成维生素等营养物质的破坏，从而降低产品的营养品质。因此，从原料筛选、配方设计、工艺选择上避开这些弊端，开发营养、健康、美味的休闲小食品，是未来发展的必由之路。燕麦含有 55%左右的淀粉，具备制成膨化休闲食品的物质基础，再加上燕麦丰富的营养功能，使之成为制作膨化休闲食品的优选原料。下面介绍一种常见的燕麦休闲膨化小食品。

1. 原料

燕麦粉、豆粉、蔗糖、奶粉、食盐、水果粉、蔬菜粉、植物油、调味料等。

2. 工艺流程

原料预处理→计量配比→混合→挤压膨化→调味→焙烤→冷却→包装→成品。

3. 操作要点

1）原料预处理

将燕麦粉过 100 目筛，并加入经过过筛的豆粉、蔗糖、奶粉、食盐及水果粉或者蔬菜粉等粉状辅料。

2）计量配比、混合

将原料按照配方称取并混合均匀后加入适量的水分，使得水分含量控制在 10%～15%。水分含量越高，产品从模孔挤出时气孔越多，膨化率越高，但是产品表面较粗糙，干燥后容易破碎。所以根据目标膨化度来调整水分含量。

3）挤压膨化

安装好预定形状的磨头和切刀后预热挤压机，设定螺杆转速 200～250 r/min，温度 120～160℃，工作压力 1 MPa 左右，挤压时间 15～20 s。挤压后水分含量在 8%左右。

4）调味

将调味料调成液体或直接涂于产品表面。

5）焙烤

置于烘箱中 80～100℃焙烤，烘至水分含量在 5%以下，冷却后包装。

6.4　燕麦方便面

方便面在我国已经成为一种大众化的方便食品，方便面的产量和年消费量均居世界第一位。传统工艺加工的方便面制品无论是产品品质还是销量都已经高度成熟，但我国方便面行业产品创新不足，产品多属于传统工艺生产的中低端产品。产品的差异化主要体现在料包上，而面本身同质化非常严重。我国《食品工业“十三五”发展规划》提出，“十三五”期间，我国将大力推进方便食品制造业的快速发展，坚持产品的营养化、方便化、多样化，以有机、绿色、健康为发展理念，巩固产业优势以满足市场细分需求。经过近几年国家和企业对方便面行业的推动，目前市场上的非油炸方便面、杂粮方便面已经开始崭露头角。这些产品一是降低了方便面中的油脂含量，二是弥补了精白面中矿物质、维生素的缺乏。

我国市场上运用燕麦制作的挂面较多，而燕麦方便面比较鲜见。这是因为燕麦粉筋力不足，加之其脂肪含量是谷物中最高且不饱和脂肪酸含量较高，导致了燕麦方便面成型困难并容易发生脂质氧化。因此，尽管燕麦的大量加入可以改善方便面的营养性，但是目前仍以燕麦粉与小麦粉混合的方法生产方便面。方便面主要分为油炸方便面和非油炸方便面，两种类型的产品各有特点。非油炸方便面在储藏性方面要优于油炸方便面，非油炸方便面不会发生脂肪的氧化变质。因燕麦本身的油脂含量特别高，所以采用油炸的方式加工在一定程度上可以减少脂肪氧化的发生。以下介绍一种添加了燕麦粉的油炸方便面生产工艺。

1. 原料

燕麦粉、小麦粉、植物油、食用碱、食盐、复合磷酸盐、瓜尔胶、海藻酸钠、羧甲基纤维素。

2. 工艺流程

原辅材料选择→计量配比→预糊化→和面→熟化→复合压延→轧片→切条折花→蒸煮→定量切割→折叠→入模→油炸→脱模→冷却→加入汤料包→包装→成品。

3. 操作要点

1）原辅材料选择

燕麦粉要使用燕麦精粉。小麦粉要求品质达到特一级标准，湿面筋含量达到35%以上，蛋白质含量在13%以上。

2）预糊化

将称量好的燕麦粉放入蒸拌机中，通蒸汽搅拌，通过控制蒸汽量、蒸汽温度及通蒸汽时间来使燕麦粉充分糊化。一般糊化加水量为燕麦粉质量的50%左右，糊化时间在10 min左右。

3）和面

向预糊化好的燕麦粉中加入小麦粉和其他辅料充分混合后，加水搅拌和面，和面约 15 min，直至形成均一稳定的面团。

4）熟化

面团和好后放入熟化器熟化 20 min 左右。熟化器加盖防止水分散发。

5）复合压延

压延过程为：面团送入轧片机中先轧成面带，进行一次复合压延后，依次经过 2.6 mm、2.2 mm、1.8 mm、1.4 mm、1.0 mm、0.7 mm 间距的轧辊形成压延好的面带。

6）切条

压好的面带进入切面辊筒压切成面条，根据产品的要求可以将挂面轧成圆形、方形、宽带形等形状。

7）蒸煮

采用常压蒸汽蒸煮使淀粉受热糊化，蛋白质受热变性，面条由生变熟。一般采用蒸煮箱常压蒸煮，蒸煮时间为 90～110 s，箱内蒸汽压力为 0.0588～0.0686 MPa。

8）折叠、切块

以每包成品质量 200 g 的标准，将蒸好的面条折叠、切块。

9）油炸

炸油选用棕榈油，在 135～155℃高温下，大约经过 90 s 的油炸处理，使面块的水分降低至 3%～5%。

10）冷却

油炸脱水后的面块进入冷却隧道，使用风冷，冷却时间一般为 3 min 左右，使产品降低至稍高于室温即可包装。

6.5 燕麦能量棒

能量棒是一种方便、快捷、营养均衡、能量充足、食用方便的食品，可以只补充一定的水就能提供人体所需的能量和营养。能量棒是军人、运动员、健美爱好者、登山爱好者、野外作业人员、资源勘探人员及快节奏生活方式下的都市白领等没有充分时间用餐人们的方便食品。它于 1985 年问世，经过 30 多年的发展，无论从产品配方、加工工艺，还是从产品需求和销量方面都获得了突飞猛进的发展。一支 100 g 的能量棒可以提供 450 kcal 的热量，等同于同等质量的巧克力所提供的热量，相当于 4 两馒头或者 8 两米粉提供的热量。燕麦是制作能量棒的优质原料，与其他辅料相配合能够提供优质的蛋白质、碳水化合物、脂肪、膳食纤维、维生素、矿质元素及能量。下面就一种燕麦能量棒的加工工艺进行介绍。

1. 原料

即食燕麦片、低筋小麦粉、葡萄干、番茄干、杏仁、腰果、红糖、麦芽糖、鸡蛋、黄油、食盐、蜂蜜。

2. 工艺流程

原料预处理→计量配比→打蛋→调面糊→成型→焙烤→冷却→包装→成品。

3. 操作要点

1）原料预处理

将燕麦片放入微波炉中加热至微微的燕麦香味散出，取出后冷却备用。将葡萄干、番茄干、杏仁、腰果切成小丁。

2）计量配比

按配方的比例准备好各原辅料。

3）打蛋

按配比将鸡蛋、麦芽糖、黄油、热水放入打浆机中，搅打 20 min 左右，完全熔化。

4）调面糊

加入其他辅料后混合均匀，转移到铺好焙烤纸的模具中，用刮刀抹平以后再在上面盖上焙烤纸压实。

5）焙烤

置于烘箱中 160℃焙烤 25～30 min，冷却后包装。

6.6　燕麦膳食纤维产品

在发达国家，膳食纤维作为保健食品基料，在预防和改善高血脂、高血压、高血糖、糖尿病、心血管疾病等生活习惯病的食品中得到广泛应用。燕麦总膳食纤维含量在 17%～21%，其中 35%左右的可溶性膳食纤维（即 β-葡聚糖）和 65%左右的不溶性膳食纤维。燕麦膳食纤维具有平和的口感，较大量地添加不仅不影响食品本身的风味，还具有良好的增稠性和稳定性，便于添加到各类食品当中。

6.6.1　国外燕麦膳食纤维产品

目前在欧美、日本等发达国家，食品中添加膳食纤维已经非常普遍，各类添加膳食纤维的产品琳琅满目，在欧美和日本很多地区有专门经营膳食纤维产品的专柜，日本甚至将膳食纤维列在食品目录中。在我国市场上可以买到的瑞典 Prorsum Healthcare AB 公司生产的贝塔克露（Betaglucare）专利产品，它是从燕麦麸皮中提取的 β-葡聚糖浓缩物，含有 22%的可溶性膳食纤维，是经过欧盟食品安全局（EFSA）和美国食品药品监督管理局官方认证的健康食品。该产品可以直接食用，或与水、牛奶、果汁等混合食用，具有调节血糖、降低血脂、清肠通便、提高免疫力等功效。

6.6.2　国内燕麦膳食纤维产品

我国对膳食纤维产品的开发较晚，一些膳食纤维主要应于保健品的生产，而普通食品中应用较少。而燕麦膳食纤维因功能活性显著而被广泛应用，在高膳食纤维蛋糕、饼干、面包等产品中经常见到燕麦膳食纤维作为配料出现，且添加量能够达到 20%以上。燕麦膳食纤维在饮料中的应用在欧美和日本已经非常成熟，各种液体、固体和一些功能饮料中均有添加，因饮料产品对稳定性和均一程度要求较高，所以添加主要以可溶性膳食纤维（即 β-葡聚糖）为主。此外，其在膨化食品、小食品、肉肠、肉松中均有使用。国内有企业围绕燕麦膳食纤维开发了活性燕麦纤维营养素、燕麦膳食纤维复合粉及苦荞燕麦纤维片等产品。

6.6.3　燕麦膳食纤维提取

燕麦膳食纤维提取法有碱法、酶法和两者相结合三种主要方式。酶法提取的燕麦膳食纤维具有功能活性强、风味平和的优点，同时也具有成本高、提取率低等缺点。而碱法提取具有成本低、易操作、提取率高等优点，但是产品品质明显不如酶法。而酶法-碱法相结合的方式提取能够尽可能多的去除淀粉、蛋白质和脂肪，尽管产品的得率较低，但品质最佳。燕麦膳食纤维除作为食品辅料以外，还可直接加工成方便休闲食品。本节就膳食纤维即食休闲食品加工技术进行介绍。

1. 原料

燕麦麸、α-淀粉酶和糖化酶混合酶液、蔗糖等其他辅料。

2. 工艺流程

燕麦麸皮→灭酶→酶解→离心分离→干燥→粉碎→造粒→成品。

3. 操作要点

1）灭酶

燕麦麸皮经微波灭酶处理。

2）酶解

将灭酶后的燕麦麸皮加入到沸水中，控制料液比 1∶8，持续加热 15 min 使麸皮中的淀粉糊化。调整温度到 60℃左右，加入麸皮质量 1‰～2‰的 α-淀粉酶和糖化酶混合酶液酶解，酶解时间控制在 60～80 min。

3）离心分离

将酶解液离心分离，去除上清液。

4）干燥

将沉淀物干燥后，超微粉碎获得膳食纤维粉。

5）造粒

将膳食纤维粉混入蔗糖等其他辅料后造粒，获得即食膳食纤维产品。

第 7 章　燕麦功能组分分离提取技术

燕麦的保健功能已经得到世界公认，各国对其功能组分活性的研究也日趋深入。随着食品工业的不断发展，燕麦保健类食品呈现出精细化的趋势，并进一步延伸到医药、化妆品和其他领域。尽管我国燕麦功能组分的分离提取技术取得了长足的进步，但是在燕麦功能组分的提取分离关键技术和装备上与欧美、日本等发达国家仍存在一定的差距。这是由于长期以来，我国种植的燕麦大部分用作动物饲料，用于食用的部分只有西方传入我国的燕麦片和传统的莜面。我国的燕麦精深加工技术相对落后。尽管有些企业如三主粮集团股份公司推出的燕麦米及其他企业的燕麦膳食纤维粉等产品丰富了燕麦产品市场，但是我国燕麦研究仍主要集中在品质资源和产前、产中的研究，产后的再生产及工业化研究和利用水平仍有待提高。

现代食品工业飞速发展，人们对功能性食品的防病治病功效和产品的可口性、方便性都提出了更高的要求。传统的分离提取方法在提取燕麦中的 β-葡聚糖、膳食纤维、蛋白质、脂质、淀粉等成分时具有操作工艺简单、设备价格低廉等优点，但普遍存在有效成分破坏多、产品纯度不高等缺点，制约了我国燕麦精深加工产业的发展。食品、化工乃至医药行业中新型高效的分离提取新技术、新方法在不断开发和使用，如高速离心技术、超临界流体萃取技术、大孔树脂吸附法、半仿生提取法、超声波辅助提取技术、微波辅助提取技术、生物酶解提取技术等。这些新技术、新方法的应用对于燕麦中功能组分的提取具有产率高、速度快、纯度高、营养成分破坏少等优点，对于推动我国燕麦健康产业的发展具有重要意义。

7.1　燕麦 β-葡聚糖的提取

燕麦 β-葡聚糖存在于细胞壁中，占总细胞壁多糖含量的 85%左右，在植物细胞壁生长过程中，β-葡聚糖紧密地包裹在微原纤维素的表面。燕麦 β-葡聚糖中有 80%是水可溶性多糖，主要存在于糊粉层和胚乳的细胞壁中，有极少量的存在于胚芽之内。燕麦 β-葡聚糖是燕麦中迄今发现的最为重要的功能性组分，具有降低血液中总胆固醇和低密度脂蛋白胆固醇、调节血糖水平、预防糖尿病、降低血压、提高免疫力、抗癌、改善肠道微生态、美容等多种保健功能，因此燕麦 β-葡聚糖的功能活性及高效的分离提取技术成为国内外研究的热点。

目前，针对燕麦 β-葡聚糖已经开发了多种提取方法，根据提取溶剂种类的不同，有热水、冷水、稀酸和稀碱等浸提方法。提取过程有直接提取，也有先用石油醚、乙醇等有机溶剂去除脂溶性杂质后，再根据溶解度不同选择适当的溶剂进行萃取。燕麦 β-葡聚糖的提取率、得率、纯度、分子量、黏度等受到原料、预处理方式、提取溶剂、提取方式、提取工艺等因素的影响。不同的燕麦品种、不同的地理环境和气候条件都对燕麦的营养组成成分和 β-葡聚糖的含量及性质产生较大的影响（Luhaloo et al.，1998）。从经济角度和提取成本的角度考虑，目前燕麦 β-葡聚糖主要以燕麦麸皮为原料提取，充分破坏燕麦糊粉层和亚糊粉层的细胞壁是使 β-葡聚糖溶出的必要条件。而在提取过程中保持 β-葡聚糖分子结构的完整及减少其他成分的残留，从而获得高生物活性的 β-葡聚糖单纯组分是研究人员和工程人员所追求的目标。

7.1.1 燕麦 β-葡聚糖的提取技术

1. 物理加工法

物理加工可以对燕麦 β-葡聚糖进行富集，主要方法有精磨筛分法、气流分级法和挤压膨化与精磨筛分结合法。由于绝大部分燕麦 β-葡聚糖存在于燕麦麸皮中，故一般采用麸皮作为原料。燕麦碾磨后的麸皮含有大量的油脂、淀粉和蛋白质等组分，且含有内源性 β-葡聚糖酶，故在进行物理提取前需对燕麦麸皮进行预处理，以钝化 β-葡聚糖酶和脂肪酶。预处理工艺一般有加热干燥预处理法和挤压膨化预处理法，加热法一般将麸皮置于 90℃条件下干燥 12 h；挤压膨化法一般将麸皮的水分控制在 8%以下。

精磨筛分法富集燕麦 β-葡聚糖时，将处理好的麸皮反复干磨过筛，可获得富含 β-葡聚糖的组分，含量是籽粒的 3.5～6 倍。邓万和等（2005）用振动筛对未经预处理的燕麦麸皮进行筛分，选择 20 目、40 目、60 目、80 目和 100 目筛振动筛分 1 h 后，对各组分中 β-葡聚糖含量进行了测定（表 7.1）。

表 7.1 不同目数筛选得到的燕麦麸皮 β-葡聚糖含量

目数/目	总 β-葡聚糖含量/%	可溶性 β-葡聚糖含量/%	质量分数/%
＜20	3.04	2.05	10.4
20～40	10.09	7.05	30.2
40～60	12.21	8.92	32.1
60～80	9.59	6.41	12.5
80～100	5.12	2.47	11.2
＞100	3.78	2.37	3.6

结果显示，40～60目筛的总β-葡聚糖含量得到了富集，但是可溶性β-葡聚糖最高含量仅不到9%，这是因为未经过预处理且只进行一次富集并不能达到理想的效果。Wu和Doehlert（2002）报道了采用精磨和气流分级能够使其中的β-葡聚糖富集，可以使β-葡聚糖的含量达到30%以上。尽管精磨、气流分级乃至挤压膨化处理能够在一定程度上富集β-葡聚糖，但由于物理筛分法耗能高、耗时长，提取物的纯度不高，因此目前一般筛分法只作为预处理来使用。

2. 热水提取法（TRE）

提取 β-葡聚糖前进行脱脂处理有利于其溶出，提高得率，故一般用热水提取前先经过有机溶剂脱脂。首先采用石油醚与异丙醇为 1∶1 的混合溶剂去除燕麦麸皮中的脂质，并钝化内源性 β-葡聚糖酶。接着用 90%的乙醇溶液去除小分子糖类和一部分蛋白质。然后用热水提取 β-葡聚糖，同时加入胰蛋白酶去除蛋白质、耐热性 α-淀粉酶降解淀粉。再用 60%乙醇沉淀非淀粉多糖，最后用 20%硫酸铵沉淀得到 β-葡聚糖。利用硫酸铵沉淀或者添加戊聚糖酶降解阿拉伯木聚糖，经透析后干燥获得燕麦 β-葡聚糖产品。申瑞玲（2005）的研究表明，影响燕麦 β-葡聚糖提取因素的主次顺序是提取温度、料液比、pH 和提取时间，最佳提取工艺为：提取料液比 1∶18，温度 80℃，pH 10，提取时间 2 h。这种方法由于有机溶剂和其他试剂用量大、提取时间长、纯度和提取率均不高等，应用到大规模工业化生产中存在一定的困难。

3. 碱提取法

相比于热水提取法，用 NaOH 几乎可以提取出全部的 β-葡聚糖，但是高浓度的碱液对设备的要求非常高，且提取出的 β-葡聚糖颜色呈现褐色，黏度、分子量等指标均受到不同程度的影响。当降低 NaOH 的浓度到 0.25 mol/L 时，实验室提取过程中依然能够提取出 95%的 β-葡聚糖，因此实际提取过程中采用低浓度的碱液进行提取。Wood 等（1989）从燕麦麸皮中先提取出燕麦非淀粉多糖以后，再用硫酸铵沉淀进行纯化。他们采用的工艺条件是离子强度为 0.2 mol/L 的碳酸钠，pH 10，温度 45℃，提取 30 min 后，再调节 pH，利用等电点沉淀法去除蛋白质，获得了 9.3%的燕麦胶，产品中含有 78%的 β-葡聚糖、5%的蛋白质和 8%的淀粉。为去除蛋白质和淀粉获得纯度更高产品需要进行进一步的纯化。

4. 生物转化提取法

生物转化是将天然或者合成的有机化合物底物添加到处于生长状态的微生物体系或者酶体系中去。目前，利用生物转化大规模提取分离、生产活性多糖的研究正成为研究的热点。生物转化法制备燕麦 β-葡聚糖是将微生物菌种活化、扩培以后接种到燕麦麸皮与水的混合液中进行发酵，使燕麦麸皮中淀粉、蛋白质、脂肪等营养物质被微生物消耗掉，发酵充分后燕麦麸皮经过杀菌灭活以后离心获得上清液，减压旋转蒸发干燥获得粗提物，进而获得 β-葡聚糖。

5. 酶法提取

酶法提取机制是将麸皮中的营养成分消耗掉以达到富集 β-葡聚糖的目的，酶法具有处理条件温和、作用目标明确、作用效率高、环境友好等诸多优点。此外，由于酶法提取条件温和，提取出来的 β-葡聚糖的结构完整、保持较好，具有分子量大、黏度高等特点。酶法提取燕麦 β-葡聚糖，首先应用蛋白酶去除大部分的蛋白质，常用的蛋白酶包括胃蛋白酶、胰蛋白酶、木瓜蛋白酶等。在实际提取过程中，为增加 β-葡聚糖的溶出，先用稀碱液处理麸皮后进一步用蛋白酶作用，对于提高 β-葡聚糖的释放具有很好的作用，然后用淀粉酶将淀粉水解后，再用糖化酶作用将其水解成小分子糖类，最后从中提取 β-葡聚糖。提取中，小分子混合物运用透析法、凝胶过滤法去除，残存的不易消化的蛋白质用蛋白沉淀剂（如三氯乙酸、鞣酸）或者用谢瓦格（Sevag）抽提法去除，最终获得纯度较高的 β-葡聚糖。

6. 微波辅助提取法（MAE）

在燕麦籽粒细胞壁生长过程中，β-葡聚糖紧密地包被在微原纤维的表面，与果胶、半纤维素、阿拉伯木聚糖等同时存在。为使 β-葡聚糖充分溶出，必须将麸皮的糊粉层和亚糊粉层的细胞壁充分破坏。稀碱之所以能够充分提取 β-葡聚糖就是基于碱液可以高度破坏细胞壁的完整性，但是碱液对 β-葡聚糖分子结构完整性的破坏和对环境的污染都是其不利的地方。因此，很多研究都致力于选择合适的提取工艺提高 β-葡聚糖的得率，并保持分子结构的完整性，减少污染物，从而获得高纯度和高生物活性的产品。上述几种燕麦 β-葡聚糖的提取方法均需较长的提取时间，一般要对物料进行三次提取，水、碱液、乙醇等溶剂的用量大，能源消耗大。此外，较长时间的连续加热搅拌提取会导致 β-葡聚糖分子量和黏度下降，影响 β-葡聚糖分子结构的完整性进而影响其生物活性。

微波辅助提取法被证实是行之有效的提取方法，其原理是利用微波能对麸皮的糊粉层和亚糊粉层的细胞壁的结构或者分子结合方式进行破坏。此外，微波能够对燕麦麸皮中的内源酶进行破坏，从而保证多糖的黏度、色泽、溶解性等不被过多破坏。这种方法具有提取率高、反应时间短、提取速度快、杂质含量低、多糖品质好等诸多优点。微波加热处理过程中须控制好微波功率和作用时间，作用时间短达不到预期的效果，而如果时间过长会使 β-葡聚糖的分子结构被严重破坏。

7.1.2 燕麦 β-葡聚糖提取的关键控制点

燕麦 β-葡聚糖的提取效率、得率、纯度、分子结构、分子量、黏度、溶解度及生物活性等结构和功能特性，随着原料特性、前处理方式、提取及纯化的方法工艺的不同而不同。原料麸皮的品质主要因品种、产地、当年气候条件、碾磨方式、碾磨度、存储方式及时间等影响。前处理方式主要有挤压膨化处理、脱脂处理、干燥粉碎处理等。提取所用的溶剂主要有热水、冷水、酸、碱、二甲基亚砜等。众多研究的料液比从 1∶20 到 1∶10 之间不等。提取的温度范围一般是从室温到 90℃，而 pH 范围较为广泛，特别是酸法、碱法提取时 pH 变化较为明显。提取时间多从 30 min 到 4 h 不等。无论何种提取方式均离不开预处理、提取、去除杂质、纯化几个核心步骤，下面就这几个核心步骤中的关键技术要点加以介绍。

1. 预处理

1）干燥粉碎

刚碾磨获得的燕麦麸皮含水、含油量较高，在物理筛分富集时必须进行干燥处理。高水分和油脂导致麸皮的韧性增强、不易粉碎，通过干燥预处理去除多余的水分以后可以大幅度提高粉碎的效率，有利于后续的筛分富集。另外，干燥粉碎后的麸皮也可以作为水提、碱提或酶提等方法提取的原料，可以显著提高提取的效率。干燥带来麸皮水分活度的降低，这也有利于降低内源性酶（即 β-葡聚糖酶）的作用程度。

2）内源性酶的钝化

内源性 β-葡聚糖酶存在于燕麦籽粒和燕麦麸皮之中，其功能是燕麦籽粒在萌芽时水解 β-葡聚糖，为籽粒发育成植株提供初始的营养和结构物质。在提取过程中，β-葡聚糖酶的活性直接影响提取的 β-葡聚糖得率和性质。如果提取之前不进行灭酶预处理，那么在 β-葡聚糖酶的作用下，β-葡聚糖被降解，提取物的分子量下降进而黏度下降，自然也降低提取率。为降低或者彻底灭活内源性 β-葡聚糖酶，一般采用以下几种方法灭酶，如高压灭菌法、乙醇法、盐酸法、加热干燥法、三氯乙酸法、微波法、喷爆法等。

盐酸法在实验室小量提取过程中应用较多，而在实际生产中应用价值不大；同样 120～140℃烘箱中加热灭酶也基本限于小规模实验室处理，即便这两种方法的灭酶效果显著。此外，强酸和高温处理会影响 β-葡聚糖的水溶性，进而限制了提取率的进一步提高，同时对于 β-葡聚糖有一定的降解作用。

现在国内外常用的方法是将原料麸皮置于 70%～80%乙醇溶液回流 1～2 h，钝化 β-葡聚糖酶。乙醇回流可以在钝化 β-葡聚糖酶的同时，去除大部分的脂质，不但可以提高提取率，还可以得到高黏度的 β-葡聚糖。也有研究用微波处理来钝化 β-葡聚糖酶，微波处理前调整麸皮的含水量在 15%～18%，这样对于酶的钝化效果显著。最新的研究还有采用蒸汽喷爆预处理来灭酶的，喷爆处理是将麸皮用湿热蒸汽加压加热后瞬间释放压力，从而在高压冲击下破坏 β-葡聚糖酶的结构，同时起到破坏糊粉层和亚糊粉层细胞壁结构的作用。实际操作中需根据不同的原料和工艺选择合适的条件，过度处理会导致 β-葡聚糖结构的改变和分子量的降低。

脂肪酶存在于麸皮和燕麦籽粒中，籽粒中的脂肪酶在籽粒碾磨后被激活，短时间内游离脂肪酸的含量显著增加。燕麦被誉为天然的脂肪酶生物加工工厂，可见脂肪酶在燕麦中的含量非常高。因为脂肪酶会增强燕麦原料的不稳定性，影响 β-葡聚糖的提取和产物的质量。因此，有效抑制或钝化燕麦脂肪酶活性是非常重要的，这对燕麦膳食纤维和 β-葡聚糖的释放有影响。

燕麦籽粒和麸皮的灭酶方法主要有物理处理法和化学处理法，具体内容可参见第 3 章。李芳（2007）以燕麦麸皮中脂肪酶失活率和膳食纤维提取率为主要指标，研究煮制、烘干、微波及挤压膨化法对燕麦麸皮进行灭酶的效果。结果表明，挤压膨化灭酶法效果尤为突出，在挤压温度为 130℃、螺杆转速为 400 r/min、进料速度为 300 r/min 时，可以完全灭活燕麦麸皮的脂肪酶，产品中可溶性膳食纤维提取率可以达到 9.4%，不溶性膳食纤维提取率达到 8.0%。

微波灭酶处理具有效率高、操作简单、处理量大的诸多优势，在灭酶前进行润水处理不仅可以增加灭酶的效果，还能起到保护 β-葡聚糖不被过度破坏的作用，作用效果显著。常压蒸制法和加压蒸制法同样能够彻底灭活脂肪酶，但是操作相对烦琐且能耗较高。普通的烘干法灭酶过程并不能完全钝化脂肪酶，当完全钝化时往往已经加热过度严重影响 β-葡聚糖的品质。化学法灭酶处理即用不同的化学试剂来钝化甚至使脂肪酶完全失活，如采用盐酸灭酶、稀碱液灭酶和乙醇回流灭酶等，因使用过程中溶剂的污染和考虑到灭酶的成本，化学法一般在实验室研究阶段应用较多，而大规模提取中一般不采用。

2. 提取

1）提取剂的选择

热水、稀酸（如高氯酸和硫酸）、稀碱溶液[如 $NaHCO_3$ 溶液、NaOH 溶液和 $Ba(OH)_2$ 溶液]、二甲基亚砜溶液是提取燕麦 β-葡聚糖时常用的提取剂。根据提取目的的不同，选择不同的提取溶剂。单独使用热水提取燕麦 β-葡聚糖时，仅能获得水溶性 β-葡聚糖，故提取率较低，但是由于提取条件温和，可获得结构较完整、分子量较高的产品。稀酸可以较完全地提取 β-葡聚糖，但酸溶液同时会降解 β-葡聚糖，使产物的平均分子量较小。同样地，稀碱溶液也可以几乎提取出全部的 β-葡聚糖，但是碱提取除了降低 β-葡聚糖的分子量以外，其产物会呈现褐色影响产品的外观。此外，无论是酸提取，还是碱提取都对容器和操作提出较高的要求，因此这些方法主要用在为了获得高的提取率或者为了获得水不溶性 β-葡聚糖中。目前有研究表明，小分子量的多糖也有着诸多的生理功能，故酸碱提取剂在获得小分量多糖时具有一定应用前景。

2）复合提取法

相比于单独采用一种提取剂进行提取，实际生产中也可采用两种或者两种以上提取剂复合提取的方法。例如，在提取中采用水-碱两步法提取，这种方法是先用热水提取大部分可溶性 β-葡聚糖，再用稀碱溶液从残渣中提取水不溶性 β-葡聚糖。这种方法可以尽可能保持 β-葡聚糖分子结构完整性的同时获得非常高的得率。而水-酶结合法提取目的主要是获得结构完整的 β-葡聚糖，在为获得种类齐全的不同性质和分子量 β-葡聚糖时采用。这种方法的整个过程条件温和，获得的 β-葡聚糖品质较佳。根据目的不同还有多种复合提取方式。

3. 去除杂质

1）去除淀粉

淀粉是燕麦碾磨过程中进入麸皮的主要杂质，其会干扰燕麦 β-葡聚糖的提取且影响产品的纯度和黏度。为获得高纯度的 β-葡聚糖，去除淀粉是提取过程中必不可少的步骤。酶法去除淀粉是目前最广为采用的方式，国内外主要利用耐热 α-淀粉酶将淀粉水解，再用糖化酶将水解物分解成小分子的糖后去除。选用淀粉酶时应注意选用纯度较高的淀粉酶，特别不应混有 β-葡聚糖酶。淀粉去除实际操作过程中，通过碘液与提取液反应产生蓝色与否进行判断。淀粉完全水解后加入糖化酶将其进一步水解成小分子糖，但是有研究表明糖化酶对一些 β-葡聚糖有一定的降解作用，水解产生的小分子糖通过膜过滤、透析等方式去除。也有用硫酸铵直接纯化燕麦非淀粉多糖，纯化后 β-葡聚糖含量也可增加到 90%以上。

2）去除蛋白质

蛋白质是 β-葡聚糖提取过程中的又一个主要干扰物质，无论是水提，还是酸提或碱提都会有蛋白质溶出。因此，为获得高纯度的 β-葡聚糖，需进一步对其进行纯化，以提高 β-葡聚糖的生物活性。等电点沉淀法具有操作简单、分离效果好、分离速度快等特点，是国内外提取时的首选方法。在操作过程中，在不断搅拌的条件下缓慢加入盐酸调整 pH 为 4.5，低温静置后离心去除沉淀物等含有 β-葡聚糖的水相。获得更高纯度的 β-葡聚糖时，仅仅等电点沉淀法是不够的，因此研究者们尝试了用酶法、Sevag 法、三氯乙酸法及几种方法相结合的方式去除蛋白质。酶法主要应用的酶有胃蛋白酶、胰蛋白酶、木瓜蛋白酶、碱性蛋白酶或者几种酶的复合酶等，作用机制均是将蛋白质水解成小分子的肽，再通过膜过滤、透析等方式去除。Sevag 法是用氯仿、正丁醇按一定比例混合加入提取液中振荡，在溶液形成胶状蛋白质沉淀后将沉淀离心去除。三氯乙酸法同样是利用溶液形成胶状蛋白质沉淀的原理，在提取液中滴加 30%三氯乙酸直到不再继续产生混浊为止，低温放置后离心除去胶状蛋白质沉淀。邓万和等（2005）比较了三种常用的去除提取液中蛋白质的方法，等电点沉淀法、三氯乙酸法和 Sevag 法，结果如表 7.2 所示。

表 7.2 不同处理方法去除蛋白质的结果比较

方法	蛋白质去除率/%	β-葡聚糖保留率/%
等电点沉淀法	78.26	95.87
三氯乙酸法	80.18	85.23
Sevag 法	78.26	75.20

韩舜愈等（2006）比较了 Sevag 法、胰蛋白酶法、等电点法、胰蛋白酶结合 Sevag 法和胰蛋白酶结合等电点法除去燕麦 β-葡聚糖粗提液中蛋白质的效果。结果显示，等电点沉淀法可以去除 95.5%的蛋白质，而多糖保留率能够达到 83%；而酶法结合等电点法可以获得 95.8%的蛋白质，去除率高且多糖保留率达到了 90.6%。

4. 纯化

β-葡聚糖在去除掉大部分淀粉及蛋白质以后仍含有戊聚糖、少量的淀粉、蛋白质、灰分、色素和杂多糖等。为进一步开展深入研究和开发保健食品级别的高纯度 β-葡聚糖需要进行更精细的分离纯化。只有在纯度达到一定水平、结构不被过度破坏的情况下，研究其功能活性、分子结构与功能的关系以及开发具有保健功能食品才有实际意义和价值。燕麦 β-葡聚糖的纯化方法主要有分步沉淀法、盐析法、特异性沉淀法和柱层析法。

1）分步沉淀法

根据 β-葡聚糖在不同浓度的醇或者丙酮等有机溶剂中的溶解性的不同，逐次按比例由小到大地加入甲醇、乙醇或丙酮后使 β-葡聚糖沉淀，收集各沉淀组分，再经反复溶解沉淀后得到不同的 β-葡聚糖组分。乙醇作为沉淀剂对 β-葡聚糖有较好的纯化效果，具有脱蛋白、脱脂和脱色的能力，还可以有效富集大分子多糖。

2）盐析法

盐析法是向 β-葡聚糖提取液中加入无机盐，使无机盐达到一定浓度或饱和，促使 β-葡聚糖在水中的溶解度降低，最终沉淀析出，从而使其与水溶性较大的杂质进行分离。常用盐析的无机盐有硫酸铵、硫酸钠、硫酸镁、氯化钠等。硫酸铵分级沉淀法是目前最为普遍采用的方法，把燕麦提取物溶于水后，用 20%～30%的硫酸铵将 β-葡聚糖沉淀下来，水溶性较高的杂质（如戊聚糖等）仍存在于溶液中。硫铵沉淀法获得的 β-葡聚糖中含有较高的硫酸铵需经过透析法去除。此方法可得到的 β-葡聚糖纯度达 98%。

3）特异性沉淀法

刚果红（Congo red）和 Calcofluor（一种荧光增白剂）等物质可与 β-葡聚糖发生特异性结合而生成沉淀，这一性质可用来纯化 β-葡聚糖。由于与 β-葡聚糖的特异性结合，沉淀物中蛋白质、灰分及杂多糖的含量较低。在用 Calcofluor 沉淀后，将离心分离获得的沉淀物溶解于水中，再用异丙醇进行沉淀，重复提取几次后可将 Calcofluor 的含量降至微量。此外，采用孔径在 250～500 μm 的半透膜对沉淀物进行超滤可纯化 β-葡聚糖。但超滤的强剪切力使得到的 β-葡聚糖的黏度和分子量会受到一定的影响。此外，季铵盐及其氢氧化物可与酸性多糖形成不溶性沉淀，可用于少量酸性 β-葡聚糖的分离。季铵盐及其氢氧化物不与中性多糖产生沉淀，但当溶液的 pH 增高时，也会与中性多糖形成沉淀。常用的季铵盐有十六烷基三甲胺的溴化物（CTAB）及其氢氧化物（CTA-OH）和十六烷基吡啶（CP-OH）。CTAB 或 CP-OH 的浓度一般为 1%～10%（质量分数）的 β-葡聚糖溶液中，酸性 β-葡聚糖可从中性多糖中沉淀出来。

4）柱层析法

柱层析法是多糖研究中常用的方法，β-葡聚糖的纯化也不例外。纤维素柱层析、阴离子交换柱层析和凝胶柱层析是应用最广泛的方法。纤维素柱层析用水和不同浓度乙醇的水溶液作为洗脱剂，与分级沉淀法相反，流出柱的先后顺序一般是水溶性大的先出柱，而水溶性小的后出柱。纤维素阴离子交换柱层析常选用二乙氨乙基纤维素（硼酸型或碱型）作为交换剂，洗脱剂用不同浓度的碱溶液、硼砂溶液或盐溶液等。该方法不仅可以纯化 β-葡聚糖，还可以用于分离各种酸性多糖、中性多糖和黏多糖。凝胶柱层析可将不同大小的分子和不同形状的 β-葡聚糖分离开来，常用的凝胶有葡聚糖凝胶、琼脂糖凝胶和聚丙烯酰胺凝胶等。洗脱剂一般选用各种浓度的盐溶液及缓冲液，出柱的顺序是大分子到小分子的顺序。实际操作中，通常是用孔隙小的凝胶柱，如 Sephadex G-25，先脱去多糖中的无机盐及小分子化合物，再用孔隙大的凝胶柱如 Sephadex G-200 进行分离。

7.2　燕麦淀粉的制备

淀粉在食品、医药及纺织等工业中的用途非常广泛，如制作糊精、麦芽糖、葡萄糖、酒精、印花浆、药物片剂等。目前工业上对于玉米淀粉、小麦淀粉、甘薯淀粉、马铃薯淀粉、绿豆淀粉的加工技术和应用技术都已经非常成熟。燕麦含有 50%～65%的淀粉，燕麦淀粉颗粒微小呈多角形，平均粒径在 2～5 μm，具有细腻、柔和的粉质特性。淀粉的许多加工特性和品质特性与直链淀粉含量或直/支链淀粉比例密切相关，燕麦淀粉中直链淀粉含量平均为 28%左右（王燕等，

2010)。品种和产地不同会引起淀粉含量、组成和性质的差别，进而影响燕麦淀粉在食品等领域中的应用。和其他常见谷物淀粉相比，燕麦淀粉的起始糊化温度比马铃薯淀粉高，糊化温度略高于小麦粉，峰值黏度、最大黏度和最终黏度远高于普通小麦粉。目前国外已经有了商品化的燕麦淀粉，作为食品配料应用于西式火腿、罐头和化妆品当中。

燕麦含有较高的蛋白质和脂肪，燕麦淀粉与其结合得非常紧密，这也是燕麦淀粉不同于其他谷物淀粉的地方。应用传统的谷物淀粉提取法、沉淀法提取燕麦淀粉时，蛋白质和脂肪的残存率常常较高。目前对于淀粉的提取方法主要有碱法和酶法提取，碱法提取对去除燕麦中的蛋白质是行之有效的。但是碱法提取会引入钠盐等杂质，不利于燕麦淀粉品质的保持。酶法提取燕麦淀粉具有产品品质优良的特点，但是由于用酶、能耗及设备的成本较高且对工程化控制要求较严格，因此目前尚未普及。一些研究表明，微波、高压等处理可以使燕麦淀粉与蛋白质形成的复合物发生破裂，进而通过密度的不同进行传统的分离纯化处理。也有将不同提取方法进行复合提取燕麦淀粉的相关研究，下面就集中对提取方法加以介绍。

7.2.1　碱法

燕麦的蛋白质含量虽然较高，但是由于燕麦蛋白质中 50%以上均为盐可溶性的球蛋白，因此在应用碱液提取燕麦淀粉的过程中碱液可以破坏蛋白质与淀粉的结合使淀粉游离出来。此外，燕麦中 20%～30%的蛋白质为碱可溶性蛋白质，因此运用碱液可以将这部分蛋白质分离开来。正是因为燕麦蛋白质的特殊性质，燕麦淀粉提取过程可采用稀碱溶液去除蛋白质。相比于其他谷物淀粉提取中强碱的应用，燕麦提取过程中碱液对副产物蛋白质的功能特性和营养价值的破坏可以降低到最小，并减小废液排放压力。

碱法提取燕麦淀粉过程中，有一些需要注意的关键控制点。首先，燕麦有所有谷物中含量最高的油脂含量，因此排除油脂的干扰非常关键。其次，燕麦中蛋白质的含量非常高，加之燕麦蛋白以盐溶性的球蛋白为主，去除燕麦淀粉中的蛋白质也是必须加以控制的关键点。

在实际提取过程中，为了排除脂肪的干扰，需要提前对脂肪进行脱除。脱脂后的燕麦粉经过调浆后，一边搅拌，一边缓慢加入 NaOH 溶液调节 pH。再过滤去除筛上物后离心沉淀获得淀粉浆，进一步离心洗涤后干燥获得燕麦淀粉。碱液浓度、料液比、提取时间、搅拌速率、提取温度是燕麦淀粉提取的主要影响因素。实际提取过程中 pH 一般控制在 10.5 左右，料液比控制在 1∶6 左右，提取时间在室温下控制在 3 h 左右，即可获得 65%以上的淀粉得率，蛋白质残留率也可控制在 1.5%以下。为进一步去除燕麦淀粉中残存的蛋白质，可以加入中性蛋白酶对蛋白质进行酶解去除。酶解去蛋白质时一般加入 50 AU/kg 的蛋白酶，在 55℃、pH 7.0 条件下作用 75 min 后，水洗去除酶解产物。

7.2.2　酶法

酶法提取是利用纤维素酶和蛋白酶水解以解除纤维素和蛋白质对淀粉的束缚，纤维素酶破坏细胞壁的完整性，而蛋白酶进一步减弱淀粉与蛋白质的结合。提取过程中首先加入纤维素酶，在 40℃、pH 5.0 条件下作用 2 h 以后，加入蛋白酶在 37℃、pH 7.5 条件下作用 3 h。酶解后的提取物经过离心分离后获得淀粉产品。为增加酶作用的位点从而加快提取的效率和减少酶制剂的用量，在提取之前一般对原料进行预处理。通过微波或者超声波处理是最为常用的手段，这两种方式都是通过能量的输入使得蛋白质与淀粉的结合力减弱，保证燕麦淀粉得率的同时，进一步提高产品的品质和性能。

酶法提取淀粉的优点是提取出来的淀粉品质佳，但是纯度和提取率不高，且提取成本较高，一般在实际生产中结合辅助提取或者与碱法相结合使用。随着工业用酶制剂的成本不断降低，酶的活性越来越高，酶法提取燕麦淀粉的纯度和得率会不断提高，而成本也将越来越可控，进而获得价格低廉、品质优良的燕麦淀粉产品。

7.3　燕麦蛋白的制备

7.3.1　燕麦蛋白的提取

对于谷物中蛋白质的提取主要有碱溶酸沉、酶提酸沉、超声酸沉、酶解提取、超声提取等方法。工艺上最成熟的燕麦蛋白提取方法是碱溶酸沉法，这种方法具有工艺简单、技术成熟、提取率高、成本低廉等诸多优点。但是该提取方法提取的燕麦蛋白纯度不高，容易混杂诸多非蛋白质杂质，如膳食纤维等。近年来，随着生物技术的不断进步，酶制剂的纯度和质量不断提高，一些酶法提取、酶法与酸法或者碱法相结合的方式不断被开发出来。此外，采用超声或者微波辅助提取的方法也不断见于报道。下面就经典的碱溶酸沉法、酶法、超声辅助法和复合法进行介绍。

1. 碱溶酸沉法

碱溶酸沉法提取蛋白质的原理是用碱液溶解原料中的蛋白质以后，通过过滤或者离心沉淀的方式去除不溶性的杂质，再利用蛋白质等电点沉淀法使蛋白质沉淀下来，由于燕麦蛋白质的等电点在酸性范围内，故而在酸性条件下沉淀蛋白进而离心分离。一方面，碱溶酸沉法提取燕麦蛋白具有工艺简单、成本低廉等诸多优点，但是在碱液的作用下，部分蛋白质会发生变性，影响燕麦的营养性和功能性。另一方面，碱液会使蛋白质的美拉德反应加剧，生成褐色杂质，使产品颜色不佳。同时，碱液存在条件下会有很多非蛋白类物质溶解出来并随蛋白质一起沉淀下来。碱溶酸沉法提取燕麦蛋白受提取温度、料液比、pH、提取时间等因素的影响。提取温度一般在 40～60℃，提取的 pH 为 9.5～11，料液比为（1∶15）～（1∶25），浸提时间为 0.5～4 h，提取原料一般采用燕麦粉或者燕麦麸皮。

2. 酶法

酶法提取具有提取条件温和、产物纯度高、产物色泽好、结构特征和功能活性保持完好等诸多优点，但是也存在提取成本高、提取条件要求高、过程控制复杂等缺点。燕麦蛋白的酶法提取是利用纤维素酶、果胶酶、木聚糖酶、木质素酶、淀粉酶、糖化酶、脂肪酶等酶制剂将蛋白质以外的成分去掉，最终获得蛋白质产品。实际应用过程中首先要对燕麦中的内源性蛋白酶进行钝化，以防止在提取过程中蛋白质的降解。如前所述，采用微波或者蒸制等方法进行灭酶处理，或者采用有机溶剂脱脂前处理的工艺对内源酶进行钝化。提取过程中一般先用纤维素酶、木聚糖酶等酶制剂将细胞壁纤维组织破坏掉使蛋白质溶出，然后利用淀粉酶、糖化酶、脂肪酶等酶制剂进行水解。反应完成后再利用等电点沉淀法将燕麦蛋白沉淀下来，离心分离后得到纯度较高的蛋白质。如需要进一步提纯时，根据这一原理反复提取即可获得纯度高的燕麦蛋白质。

3. 超声辅助法

随着超声波技术在食品加工领域应用的研究不断深入，其作用越来越受到人们的广泛关注。在应用超声波处理食品原料时，能量的输入有助于细胞壁结构的破坏从而有利于溶剂的渗透，这有助于提高提取的效率和速度。在碱溶酸沉法提取过程中使用超声辅助提取有利于降低碱液的浓度，在酶法提取中通过超声处理也能够减少酶用量、提高提取的效率和缩短提取的时间。在超声辅助提取过程中，料水比、粉碎度、超声时间、超声功率、超声温度都对燕麦蛋白提取率有着显著的影响。提取过程中控制好超声的时间、功率和温度非常重要，超声过度可能会造成蛋白质肽链的断裂，尽管这有利于燕麦蛋白产品溶解性和消化性的提高，但是如果用于研究燕麦蛋白的一些性质和功能显然是不合适的。

4. 复合法

为了获得燕麦蛋白理想的提取效果，实际应用过程中往往采用两种或者两种以上的提取方法相结合的方式对其进行提取。如在传统的碱溶酸沉提取法中加入酶解的步骤，运用纤维素酶和 β-葡聚糖酶处理燕麦粉后再进行提取可以大大缩短提取的时间和提高提取率。

7.3.2　燕麦蛋白的改性

尽管燕麦蛋白含量高、氨基酸种类和配比优异，但因燕麦蛋白的加工特性不佳而在食品工业中的应用尚不成熟和广泛。因此，提取的燕麦蛋白为了特定的应用而需要进行改性。有研究以燕麦麸皮为原料，提取出燕麦麸皮分离蛋白，并采用胰蛋白酶进行水解改性，喷雾干燥后得到了 3 种水解度分别为 4.1%、6.4%和 8.3%的酶解产物。SDS-PAGE 电泳分析结果显示，提取物中的球蛋白是燕麦蛋白的主要成分，经过胰蛋白酶处理后球蛋白分子中的肽链发生了明显的降解。随着水解度的升高，酶解产物的溶解性、持水性、乳化性及起泡性等功能性质增加，但乳化稳定性、持油性和起泡稳定性降低。良好的溶解性和乳化性适合用于植物蛋白饮料、色拉酱、冰激凌、香肠、人造奶油等制品中。良好的起泡性又使其可以应用到蛋糕、面包等制品中。

Alcalase 酶和 Protamex 酶被应用到燕麦麸皮蛋白提取物的改性中（冯冰等，2007）。在料液比为 1∶10、酶制剂最适 pH 条件下，55℃摇床转速 200 r/min 预处理 1 h，再分别加入 5%的 Alcalase 酶和 Protamex 酶进行水解。反应完成后，在 8000 r/min 的条件下离心 15 min，所得上清液即为燕麦麸皮蛋白水解液。不同水解时间下水解产物的分子量测量结果表明 Protamex 酶水解产物的分子量大于 Alcalase 酶水解产物的分子量。他们进一步对酶解产物去除羟自由基能力进行了研究，结果发现 Protamex 酶水解产物去除羟自由基能力强于 Alcalase 酶的酶解产物。此外，王昌涛等（2008）用 Flavourzyme 酶对燕麦麸皮蛋白进行改性，发现在燕麦蛋白水解过程中加入 Flavourzyme 可以使燕麦肽含量显著提高，并且能够降低燕麦肽的苦味。

7.3.3　燕麦蛋白肽的制备

燕麦蛋白在工业上目前没有被广泛使用。真正让研究人员感兴趣的是燕麦蛋白的生理活性，研究表明，摄入燕麦蛋白能够显著地降低大鼠血液中的胆固醇和低密度胆固醇的含量，因为高胆固醇血症是动脉硬化的危险因子，这预示着燕麦蛋白具有预防动脉硬化的潜在功效。植物蛋白抗动脉硬化功效越来越受到世界各国食品及营养学家的关注。相比于酪蛋白等动物性蛋白，植物性蛋白如大米蛋白（Kumagai et al.，2009；Tong et al.，2014）、大豆蛋白等，能显著降低血清胆固醇水平，从而降低动脉粥样硬化的风险。美国食品药品监督管理局于 1999 年发布了关于大豆蛋白的健康声明，即每天食用 25 g 大豆蛋白能够降低心脏病、心血管疾病的风险。

目前对于大豆蛋白和大米蛋白的功效及作用机制的研究较为全面，但是对于燕麦蛋白研究较少。Tong 等（2014）灌胃等量的大米 α-球蛋白给 $ApoE^{-/-}$小鼠，验证了其是大米蛋白中发挥抗动脉硬化功效的核心组分之一。同样地，灌胃少量的大豆 7S 球蛋白（100 mg/kg 体重）能降低 $ApoE^{-/-}$小鼠的动脉硬化病变面积。这些植物球蛋白的功效越来越引起科学家的关注，有趣的是，燕麦蛋白含有 50%以上的球蛋白，它可能是改善生活习惯病功能食品开发的宝库。食物蛋白在机体内经消化酶作用后释放出大量的肽，其中一些肽相比于游离氨基酸更容易直接被人体吸收（Ingersoll，2012）。这些可被机体直接利用的肽中，有些具有预防生活习惯疾病功效，如抗动脉硬化、降血脂、降血压、免疫调节、抑菌、抗病毒功效等。

目前，从已知的具有功能活性的蛋白水解产物着手，获得功能肽的氨基酸序列，进而化学合成或者生物合成是大量获取功能肽的重要手段。研究者们已从食物蛋白水解产物中分离出抗动脉硬化的肽，如从大豆球蛋白水解物中提取的小肽 HGI 和 HGK 等（Kumrungsee et al.，2014）。同样地，Matsui 等（2010）报道灌胃 100 mg/kg 体重的小肽 WH，在不影响血清、肝脏胆固醇水平、血清中 MCP-1 含量的情况下，WH 发挥了抗动脉硬化功效。他们进一步研究表明，WH 在血管平滑肌细胞中通过抑制电压依赖性 L-型 Ca^{2+}通道来减轻血管细胞损伤，从而干预动脉硬化的形成。

从天然植物蛋白中获取生物活性肽最常用的方法是酶法制备。酶法制备由于具有作用条件温和、反应易于控制、副产物少等优点，应用越来越广泛。肽的酶法制备是利用蛋白酶对蛋白质的降解和修饰作用，提高蛋白质溶解性，使蛋白质多肽链水解为短肽链，通过分离提取最终获得可溶性肽的过程。酶法制备过程中酶的选择至关重要，不同的酶水解的位点不同，为获得特定氨基酸序列的多肽需要选择合适的酶。此外，蛋白质水解程度最终影响产物分子的大小、构象及分子间/内作用力。酶解不足则得不到想要的肽段，酶解过度又会造成肽链过短，从而使一些功能性质降低。因此，控制好蛋白酶解程度和酶解条件对于获得目标活性多肽是非常关键的。在酶法体外制备燕麦蛋白多肽的过程中得到的多肽混合物成分复杂，需要进行分离纯化。超滤一般被用于蛋白水解产物的初步分离，运用不同孔径超滤膜获得不同分子量的肽组分。

体外制备生物活性肽具有操作方便、产量高等特点，但是也存在着食用后在胃肠道要再经过一次消化其结构和功能都可能受到影响。因此，通过模拟人体胃肠道消化吸收而从功能性蛋白质中明确功能性肽是目前较为可靠的方法。关于活性成分在小肠吸收效率和吸收剂量的研究中，外翻肠囊法是一种被广泛应用的经典方法。该方法具有操作简单、试验条件易控制、重复性好、采样方便、采样量大等特点。燕麦蛋白多肽制备可模拟机体胃肠道消化获得产物肽混合物，通过外翻肠囊法进行肽吸收试验，分析能被吸收的肽段，并进一步分离纯化肽。目前从食物蛋白水解产物中分离纯化肽，大多采用大孔吸附树脂、凝胶过滤色谱、离子交换色谱及反相高效液相色谱这四种方法相结合的方式进行（Kim et al.，2003）。王戈莎（2008）运用这四种方法相结合的方式从大米蛋白中分离纯化得到抗氧化肽，并运用液相色谱-串联质谱确定了肽的氨基酸序列。

制备过程中首先模拟胃液消化，在 pH 1.5 的 HCl 溶液中加入 1%胃蛋白酶（酶：蛋白质=1：100，质量比），37ºC 恒温条件下搅拌，酶解 120 min。模拟肠液消化是燕麦蛋白在胃液消化 120 min 后，调节溶液 pH 为 7.0，加入 1%胰蛋白酶（酶：蛋白质=1：100，质量比）继续消化 120 min。在不同消化时间取样待测，所取样品加入等体积的 20%（质量分数）三氯乙酸溶液终止消化反应。运用超滤去除消化液中的蛋白酶、透析法去除无机盐从而获得多肽的组分。为了明确能够被小肠吸收的多肽片段，运用小鼠试验来确定。将小鼠麻醉后开腹取小肠，用 Krebs-Ringer’s 溶液（118.4 mmol/L NaCl，4.7 mmol/L KCl，1.2 mmol/L KH_2PO_4，1.2 mmol/L $MgSO_4 \cdot 7H_2O$，2.5 mmol/L $CaCl_2 \cdot 2H_2O$，11.7 mmol/L $C_6H_{12}O_6$，26.5 mmol/L $NaHCO_3$）。洗净内容物，将小肠套于玻璃棒上外翻使黏膜层朝内，浆膜层朝外。结扎一端，另一端插入采样管取样。将肠囊放入含有燕麦蛋白酶解产物的 Krebs-Ringer’s 溶液中，于 37ºC 恒温，在浓度为 95% O_2、5% CO_2 环境中，定时从肠管两侧取样，运用凯式定氮、双向凝胶电泳及基质辅助激光解吸电离-飞行时间质谱等方法测定吸收效率和吸收剂量等吸收状况。

燕麦蛋白肽中可被吸收的肽组分可以采用凝胶色谱进行初步分离纯化。将凝胶柱 Sephadex G-15 装于 1.6 cm×90 cm 玻璃层析柱中，用超纯水将冻干粉配制成 30 mg/mL 的溶液，上样量 5 mL，用 0 mol/L、0.25 mol/L、0.5 mol/L 的 NaCl 洗脱液进行洗脱，用紫外检测仪 220 nm 检测。收集 3 个不同 NaCl 浓度洗脱液下的洗脱组分，冻干备用。得到的各组分分别溶于超纯水中，配成 20 mg/mL 的溶液，经 0.45 μm 微孔滤膜过滤后上反相高效液相色谱进行分离纯化。色谱柱：C_{18} 柱（10.0 mm×250 mm，10 μm）；样品浓度 50 mg/mL；上样量 400 μL。每个样品重复进样、多次收集，冷冻干燥后获得不同的肽组分。洗脱条件如表 7.3 所示。

表 7.3　肽组分洗脱条件

时间/min	流动相 A/%	流动相 B/%	变化方式
0	0	100	—
5	0	100	—
10	30	70	线性变化
20	50	50	线性变化
30	100	0	线性变化

注：A 表示正丙醇；B 表示超纯水。

选用一些细胞模型，如改善动脉硬化症时可选用人脐静脉内皮细胞和血管平滑肌细胞，细胞以 1×10^4 cells/cm^2 的数量放入含有 10%空白血清的 DMEM 培养液中培养。加入 300 μmol/L 各肽组分处理细胞，在 37ºC、5%的 CO_2 培养箱中培养 48 h。加入 50 μg/mL 的氧化低密度脂蛋白作用 24 h 诱导细胞损伤。采用四甲基偶氮唑盐法检测分析细胞数量、存活率、细胞凋亡率，从中选出具有显著活性的肽组分。血管紧张素转化酶（ACE）作为靶蛋白常常用于抗高血压肽的筛选。ACE 对于调节人体血压发挥着非常关键的作用，通过抑制 ACE 活性可以预防和治疗高血压。目前普遍报道的 ACE 抑制肽通常为分子量的较低的短肽。对燕麦蛋白进行水解后得到分子量不同的肽组分，发现 Alcalase 酶和 Trypsin 酶的水解产物具有良好的 ACE 抑制活性，在 Alcalase 酶解物水解度为 11.0%、Trypsin 酶解物的水解度为 12.2%时，其 ACE 抑制活性达到最大。Alcalase 酶水解产物分子量较小、肽链较短，二肽和三肽的比例达 48%。对于燕麦蛋白肽的制备方法和功能活性还有待于进一步深入挖掘，如何高效、经济地获得具有显著生理功能活性的功能肽将是未来发展的重要方向。

7.4 燕麦油的提取

7.4.1 燕麦油的提取方法

1. 有机溶剂法

燕麦脂质分为游离型和结合型两种，其中游离型约占燕麦脂质的八成，而其他两成为结合型。溶剂浸出提取燕麦油是目前工业上较为成熟的提取方法，根据溶剂的组成不同，提取的燕麦油性质和组成也稍有不同，是制取燕麦脂质最常用的方法。根据萃取溶剂的不同，得到的燕麦脂质的组成也不同。正己烷、乙醚、石油醚等非极性溶剂萃取燕麦油时，产物主要是游离型的脂质被提取出来。结合型脂质如糖脂、磷脂等，则用极性溶剂如正丁醇或异丙醇的饱和水溶液萃取。

2. 超临界流体萃取法

传统的溶剂法提取燕麦油具有提取工艺简单、设备成熟、提取成本低等诸多优点，也是目前市场上食用油制备的主流方法。但是溶剂法提取时间长、制得油脂纯度低、油品质量差，不易制作化妆品，且易造成溶剂残留导致产品质量不佳。

超临界流体萃取技术在食品工业中已经应用了多年，无论是设备还是工艺都已经非常成熟。超临界流体萃取技术是利用超临界流体的密度接近于液体而具有较强的溶解能力，其黏度又接近于气体，扩散能力比液体高两个数量级，因此当流体处于超临界状态时，溶解和传质能力强，在短时间内达到平衡；同时流体的密度和黏度会随温度、压力显著变化，因此可用于一些成分的萃取和分离。在超临界流体中，CO_2 在 7.38 MPa 的临界压力和 31.3℃临界温度下容易达到超临界状态，从而具有高渗透性、高扩散性和低黏性，且 CO_2 具有惰性、无毒、无污染、沸点低、廉价易得等优点，是一种最常用的有机物萃取剂。

研究采用 CO_2 超临界流体萃取技术对燕麦油进行提取，探讨了萃取温度、压力、时间对燕麦油萃取率的影响。将燕麦去杂粉碎后，取麸皮的 20 目筛下物 40 目筛上物，烘干使其水分含量小于 4%后进行萃取。CO_2 超临界流体萃取所得到的燕麦油为黄色、澄清透明，具有燕麦麸皮的特有芳香，其理化指标可媲美以健康谷物油著称的大米油。研究人员进而测定了燕麦的脂肪酸组成，结果显示，燕麦油由棕榈酸、硬脂酸、反-9-十八碳烯酸、亚油酸、亚麻酸、顺-9-十八碳烯酸等构成，相对含量分别为 15.30%、2.24%、44.84%、33.81%、1.69%和 2.12%，其中不饱和脂肪酸占 82.3%。

几种提取研究试验确定的最佳工艺条件有所不同，这可能是原料的差异引起的工艺条件的不同。在对不同的燕麦品种 CO_2 超临界流体萃取燕麦油的研究中，将高原加拿大燕麦和林纳燕麦去杂粉碎后取 20 目筛下物和 40 目筛上物得到燕麦麸皮。将麸皮烘干至含水量小于 8%后进行超临界萃取，确定了最佳工艺条件为：高原加拿大燕麦萃取压力 20 MPa，温度 50℃，时间 2 h，提取率为 5.4%；林纳燕麦萃取压力 25 MPa，温度 40℃，时间 2.5 h，提取率为 7.8%。萃取压力、萃取时间、萃取温度依次影响燕麦麸皮中燕麦油的提取。这些结果表明，燕麦品种是影响燕麦最佳提取工艺的重要因素，因此原料的标准化和原料品种加工特性研究是确定最佳提取工艺的前提。

3. *燕麦油脂的精炼*

无论是 CO_2 超临界流体萃取技术还是溶剂浸提技术，提取后得到的燕麦油均为毛油，并不能直接上市作为商品。磷脂、蛋白质、糖等胶溶性杂质，游离脂肪酸、色素等脂溶性杂质需要经过精炼将其除去。这些物质的存在使燕麦油的稳定性、食用品质受到较大的影响，因而植物油需要经过脱胶、脱酸、脱色和脱臭来进行精炼。亲水性脂类分子（如磷脂）通过水化脱胶进行去除，即向毛油中加入热水，使亲水性物质凝聚成絮凝状胶团从油中沉降析出，使其和油分离，产生称为油脚的下脚料。

根据不同的燕麦品种和不同工艺提取的燕麦油，通过控制加水量、操作温度、混合强度等来获得理想的脱胶效果。有些燕麦品种中含有一些不容易凝聚的物质时，可加入食盐或食盐水中和电荷以促进凝聚。脱胶后的脱酸是向油脂中加入碱液中和游离脂肪酸，生成脂肪酸盐从油中沉降分离出来，形成称为皂角的沉淀物。实际操作过程中控制碱用量、碱液浓度、碱炼温度、搅拌强度等以获得脱酸效果。酸价高时，加入较浓的碱液；酸价不高时，加入稀碱溶液，此外控制操作的温度对油和皂角的分离也至关重要。接下来需要进行脱色处理，向油脂中加入具有强吸附能力的表面活性物质进行处理，吸附油脂中的色素、一部分磷脂、皂角以及氧化产物，吸附完成后通过过滤、离心等方法将吸附剂脱去。活性白土和活性炭配合使用是油脂脱色工艺中最为常见的，在 80～85℃温度下进行脱色。最后通过减压蒸发法脱除油脂内的臭味物质，因为在高温低压条件下，油脂中的挥发性臭味物质可以被去除。

7.4.2 燕麦油中维生素 E 和植物甾醇的提取

维生素 E 又称为生育酚，是具有 8 种异构体的脂溶性维生素。这 8 种异构体分别为 α-生育酚、β-生育酚、γ-生育酚、δ-生育酚和 α-生育三烯酚、β-生育三烯酚、γ-生育三烯酚、δ-生育三烯酚。燕麦油中维生素 E 的含量较高，特别是相比于大豆等植物油含有较高的生育三烯酚，这也是其开发化妆品的物质基础之一。燕麦还有非常丰富的植物甾醇，植物甾醇具有抗炎症、降低胆固醇吸收、预防和治疗动脉粥样硬化等生理活性。此外，植物甾醇还是甾体药物和维生素 D_3 的合成原料。菜油甾醇、豆甾醇和 β-谷甾醇是燕麦中含量最多的植物甾醇，燕麦油中菜油甾醇、豆甾醇、β-谷甾醇以及总甾醇含量高于大豆油。维生素 E 和甾醇都可以从燕麦油生产的下脚料中提取获得，且植物甾醇可以在维生素 E 提取过程中作为副产物得到。

燕麦油中维生素 E 的提取主要有化学溶剂萃取法、尿素沉淀法、分子蒸馏法、多级精馏及超临界 CO_2 萃取法等。有机溶剂萃取法提取维生素 E 具有工艺设备简单、成本低廉的优点，但是回收率和产品质量不佳，一般会有有机溶剂的残留。尿素沉淀法也同样存在着产品质量不好的问题，而多级精馏操作过程中的高温会使维生素 E 遭到破坏。超临界 CO_2 萃取法能较好地提取维生素 E 且获得的产品品质较好，但是由于这种方法的成本过高，一般只用于少量研究提取。分子蒸馏技术是近年来应用非常广泛的液体分离技术，能在极高的真空度下，依靠分子运动平均自由程的差别，使液体在远远低于其沸点的温度下分离。这种方法对于高沸点、热敏性、易氧化的液体分离非常适合。目前工业上最为常用和具有高的可行性的提取方式是采用分子蒸馏法进行提取，这种方法能够最大程度地保留产品的天然品质且不引入化学污染。

7.5 燕麦酚类物质的提取

燕麦多酚已知是燕麦中最主要的抗氧化成分。燕麦中酚类物质的组成比较复杂，有简单酚类，如阿魏酸、咖啡酸等，也有其特有的酚类化合物，即燕麦生物碱，其中 Bc、Bp、Bf（即 Collins 定义的燕麦生物碱 C、A、B）是燕麦生物碱的主要组分，其抗氧化能力远高于阿魏酸等简单酚类；还有黄酮类、植酸类化合物以及固醇等。由于相当一部分的酚类物质是与燕麦细胞壁中的多糖物质通过化学键结合在一起，因此，对于燕麦多酚的准确定量、定性分析必须建立在其被充分提取的基础上。

目前，燕麦多酚的定量分析多采用热水提取法作为前处理的提取手段（任祎等，2008）。但在其他一些植物多酚（如茶多酚、苹果多酚等）的提取中，微波辅助提取法已得到广泛应用（Spigno and Faveri，2009；Sutivisedsak et al.，2010；白雪莲等，2010），结果显示微波提取可有效提高多酚得率、缩短提取时间。国外也已有研究证实，微波辅助提取对于燕麦多酚的提取具有良好促进作用（Stevenson et al.，2008）。

本书对燕麦多酚的微波辅助提取工艺进行了优化，并与热水提取法进行了比较。原料选取所收集的 2 个燕麦品种，即‘定莜 7 号’（甘肃定西市旱农中心提供）、‘坝莜 1 号’（河北张家口市农业科学院提供）。提取溶剂为乙醇水溶液。微波装置选用变频微波、可保障均匀加热的松下 NN-GS597M 微波炉。总多酚含量分析采用福林-酚法；燕麦多酚定性分析采用高效液相色谱法。检测条件为：ZORBAX Eclipse Plus C_{18} 色谱柱（4.6 mm×150 mm，5 μm）；流动相 B 为乙腈，流动相 C 为水（含 1%冰醋酸）；柱温 40℃，流速 1 mL/min；梯度洗脱程序为 0～30 min（5%～35%流动相 B），30～35 min（35%～5%流动相 B），35～40 min（5%流动相 B）；检测波长为 280 nm 和 340 nm。

热水提取法是传统的多酚提取方法，因为其条件温和，对提取物的破坏小而常常被采用。但因其存在提取时间长、能耗大等缺点，而逐渐被一些新方法所取代。微波辅助提取法可以使物料内部温度快速升高而使细胞瞬时破碎，可提高多酚得率和缩短提取时间。微波辅助提取法在茶多酚、苹果多酚等的提取上取得良好的效果。本书通过单因素试验和正交试验，研究乙醇水溶液微波辅助提取燕麦多酚的最佳工艺条件，对微波辅助提取法和热水提取法进行对比，并收集了 50 个燕麦样品，对它们的多酚组成进行比较，研究多酚组成与含量在品种间的差异。

7.5.1　微波辅助提取法

前期单因素试验研究选定了微波功率 1000 W，以微波时间（X_3）、液料比（X_2）、乙醇浓度（X_1）设计三因素五水平的二次旋转正交试验，燕麦多酚得率为响应值（Y）。对二次旋转正交试验的结果进行方差分析。乙醇浓度对燕麦多酚得率的影响达到极显著水平（$P<0.01$），液料比、微波时间对燕麦多酚得率的影响水平未达到显著水平。因此，各因素对燕麦多酚得率的影响主次顺序为：乙醇浓度＞微波时间＞液料比。使用统计分析软件 Design-Expert 对燕麦多酚提取最佳条件进行预测，得到燕麦多酚得率最高的试验条件为：微波时间 125.02 s，液料比 45.14 mL/g，

乙醇浓度 50.80%，在此条件下，多酚得率理论值为 109.41 mg/100g。将提取条件微调为：微波时间 125 s、液料比 45 mL/g、乙醇浓度 50%，进行验证试验，燕麦多酚得率为（107.46±2.37）mg/100g，与理论值相差 1.81%，模型建立成功。

7.5.2　微波辅助提取法与热水提取法差异分析

1. 不同提取方法的得率比较

比较两个燕麦品种的 MAE 和 TRE 在多酚得率上的差异（表 7.4）。两个样品 MAE 多酚得率均极显著高于 TRE（$P<0.01$）。相对于 TRE 来说，MAE 大大缩短了提取时间，并且提高了多酚得率达 60%以上。

表 7.4　MAE 和 TRE 提取的燕麦多酚得率

样品	提取方法	多酚得率/（mg/100g）
1	MAE	129.85±2.27[a]
	TRE	71.33±2.03[b]
2	MAE	134.87±1.62[c]
	TRE	84.63±2.73[d]

注：同一列字母不同表示差异达到 1%显著水平。

2. 不同提取方法的组分比较

燕麦中酚类物质的 HPLC 图谱见图 7.1，香草醛在 280 nm 下定量，其余在 340 nm 下定量。样品 2 的定量分析结果如表 7.5 所示。香草醛、绿原酸、咖啡酸、阿魏酸、芦丁、Bc、Bp、Bf 存在于样品 1 中，而芦丁在样品 2 中未检出。不同提取方法对燕麦多酚得率的影响主要体现在 Bc、Bp、Bf 的含量上。MAE 对于 Bc、Bp、Bf 的提取率显著高于 TRE（$P<0.01$）。

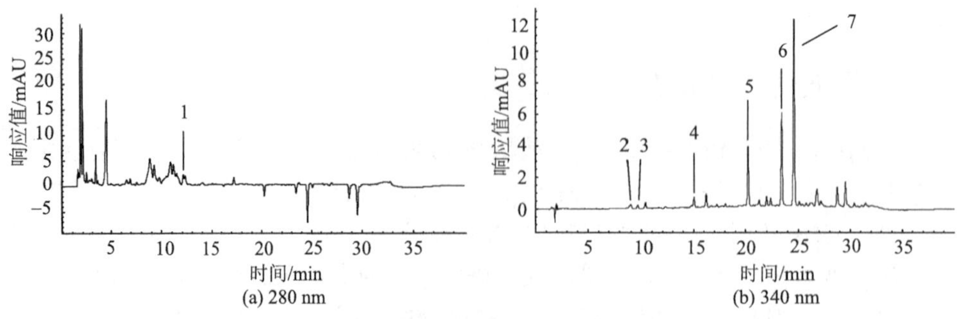

图 7.1　燕麦中酚类物质的 HPLC 图谱

1. 香草醛；2. 绿原酸；3. 咖啡酸；4. 阿魏酸；5. Bc；6. Bp；7. Bf

表 7.5　MAE 和 TRE 提取的燕麦多酚成分

样品	提取方法	香草醛†	绿原酸†	咖啡酸†	阿魏酸†	芦丁†	Bc†	Bp†	Bf†	酚酸总量†
1	MAE	0.39±0.01^{aA}	0.29±0.00^{aA}	0.18±0.00^{aA}	0.31±0.00^{aA}	0.40±0.01^{aA}	0.53±0.01^{aA}	1.74±0.02^{aA}	1.65±0.02^{aA}	5.49±0.07^{aA}
	TRE	0.56±0.01^{bB}	0.16±0.00^{bB}	0.20±0.00^{aA}	0.19±0.00^{bB}	0.37±0.01^{aA}	0.37±0.01^{bB}	1.31±0.03^{bB}	1.46±0.02^{bB}	4.63±0.08^{bB}
2	MAE	0.52±0.01^{bB}	0.20±0.00^{cC}	0.10±0.02^{bB}	0.22±0.00^{cC}	—	3.83±0.02^{cC}	13.27±0.01^{cC}	24.86±0.03^{cC}	43.00±0.09^{cC}
	TRE	0.54±0.01^{bB}	0.16±0.00^{bB}	0.10±0.00^{bB}	0.20±0.00^{cC}	—	1.85±0.01^{dD}	6.98±0.02^{dD}	16.46±0.04^{dD}	26.30±0.08^{dD}

注：—表示未检出；†表示浓度，mg/100g 燕麦粉；同一列字母不同表示差异达到显著水平，小写字母为 5%显著水平，大写字母为 1%显著水平。

参 考 文 献

白雪莲, 岳田利, 章华伟, 等. 2010. 响应曲面法优化微波辅助提取苹果渣多酚工艺研究. 中国食品学报, 10(4): 169-177.

曹汝鸽, 林钦, 任长忠, 等. 2010. 不同灭酶处理对燕麦气味和品质的影响. 农业工程学报, 26(12): 378-382.

陈浩, 李再贵, 程永强, 等. 2013. 不同溶剂提取燕麦油的脂肪酸分析及抗氧化性能研究. 农产品加工, (2): 14-17.

池晓菲, 吴殿星, 楼向阳, 等. 2003. 五种禾谷类作物淀粉糊化特性的比较研究. 作物学报, 29(2): 300-304.

崔林, 刘龙龙. 2009. 中国燕麦品种资源的研究. 现代农业科学, 11: 120-123.

邓万和, 王强, 吕耀昌, 等. 2005. 品种和环境效应对燕麦 β-葡聚糖含量的影响. 中国粮油学报, 20(2): 30-32.

董吉林, 申瑞玲. 2005. 裸燕麦麸皮的营养组成分析及 β-葡聚糖的提取.山西农业大学学报(自然科学版), 25(1): 70-73.

冯冰, 王昌涛, 雷芳, 等. 2007. 燕麦麸皮蛋白在不同蛋白酶作用下的水解研究. 食品工业科技, 28(10):120-122.

韩舜愈, 宋雪梅, 祝霞, 等. 2006. 除去燕麦 β-葡聚糖粗提液中蛋白质方法的比较研究.食品科学, 27(12): 300-303.

胡新中, 罗勤贵, 欧阳昭晖, 等. 2006. 裸燕麦酶活抑制方法及品质比较. 中国粮油学报, (5): 46-50.

顾军强, 钟葵, 周素梅, 等. 2014. 微波处理对燕麦片品质的影响. 现代食品科技, (9): 241-245.

郭华, 周建平, 罗军武, 等. 2008. 茶籽油的脂肪酸组成测定. 中国油脂, 33(7): 71-73.

李芳. 2007. 燕麦麸膳食纤维的提取工艺及应用研究. 武汉: 武汉轻工大学博士学位论文.

李林, 张大顺. 2010. 不同方法萃取的燕麦油脂肪酸组成及清除 DPPH 自由基活性研究.食品科学, (7): 146-149.

林伟静. 2010. 燕麦品质与 β-葡聚糖的品种变异性研究. 北京: 中国农业大学硕士学位论文.

林伟静, 吴广枫, 李春红, 等. 2011. 品种与环境对我国裸燕麦营养品质的影响. 作物学报, 37(6): 1087-1092.

路长喜. 2009. 我国燕麦优良种质资源筛选及加工特性研究. 郑州: 河南工业大学硕士学位论文.

路威. 2013. 燕麦品种品质及饮料加工特性研究. 北京: 中国农业科学院硕士学位论文.

路威, 林伟静, 钟葵, 等. 2013. 燕麦乳酶解加工工艺优化. 中国粮油学报, 2013, 28(1):98-102.

戚向阳, 曹少谦, 刘合生, 等. 2014. 不同品种燕麦的油脂组成及与其他营养物质相关性研究. 中国食品学报, (5) : 63-71.

钱科盈, 任长忠, 方毅, 等. 2008. 微波加热抑制裸燕麦脂肪酶活性研究. 粮油食品科技, 16(4): 44-47.

任祎, 马挺军, 牛西午, 等. 2008. 燕麦生物碱提取物的抗氧化与降血脂作用研究. 中国粮油学报, 23(6): 103-106.

任祎, 任贵兴, 马挺军, 等. 2008. 燕麦生物碱的提取及其抗氧化活性研究. 农业工程学报, 24(5): 265-269.

沈玥, 刘英, 王展, 等. 2010. 燕麦粉及其与小麦粉混合后白度的探讨. 粮食与饲料工业, (1): 5-7.

王昌涛, 冯冰, 董银卯. 2008. 响应面法对 Neutrase 蛋白酶酶解燕麦麸的优化研究. 食品科技, 33(5): 9-12.

王戈莎. 2008. 大米多肽的分离纯化及其抗氧化活性的研究. 无锡: 江南大学博士学位论文.

王燕. 2012. 燕麦品种品质分析及油脂、多酚性质研究. 北京: 中国农业科学院硕士学位论文.

王燕, 易翠平, 王强, 等. 2010. 不同裸燕麦品种的淀粉特性. 麦类作物学报, 30(3): 560-563.

王燕, 钟葵, 林伟静, 等. 2012. 品种与环境效应对裸燕麦油脂含量和脂肪酸组成的影响. 中国油脂, 37(7): 27-32.

徐向英. 2012. 燕麦蛋白提取、性质以及降血脂活性研究. 郑州: 河南工业大学硕士学位论文.

张才科, 张晖, 王立, 等. 2012. 早餐谷物食品的研究进展. 粮食与饲料工业, 7: 28-30.

张燕, 胡新中, 师俊玲, 等. 2013. 熟化工艺对燕麦传统食品营养及加工品质的影响. 中国粮油学报, (10): 86-91.

郑建梅, 曹莹莉, 胡新中, 等. 2012. 不同地区不同裸燕麦品种淀粉品质分析. 麦类作物学报, 32(1): 74-78.

中国科学院中国植物志编辑委员会. 1987. 中国植物志. 北京：科学出版社.

中国农业百科全书总编辑委员会. 1988. 中国农业百科全书. 北京：农业出版社.

中国预防医学科学院营养与食品卫生研究所. 1991. 食物成分表. 北京: 人民出版社.

周素梅, 申瑞玲. 2009. 燕麦的营养及其加工利用. 北京: 化学工业出版社.

Andersson A A M, Rüegg N, Åman P. 2008. Molecular weight distribution and content of water-extractable β-glucan in rye crisp bread. Journal of Cereal Science, 47: 399-406.

Bryngelsson S, Mannerstedt-Fogelfors B, Kamal-Eldin A, et al. 2002. Lipids and antioxidants in groats and hulls of Swedish oats (*Avena sativa* L). Journal of the Science of Food and Agriculture, 82(6): 606-614.

Booth C K, Reilly C, Farmakalidis E. 1996. Mineral composition of Australian ready-to-eat breakfast cereals. Journal of Food Composition and Analysis, 9(2): 135-147.

Brodsky R A, Chen A R, Dorr D, et al. 2010. High-dose cyclophosphamide for severe aplastic anemia: long-term follow-up. Blood, 115(11): 2136-2141.

Chu Y F. 2013. Oats Nutrition and Technology. Chichester, UK: John Wiley & Sons, Ltd.

Engleson J A, Fulcher R G. 2002. Mechanical behavior of oats: specific groat characteristics and relation to groat damage during impact dehulling. Cereal Chemistry, 79(6): 790-797.

Englyst H N, Wiggins H S, Cummings J H. 1989. Determination of non-starch polysaccharides in plant foods by gas-liquid chromatography of constituent sugars as alditol acetates. Food Science and Technology, 23: 205-225.

Fast R B. 2001. Breakfast cereals//G Owens.Chapter 8: Cereals Processing Technologies. Cambridge: CRC Press.

Fast R B, Caldwell E F. 2000. Breakfast Cereals and How are They Made. USA: American Association of Cereal Chemists.

Groh S, Kianian S F, Phillips R L, et al. 2001. Analysis of factors influencing milling yield and their association to other traits by QTL analysis in two hexaploid oat populations. Theoretical and Applied Genetics, 103:9-18.

Hill G M. 1995. The impact of breakfast especially ready-to-eat cereals on nutrient intake and health of children. Nutrition research, 15(4): 595-613.

Hoover R, Zhou Y. 2003. *In vitro* and *in vivo* hydrolysis of legume starches by α-amylase and resistant starch formation in legumes-a review. Carbohydrate Polymers, 54(4): 401-417.

Ingersoll S A, Ayyadurai S, Charania M A, et al. 2012. The role and pathophysiological relevance of membrane transporter PepT1 in intestinal inflammation and inflammatory bowel disease. American Journal of Physiology Gastrointestinal and Liver Physiology, 302(5): 484-92.

Ji L L, Lay D, Chung E, et al. 2003. Effects of avenanthramides on oxidant generation and antioxidant enzyme activity in exercised rats. Nutrition Research, 23(11): 1579-1590.

Kermasha S, Kubow S, Safari M, et al.1993. Determination of the positional distribution of fatty acids in butterfat triacylglycerols. Journal of the American Oil Chemists' Society, 70(2): 169-173.

Kim S, Kim S, Song K B. 2003. Purification of an ACE inhibitory peptide from hydrolysates of duck meat protein. Preventive Nutrition and Food Science, 8(1): 66-69.

Kumagai T, Watanabe R, Saito M, et al. 2009. Superiority of alkali-extracted rice protein in bioavailability to starch degraded rice protein comes from digestion of prolamin in growing rats. Journal of Nutritional Science and Vitaminology, 55(2): 170-177.

Kumar L , Brennan M , Zheng H , et al. 2018. The effects of dairy ingredients on the pasting, textural, rheological, freeze-thaw properties and swelling behaviour of oat starch. Food Chemistry, 245: 518-524.

Kumrungsee N, Pluempanupat W, Koul O, et al. 2014. Toxicity of essential oil compounds against diamondback moth, plutella xylostella, and their impact on detoxification enzyme activities. Journal of Pest Science, 87(4): 721-729.

Lásztity R. 1998. Oat grain-a wonderful reservoir of natural nutrients and biologically active substances. Food Reviews International, 14: 99-119.

Luhaloo M, Åman P, Andersson R, et al. 1998. Compositional analysis and viscosity measurements of commercial oat brans. Journal of the Science of Food and Agriculture, 76(1): 142-148.

Manthey F A, Hareland G A, Huseby D J. 1999. Soluble and insoluble dietary fiber content and composition in oat. Cereal Chemistry, 76: 417-420.

Mitchell Fetch J W, Brown P D, Duguid S D, et al. 2003. Pinnacle oat. Canadian Journal of Plant Science, 83: 97-99.

Mitchell Fetch J W, Brown P D, Duguid S D, et al. 2006. Furlong oat. Canadian Journal of Plant Science, 86: 1153-1156.

Mohamed A, Biresaw G, Xu J Y, et al. 2009. Oats protein isolate: thermal, rheological, surface and functional properties. Food Research International, 42(1): 107-114.

Peterson D M. 2001. Oat antioxidants. Journal of Cereal Science, 33: 115-129.

Tong L T, Zhong K, Liu L, et al. 2014. Oat oil lowers the plasma and liver cholesterol concentrations by promoting the excretion of faecal lipids in hypercholesterolemic rats. Food Chemistry, 142: 129-134.

Serna-Saldivar S O. 2010. Cereal Grains: Properties, Processing, and Nutritional Attributes. Cambridge: CRC Press.

Spigno G, Faveri D M D. 2009. Microwave-assisted extraction of tea phenols: a phenomenological study. Journal of Food Engineering, 93(2): 210-217.

Sutivisedsak N, Cheng H N, Willett J L, et al. 2010. Microwave-assisted extraction of phenolics from bean (*Phaseolus vulgaris* L.) . Food Research International, 43(2): 516-519.

Stevenson D G, Inglett G E, Chen D, et al. 2008. Phenolic content and antioxidant capacity of supercritical carbon dioxide-treated and air-classified oat bran concentrate microwave-irradiated in water or ethanol at varying temperatures. Food Chemistry, 108(1): 23-30.

Vorwerck K. 1988. Hydrothermal treatment of oats. Cereal Flour Bread, 42:199-202.

Webster F H, Wood P J. 2011. Oats: Chemistry and Technology. USA: American Association of Cereal Chemists.

Welch R W. 1995. The Oat Crop: Production and Utilization. London: Chapman & Hall.

Wu Y V, Doehlert D C. 2002. Enrichment of β-glucan in oat bran by fine grinding and air classification. LWT-Food Science and Technology, 35(1): 30-33.

Yang L, Chen J H, Xu T, et al. 2012. Rice protein improves oxidative stress by regulating glutathione metabolism and attenuating oxidative damage to lipids and proteins in rats. Life Sciences, 91(11-12): 389-394.

附件 1　国内外燕麦加工技术专利及成果

在中华人民共和国国家知识产权局网站上，以“燕麦”为关键词搜索自 2000 年 1 月至 2019 年 3 月所申请的国内外授权或公开的专利，共搜索到 17579 条数据，如“肌源赋活修护精华乳及其制备方法”“一种燕麦基常温酸奶及其制备方法”“一种杂粮玉米片及其制备方法”“一种补血冲剂及其生产工艺”“一种沙漠型陆龟饲料”“一种发酵果蔬曲奇的生产方法”“一种可用于伤口性肌肤的温和洁面泡沫”等，主要有主食食品、休闲食品、饲料、药品、化妆品等领域的专利。而按照发明名称“燕麦”进行搜索，共搜索到 2006 条数据，如“一种低含量燕麦葡聚糖提取方法”“一种水果燕麦功能性食品及其制备方法”“一种燕麦乳制品及其制备方法”“一种燕麦 β-葡聚糖脱蛋白和脱色的方法”“一种具有降糖作用的枸杞燕麦片及其制备方法”“一种燕麦粥”“一种燕麦黄酒及其酿造工艺”“一种紫甘薯燕麦饼及其加工方法”“一种全燕麦固态混菌发酵生产益生菌活菌粉剂及制备方法”“一种从燕麦麸皮中提取高纯度 β-葡聚糖的方法”“一种燕麦即食冲调粉及其加工工艺”“一种燕麦水解蛋白的工业化生产方法”等，主要集中在主食食品、休闲食品、植物蛋白饮料、药品、功能食品、化妆品等方面，具体信息如附表 1.1～附表 5.1 所示。

按产品分类（包括公开、授权及授权后未交年费的专利）。

（1）初加工产品：如燕麦面粉、燕麦片、燕麦米。

（2）燕麦食品：粥、面条、面包、蛋糕、冲调粉、饮料、休闲食品、发酵制品、畜产品、功能食品、其他食品。

（3）燕麦提取物。

（4）燕麦化妆品。

1. 初加工产品专利

附表 1.1　燕麦面粉

序列	申请号	专利名称	申请日期	法律状态	申请人
1	CN201811154560	一种有机燕麦纤维粉、燕麦蛋白粉及燕麦胚芽粉的综合加工方法	2018.09.30	公开	上海交通大学医学院

续表

序列	申请号	专利名称	申请日期	法律状态	申请人
2	CN201811132785	一种燕麦膳食纤维粉及其制备工艺	2018.09.27	公开	内蒙古燕谷坊全谷物产业发展有限责任公司
3	CN201710698152	能够降三高的燕麦混合粉的制备方法	2017.08.15	公开	黑龙江省恒源食品股份有限公司
4	CN201710101193	一种燕麦全粉及其面条预拌粉的生产方法	2017.02.24	公开	长沙克明面业有限公司
5	CN201611067262	一种半酶解燕麦粉的制备方法	2016.11.28	公开	南昌泰康食品科技有限公司
6	CN201410837150	一种燕麦小麦预混合馒头粉及其生产方法	2014.12.30	公开	武汉轻工大学
7	CN201110368836	一种干法清粮的燕麦清洗工艺	2011.11.21	公开	内蒙古农业大学燕麦产业研究中心
8	CN200910027248	一种冷冻燕麦面团及其生产方法	2009.05.26	授权公告	江南大学
9	CN200810057712	微波加热抑制燕麦脂肪酶活性的方法	2008.02.05	授权公告	中国农业大学

附表 1.2 燕麦片

序号	申请号	专利名称	申请日期	法律状态	申请人
1	CN201810516177	一种复合五谷燕麦片的配方及制备方法	2018.05.25	公开	厦门市诚安毅科技有限公司
2	CN201711119351	一种即食纯燕麦片的加工方法	2017.11.14	公开	安徽华健生物科技有限公司
3	CN201710623949	一种即食型燕麦脆片及其制备方法	2017.07.27	公开	桂林西麦食品股份有限公司
4	CN201510196006	一种混合燕麦片的制造方法	2015.04.23	公开	苏州科谷米业有限公司
5	CN201310585033	一种高营养、高功能燕麦片的制备方法	2013.11.21	公开	中国农业科学院农产品加工研究所
6	CN201210256354	一种果味燕麦片的制作方法	2012.07.24	公开	黑龙江省轻工科学研究院
7	CN201110224904	一种燕麦片熟制方法	2011.08.08	授权公告	内蒙古塞宝燕麦食品有限公司
8	CN200980155782	可微波处理的全燕麦片	2009.12.18	公开	桂格燕麦公司

附 1.3　燕麦米

序号	申请号	专利名称	申请日期	法律状态	申请人
1	CN201711152239	一种燕麦米的加工方法及产品	2017.11.19	公开	内蒙古东麦企业管理有限公司
2	CN201711057266	燕麦杂粮米及其制备方法	2017.11.01	公开	宁夏三顺农业科技有限公司
3	CN201710832840	一种燕麦蒸谷米的制作方法	2017.09.15	公开	山西省农业科学院农产品加工研究所
4	CN201510937331	一种高纤食用燕麦麸粉、脱皮燕麦米及其制备方法	2015.12.16	授权公告	宁夏五朵梅食品股份有限公司
5	CN201110224974	一种燕麦米的加工方法	2011.08.08	授权公告	内蒙古塞宝燕麦食品有限公司
6	CN200610012852	燕麦米的生产工艺	2006.06.17	公开	山西金绿禾生物科技有限公司
7	CN200610042891	一种燕麦米的加工方法	2006.05.30	授权公告	胡新中，方毅
8	CN01134809	燕麦米	2001.11.14	公开	任长忠

2. 燕麦制品专利

附表 2.1　燕麦粥、糊、糕点等

序号	申请号	专利名称	申请日期	法律状态	申请人
1	CN201811585911	一种燕麦馅料点心及其制作方法	2018.12.24	公开	山西省农业科学院农产品加工研究所
2	CN201710114375	一种燕麦酥饼的制作工艺	2017.02.28	公开	桂林浩新科技服务有限公司
3	CN201710072994	一种常温保鲜高含量燕麦馒头及其加工方法	2017.02.10	公开	陕西师范大学
4	CN201611159240	一种全燕麦粉馒头及其制作方法	2016.12.15	公开	张家口市农业科学院
5	CN201510094213	一种燕麦粥及其制作方法	2015.03.03	公开	广西大学
6	CN201410489244	一种化痰解毒燕麦粥及其制备方法	2014.09.23	公开	芜湖市好亦快食品有限公司三山分公司
7	CN201410050792	一种保健型燕麦米糊的制作方法	2014.02.14	公开	哈尔滨伟平科技开发有限公司
8	CN201310729040	方便燕麦营养粥	2013.12.26	公开	湖北顾大嫂食品有限公司

续表

序号	申请号	专利名称	申请日期	法律状态	申请人
9	CN201310373701	一种燕麦黑米粥及其制备方法	2013.08.26	公开	安徽燕之坊食品有限公司
10	CN201210472842	一种紫薯燕麦保健月饼及馅料的制备方法	2012.11.21	公开	天津市国至源生物科技有限公司
11	CN201110404263	生冷冻裸燕麦传统食品的制备方法	2011.12.08	公开	张家口市农业科学院
12	CN201010595256	一种燕麦复配米方便米饭及其制作方法	2010.12.20	公开	内蒙古农业大学
13	CN200980141491	全燕麦可微波烘焙产品	2009.11.20	公开	桂格燕麦公司
14	CN200710061920	燕麦杂粮方便米饭	2007.05.20	公开	山西金绿禾燕麦研究所

附表 2.2　燕麦面条、粉条等

序号	申请号	专利名称	申请日期	法律状态	申请人
1	CN201811328930	燕麦麸皮粉及制备方法、燕麦面条及制作方法	2018.11.09	公开	想念食品股份有限公司
2	CN201811205474	一种燕麦半干面的制备方法	2018.10.08	公开	许昌学院
3	CN201811160256	一种低温免煮即食燕麦面条制备方法及低温燕麦面条机	2018.09.30	公开	山东蒙北燕麦加工有限公司
4	CN201810025826	一种燕麦马铃薯面条及其制作方法	2018.01.11	公开	内蒙古工业大学
5	CN201710136150	一种方便鲜湿燕麦面及其制备工艺	2017.03.09	公开	桂林三养胶麦生态食疗产业有限责任公司
6	CN201710101190	一种全燕麦降血脂功能性挂面及其生产方法	2017.02.24	公开	长沙克明面业有限公司
7	CN201710072995	一种常温保鲜燕麦扯面及其加工方法	2017.02.10	公开	陕西师范大学
8	CN201610691388	一种燕麦降压夹心面条及其制备方法	2016.08.21	公开	徐俊
9	CN201510575179	一种燕麦保鲜紫薯粉丝	2015.09.11	公开	颍上县天好食品有限公司
10	CN201510432792	一种燕麦面条及其制作工艺	2015.07.22	公开	马鞍山市行知食品科技有限公司
11	CN201410473987	一种采用燕麦和荞麦粉制成的添加微量精粉的挂面加工方法	2014.09.17	公开	哈尔滨鑫红菊食品科技有限公司

附表 2.3　燕麦面包、蛋糕等

序号	申请号	专利名称	申请日期	法律状态	申请人
1	CN201711426742	一种红薯燕麦面包	2017.12.26	公开	徐州徐薯薯业科技有限公司
2	CN201610453351	一种由烘焙制作而成的燕麦蛋糕	2016.06.22	公开	蚌埠市老顽童食品厂
3	CN201610208161	一种全燕麦面制品与全燕麦保鲜面制品的生产方法	2016.04.05	公开	无锡群硕谷唐生物科技有限公司
4	CN201510953565	金针菇燕麦保健面包及其制作方法	2015.12.18	公开	廊坊师范学院
5	CN201410527868	一种高粱燕麦荞麦杂粮面包	2014.10.10	公开	青岛嘉瑞生物技术有限公司
6	CN201410087197	一种高纤燕麦面包	2014.03.11	公开	山西省农业科学院农产品加工研究所
7	CN201210368728	一种莜麦保健蛋糕及其制备方法	2012.09.28	公开	静乐县黄土地农牧开发合作社
8	CN201010279775	莜麦营养面包及其制备方法	2010.09.04	公开	内蒙古科技大学
9	CN200810243015	一种富含蔬菜纤维素全燕麦粉纸型烘焙食品及其制造方法	2008.12.08	公开	江南大学；无锡市天绿纸菜有限责任公司
10	CN200810017210	一种添加燕麦 β-葡聚糖的功能面包	2008.01.03	公开	陕西师范大学

附表 2.4　燕麦冲调粉

序号	申请号	专利名称	申请日期	法律状态	申请人
1	CN201810944357	一种以糙米和燕麦为主料的速食冲调粉加工改良工艺	2018.08.19	公开	合达信科技有限公司
2	CN201810485363	一种速冲稳定型营养黑豆燕麦全粉的制作方法	2018.05.18	公开	南昌大学
3	CN201711401241	一种燕麦营养粉及其制备方法	2017.12.22	公开	成都锦汇科技有限公司
4	CN201711121790	一种燕麦麸皮冲剂及其制备方法	2017.11.14	公开	黑龙江八一农垦大学
5	CN201710714128	一种低 GI 燕麦代餐粉及其制作方法	2017.08.18	公开	浙江野麦实业有限公司
6	CN201710624586	一种速溶燕麦乳粉的制备方法	2017.07.27	公开	桂林西麦食品股份有限公司
7	CN201611030485	一种燕麦速溶粉的制备方法	2016.11.22	公开	沈阳味丹生物科技有限公司

续表

序号	申请号	专利名称	申请日期	法律状态	申请人
8	CN201610010570	一种燕麦糊粉的制备方法及燕麦糊粉	2016.01.08	公开	广东省食品工业研究所
9	CN201610004598	一种具有保健功效的燕麦冲调粉及其制备方法	2016.01.04	公开	桂林西麦生物技术开发有限公司
10	CN201510883428	一种燕麦冲剂及其制备方法	2015.12.07	公开	广西南宁金蚨源农业开发有限公司
11	CN201410033189	一种燕麦即食冲调粉及其加工工艺	2014.01.24	公开	北京工商大学
12	CN201310402456	保健型速溶燕麦粉的制作方法	2013.09.07	公开	黑龙江省轻工科学研究院
13	CN201210455871	一种具有减肥功效的莜麦麸皮营养粉及其制备方法	2012.11.14	公开	内蒙古三主粮谷物科技股份有限公司
14	CN201210306500	一种燕麦粥粉	2012.08.24	公开	扬州绿佳食品有限公司
15	CN200880025660	可溶性燕麦或大麦粉以及利用酶的制备方法	2009.10.08	授权公告	桂格燕麦公司
16	CN200910064485	一种复合膨化燕麦全粉及其制备方法	2009.03.26	授权公告	河南科技大学
17	CN200710178867	一种燕麦全粉食品及其生产方法	2007.12.06	公开	中国农业科学院农产品加工研究所
18	CN200610102021	微波制备速溶燕麦粉、燕麦全粉的生产工艺	2006.10.14	授权公告	山西金绿禾燕麦研究所
19	CN02124655	速溶莜麦粉饮料的加工方法	2002.06.21	授权公告	山西大学

附表 2.5　燕麦饮料、酒、醋等液体产品

序号	申请号	专利名称	申请日期	法律状态	申请人
1	CN201811215009	一种大麦若叶青汁燕麦黑豆浆及其生产工艺	2018.10.18	公开	名沙食品（江苏）有限公司
2	CN201811029054	一种牛油果燕麦米酒及其制备方法	2018.09.05	公开	湖北文理学院
3	CN201810401234	一种燕麦饮料及其制备方法	2018.04.28	公开	安徽工程大学
4	CN201710399541	一种甜玉米燕麦混合谷物饮料及其制备方法	2017.05.31	公开	华南理工大学
5	CN201610075969	一种燕麦果汁复合饮料的制备方法	2016.02.03	公开	桂林西麦生物技术开发有限公司
6	CN201610027941	一种桂圆燕麦牛奶饮品及其制备方法	2016.01.15	公开	厦门惠尔康食品有限公司

续表

序号	申请号	专利名称	申请日期	法律状态	申请人
7	CN201510795613	燕麦植物蛋白饮料及其制备方法	2015.11.18	公开	统一企业（中国）投资有限公司昆山研究开发中心
8	CN201410162715	一种燕麦黄酒及其酿造工艺	2014.04.22	公开	中国农业科学院作物科学研究所
9	CN201310585020	一种高营养燕麦饮料及其固体基料的制备方法	2013.11.21	公开	中国农业科学院农产品加工研究所
10	CN201210582024	一种水解燕麦含乳饮料及其制备方法	2012.12.28	公开	内蒙古蒙牛乳业（集团）股份有限公司
11	CN201210499652	一种具有良好口感、色泽及稳定性的燕麦乳制备方法	2012.11.30	授权公告	江南大学
12	CN201210208594	一种燕麦营养调理植物奶	2012.06.25	授权公告	安徽燕之坊食品有限公司
13	CN201210182125	含燕麦 β-葡聚糖的番茄、桃和梨混合果蔬汁饮料的制法	2012.06.01	授权公告	浙江大学
14	CN201010503989	一种燕麦健康饮品及其制备方法	2010.10.09	授权公告	广东省食品工业研究所
15	CN201010198341	一种新型燕麦酸乳饮料的生产方法	2010.06.11	授权公告	西北农林科技大学
16	CN200910164086	具有治疗高脂血症、高血糖症和改善肠胃道的低聚糖燕麦饮品	2009.08.10	授权公告	爱之味股份有限公司
17	CN200810071449	燕麦复合营养浓浆及其制备方法	2008.07.23	授权公告	惠尔康东方（厦门）食品有限公司
18	CN200410075008	燕麦干啤酒的制备方法	2004.08.24	授权公告	内蒙古巴特罕酒业股份有限公司

附表 2.6　休闲食品、饼干、酥、布丁、膨化食品等

序号	申请号	专利名称	申请日期	法律状态	申请人
1	CN201811407082	一种燕麦覆盆子果酱及其制备方法	2018.11.23	公开	桐城市华星制盖有限责任公司
2	CN201710207728	一种坚果燕麦酥及其制备方法	2017.03.31	公开	三只松鼠股份有限公司
3	CN201611240237	一种非油炸香辣燕麦干脆面及其生产方法	2016.12.29	公开	中粮集团有限公司；中粮营养健康研究院有限公司
4	CN201610529210	一种红曲燕麦膨化五谷饼及其制备方法	2016.07.07	公开	北京工商大学

续表

序号	申请号	专利名称	申请日期	法律状态	申请人
5	CN201610050499	一种即食燕麦鱼糜脆片的加工方法	2016.01.26	公开	福建农林大学
6	CN201510878479	一种椰子燕麦饼干及其制作方法	2015.12.04	公开	许昌学院
7	CN201510862685	一种燕麦坚果仁及其加工工艺	2015.11.27	公开	三只松鼠股份有限公司
8	CN201210098059	一种纯燕麦粉膨化食品及其制备方法	2012.04.05	公开	中国农业科学院农产品加工研究所
9	CN201010550985	玉米燕麦纤维饼干及其制备方法	2010.11.19	公开	南通金土地绿色食品有限公司
10	CN200410068179	一种膨化燕麦饼及其生产方法	2004.11.15	公开	呼和浩特市科力乳制品研究所

附表 2.7　畜产品、肉、奶、蛋等

序号	申请号	专利名称	申请日期	法律状态	申请人
1	CN201810404108	一种燕麦奶片及其制备方法	2018.04.28	公开	安徽工程大学
2	CN201710477991	一种粽香酱味燕麦蒸鸡及制作方法	2017.06.07	公开	衢州职业技术学院
3	CN201611156853	燕麦马齿苋鱼肠的加工方法	2016.12.13	公开	天津科技大学
4	CN201610855167	一种具有降压功能的燕麦奶粉	2016.09.27	公开	青岛大嘴网络技术有限公司
5	CN201510015702	一种燕麦酸奶鸡排	2015.01.13	公开	安徽富利康食品有限公司
6	CN201210319580	一种含燕麦的乳制品及其生产方法	2012.09.03	公开	内蒙古蒙牛乳业（集团）股份有限公司
7	CN201210268271	添加燕麦膳食纤维的泡椒牛肉的加工方法	2012.08.01	授权公告	安徽真心食品有限公司
8	CN201110459363	一种燕麦牛奶及其制备方法	2011.12.31	授权公告	北京三元食品股份有限公司
9	CN201010568157	一种莜面蛋筒及其制备方法	2010.11.26	授权公告	内蒙古伊利实业集团股份有限公司
10	CN201010286488	一种乳化稳定剂以及含有该种乳化稳定剂的燕麦牛奶饮料	2010.09.19	授权公告	厦门银鹭食品集团有限公司
11	CN201010281249	一种生产肉制品用燕麦天然膳食纤维的方法	2010.09.09	公开	得利斯集团有限公司

附表 2.8　燕麦发酵制品

序号	申请号	专利名称	申请日期	法律状态	申请人
1	CN201811624881	一种发酵型燕麦乳制品的制备方法	2018.12.28	公开	福建师范大学
2	CN201811308264	一种燕麦酸奶、燕麦醪糟酸奶及其制作方法	2018.11.05	公开	新疆福仁源乳业有限公司
3	CN201810743730	一种香蕉燕麦凝固型酸奶	2018.07.06	公开	广州聚澜健康产业研究院有限公司
4	CN201710611503	一种燕麦味牛奶益生菌伴侣及其制备方法	2017.07.25	公开	石家庄以岭药业股份有限公司
5	CN201610872099	一种燕麦发酵饮品及其制备方法	2016.09.29	公开	三主粮集团股份公司
6	CN201310628911	一种预防脂肪肝的发酵燕麦功能食品	2013.12.02	公开	中国农业大学
7	CN201110244907	一种燕麦甜醅生产方法	2011.08.25	公开	河北农业大学
8	CN201010119350	一种能生物降解天然雌激素的燕麦食酸菌菌株及其应用	2010.03.08	授权公告	北京师范大学
9	CN01821664	基于燕麦悬液的发酵产品	2001.11.09	授权公告	西巴公司

附表 2.9　燕麦功能食品、药品

序列	申请号	专利名称	申请日期	法律状态	申请人
1	CN201811045320	一种改善肠道健康的燕麦葡聚糖即食燕窝及制备方法	2018.09.07	公开	福建品鉴食品有限公司
2	CN201711239961	一种富含桑黄黄酮的燕麦桑黄谷菌粉的生产方法	2017.11.30	公开	浙江省农业科学院
3	CN201711016379	一种营养保健的燕麦方便食品	2017.10.25	公开	桂林丰润莱生物科技股份有限公司
4	CN201710348374	有机燕麦营养粉的制作方法	2017.05.17	公开	黑龙江燕麦乡食品科技有限公司
5	CN201610529747	一种降血脂燕麦红曲保健茶及制备方法	2016.07.07	公开	北京工商大学
6	CN201610288729	一种易消化润肠养颜燕麦食品及其制备方法	2016.04.28	公开	合肥独享食品有限公司
7	CN201610136833	一种燕麦麸皮发酵咀嚼片的制备方法	2016.03.10	公开	内蒙古三主粮天然燕麦产业股份有限公司

续表

序列	申请号	专利名称	申请日期	法律状态	申请人
8	CN201510646799	一种低血糖生成指数燕麦饮料及其制备方法	2015.09.30	公开	同福碗粥股份有限公司
9	CN200910040354	一种富含 β-葡聚糖的燕麦制品的制备方法	2009.06.18	授权公告	广东省食品工业研究所
10	CN200810008043	燕麦抗氧化软胶囊	2008.03.05	公开	中国农业科学院作物科学研究所
11	CN200710191565	一种功能性燕麦休闲食品及其制造方法	2007.12.13	公开	江南大学
12	CN200710055842	制备膳食纤维食品用大麦麦麸或燕麦麦麸的制法及用途	2007.07.05	授权公告	中国科学院长春应用化学研究所
13	CN200610089407	燕麦类降脂食品及加工方法	2006.06.23	公开	中国农业大学

附表 2.10　其他燕麦食品

序号	申请号	专利名称	申请日期	法律状态	申请人
1	CN201810768687	一种全胚芽裸燕麦粟的制备方法	2018.07.13	公开	金维他（福建）食品有限公司
2	CN201711132844	一种具有刮油效果的燕麦胚芽乳及其制备方法	2017.11.15	公开	同福集团股份有限公司
3	CN201410766464	一种酶解燕麦乳制品及超高压杀菌的制备方法	2014.12.11	授权公告	光明乳业股份有限公司
4	CN201410613121	一种燕麦馅料及其制备方法和应用	2014.11.04	公开	中国农业大学
5	CN201410582485	源自燕麦麸皮的食品组合物及其制造方法	2014.10.27	公开	株式会社燕麦生活
6	CN201410147252	一种燕麦养生花生酱	2014.04.14	公开	合肥市金乡味工贸有限责任公司
7	CN201110346090	共生燕麦冰淇淋及其制备方法	2011.11.06	授权公告	吉林大学
8	CN201110117930	一种亚麻燕麦冷饮的生产方法	2011.05.09	授权公告	甘肃省农业科学院作物研究所
9	CN201010102463	一种燕麦酱的制备方法	2010.01.25	授权公告	山西三盟实业发展有限公司
10	CN200410011021	活力燕麦纤维素口嚼片及制造方法	2004.08.06	授权公告	吉林省吉鹤燕麦有限公司
11	JP2003022044	燕麦を用いた味噌	2003.01.30	公开	日本有限会社ソーイ

3. 燕麦加工设备专利

附表 3.1 燕麦加工设备

序号	申请号	专利名称	申请日期	法律状态	申请人
1	CN201820516750	一种燕麦油搅拌过滤装置	2018.04.12	公开	上海谷子地实业有限公司
2	CN201721375330	一种燕麦自动蒸煮设备	2017.10.24	公开	新疆凯瑞可食品科技有限公司
3	CN201721243843	一种燕麦入料包装装置	2017.09.26	公开	广东皇麦世家食品有限公司
4	CN201721095212	一种燕麦搅拌分料装置	2017.08.30	公开	广东皇麦世家食品有限公司
5	CN201721119293	一种燕麦分级筛选机	2017.08.21	公开	山西省农业科学院高寒区作物研究所
6	CN201710688412	一种燕麦高效处理工艺	2017.08.12	公开	安徽科杰粮保仓储设备有限公司
7	CN201720870494	一种燕麦杂粮去皮装置	2017.07.18	公开	宁夏金博乐食品科技有限公司
8	CN201710389486	基于电场力的燕麦清选装置	2017.05.27	公开	河南科技大学
9	CN201720607575	一种基于电场中电荷力作用的燕麦清选装置	2017.05.27	公开	河南科技大学
10	CN201720396560	一种可自动排水的冲洗燕麦池	2017.04.17	公开	沙湾县刺柏树食品有限公司
11	CN201720396568	一种带盖淘燕麦池	2017.04.17	公开	沙湾县刺柏树食品有限公司

4. 燕麦提取物专利

附表 4.1 燕麦提取物

序号	申请号	专利名称	申请日期	法律状态	申请人
1	CN201811518434	一种燕麦多肽连续提取工艺	2018.12.12	公开	张家口一康生物科技有限公司
2	CN201810998926	一种燕麦及燕麦片加工副产物中 β-葡聚糖的提取方法	2018.08.30	公开	金维他（福建）食品有限公司
3	CN201711352087	一种富游离多酚燕麦及其制备方法与应用	2017.12.15	公开	华南理工大学
4	CN201710863673	与燕麦 β 葡聚糖含量相关的分子标记及其应用	2017.09.22	公开	中国农业科学院作物科学研究所

续表

序号	申请号	专利名称	申请日期	法律状态	申请人
5	CN201610524333	一种从燕麦麸皮中快速提取多种功能性成分的方法	2016.07.05	公开	中国农业科学院作物科学研究所
6	CN201410695128	一种逐步升温回收燕麦 β 葡聚糖中乙醇同时获取干燥和灭菌的燕麦 β 葡聚糖的方法	2014.11.27	公开授权	广东省食品工业研究所
7	CN201410005750	一种燕麦水解蛋白的工业化生产方法	2014.01.06	公开	华南理工大学
8	CN201310063697	燕麦麸油微囊粉及其制备方法	2013.02.28	公开	三主粮集团股份公司
9	CN201210534506	生物燕麦多肽的提取方法及其用途	2012.12.12	公开	上海相宜本草化妆品股份有限公司
10	CN201110112515	一种利用酶膜反应器制备燕麦抗氧化肽的方法	2011.04.29	授权公告	北京工商大学
11	CN201010183906	从燕麦麸皮中提取高纯度 β-葡聚糖、燕麦全粉的方法	2010.05.27	授权公告	山西金绿禾燕麦研究所
12	CN201010130697	一种燕麦提取物及其制备方法与应用	2010.03.22	授权公告	北京工商大学
13	CN200910092831	一种从燕麦中提取 β-葡聚糖、淀粉、蛋白质和油脂的方法	2009.09.09	授权公告	中国农业科学院农产品加工研究所
14	CN200710302446	一种燕麦麸可溶性膳食纤维脂肪替代品的制备方法	2007.12.26	授权公告	江南大学
15	CN200610089486	一种提取燕麦 β-葡聚糖的方法	2006.06.29	授权公告	北京工商大学
16	CN200480039504	源自燕麦和大麦谷物的可溶性膳食纤维、制备 β-葡聚糖丰富的部分的方法以及该部分在食物、药物和化妆品中的应用	2004.11.24	授权公告	毕奥维勒普国际有限公司
17	CN03147786	一种燕麦 β-葡聚糖的制备方法	2003.06.26	授权公告	中国农业科学院农产品加工研究所

5. 燕麦化妆品专利

附5.1　燕麦化妆品

序号	申请号	专利名称	申请日期	法律状态	申请人
1	CN201810655273	一种菊花燕麦美肤面膜及其制备方法	2018.06.23	公开	无锡伟通商标代理服务有限公司
2	CN201711108693	一种燕麦面膜的制备方法	2017.11.11	公开	安徽太阳花牧业有限公司

续表

序号	申请号	专利名称	申请日期	法律状态	申请人
3	CN201710954970	一种含燕麦 β-葡聚糖的洗手液及制备方法	2017.10.13	公开	北京洛娃日化有限公司
4	CN201710764245	一种燕麦萌芽提取物及其在化妆品中的应用	2017.08.30	公开	上海家化联合股份有限公司
5	CN201510929998	一种含有燕麦提取物、何首乌提取物和灵芝提取物的美白化妆品	2015.12.11	公开	青岛玻莱莫斯新材料技术有限公司
6	CN201510853959	一种含有益母草提取物、燕麦提取物和枸杞提取物的美白化妆品	2015.11.27	公开	青岛盛嘉信息科技有限公司
7	CN201410843229	一种燕麦酸奶面膜的制作方法	2014.12.31	公开	天长市高新技术创业服务中心
8	CN201310446755	具有清洁护肤功效的燕麦泥、面膜及其制备方法	2013.09.26	公开	北京美丽铺化妆品有限公司
9	CN201110411070	一种含有燕麦 β-葡聚糖的保湿、抗衰老化妆品配方及其生产工艺	2011.12.12	公开	北京工商大学
10	CN200910067294	燕麦蛋白肽为基本成分的系列护肤品及制备方法	2009.07.21	授权公告	吉林修正药业新药开发有限公司

附件 2　代表性专利摘要

1. 一种燕麦粉及其制备方法（CN201810160553）

一种燕麦粉及其制备方法，由裸燕麦经以下步骤制得。将裸燕麦在 0.5%～1.5%（质量分数）的乳酸水溶液中浸泡 12～24 h，将水沥干后在 121℃温度下灭菌；将上述步骤处理后的燕麦接入 0.5%～1%（质量分数）的冠突散囊菌发酵剂，混匀，在 26～32℃温度下发酵 3.5～4 d；将发酵后的燕麦在 45～65℃温度下烘干；粉碎，过 40 目筛，得到燕麦粉。所述冠突散囊菌发酵剂为燕麦片与水按质量比 1∶1 混合后，在 121℃温度下灭菌后，趁热摇散冷却，接入冠突散囊菌，在 26～32℃温度下培养 5 d 后制得；所述冠突散囊菌为从湖南安化白沙溪茶厂的茯砖茶中分离得到的菌种。

2. 一种牛油果燕麦米酒及其制备方法（CN201811029054）

本发明公开了一种牛油果燕麦米酒及其制备方法。其由下列原料制成：糯米、牛油果、燕麦、党参、金银花、辣椒、甘草、菊花、灵芝、木糖醇、酒曲、高粱酒。本发明利用甘草、灵芝、辣椒等浸提液浸泡牛油果，能发挥牛油果的营养价值，从而提高米酒的营养功效。本发明制备的米酒口感好，香气浓郁，香甜可口，酸中带甜，具有清热解毒、舒筋通络、健脾益气、补肾助阳、润肠通便、养血敛阴等功效，且无任何毒副作用，是一种全新的营养保健酒。

3. 一种坚果燕麦酥及其制备方法（CN201710207728）

本发明提供了一种坚果燕麦酥及其制备方法。所述坚果燕麦酥包括以下质量份的原料：高筋粉 50～70 份，低筋粉 50～70 份，全麦粉 35～55 份，燕麦片 45～60 份，黄油 150～180 份，细砂糖 120～170 份，蛋黄 15～25 份，坚果碎 45～65 份，盐 2～3 份，小苏打 4～6 份，还包括由山楂、菊花、金银花、丹参、元胡、麦芽经提取得到的中药粉 5～10 份和由薏仁、赤豆、荞麦、花生、豌豆得到的粗粮谷物粉 5～10 份。产品的配方中加入了具有保健功能的中药粉末和富含膳食纤维的粗粮谷物粉，不仅使产品营养丰富，而且具有一定的降低血脂、血糖、胆固醇和减肥的功效，其口感酥脆，口味香甜，表面嵌有凹凸不平的坚果碎，并伴有不规则的裂纹，观之即可食欲大增，是养生保健的零食佳品。

4. 一种香蕉燕麦凝固型酸奶（CN201810743730）

本发明属于奶制品食品领域，公开了一种香蕉燕麦凝固型酸奶。该酸奶包含以下质量份：香蕉 30～45 份、燕麦 20～30 份、脱脂奶粉 7～15 份、多孔淀粉 0.3～0.6 份、蔗糖 5～8 份、黄原胶 0.15～0.45 份、CMC 0.15～0.3 份。本发明将香蕉与燕麦复配，并添加多孔淀粉与稳定剂黄原胶、CMC，产生协同作用，经乳酸菌发酵制备成一款组织细腻、结构均匀合理、无气泡、无杂质的凝固型酸奶，具有香蕉、燕麦的清香芬芳，增加了酸奶的风味，并提高了酸奶的营养价值。

5. 一种富含欧米伽 3 的营养燕麦片（CN201711259006）

本发明公开了一种富含欧米伽 3 的营养燕麦片，由以下质量份的组分组成：亚麻籽粉 10～15 份、燕麦片 40～60 份、黑芝麻粉 5～10 份、黄豆粉 4～8 份、薏米粉 5～8 份、红枣粉 7～10 份、花生粉 5～10 份、蜂蜜 3～5 份、牛奶粉 10～20 份及余量水。本发明富含欧米伽 3 的营养燕麦片不仅味道可口，且有明显降低胆固醇、甘油三酯和低密度脂蛋白，能达到美容养颜、调理肠胃的功效，对人体的健康有很大帮助。本发明的制备方法工艺简单，原料易得，成本低，适合工业化生产。

6. 一种发酵型燕麦乳制品的制备方法（CN201811624881）

本发明公开了一种发酵型燕麦乳制品的制备方法。该方法解决了燕麦深加工产品形式单一且营养不能充分转化为可吸收成分的问题。采用二次发酵的工艺，首先将燕麦进行一次发酵，软化麦皮，再添加接种发酵剂进行二次发酵，不仅降低发酵液的酸度，提高稳定性，细化麦皮，提高原料利用率，同时还带来独特的风味。

7. 一种改善肠道健康的燕麦葡聚糖即食燕窝及制备方法（CN201811045320）

本发明涉及一种改善肠道健康的燕麦葡聚糖即食燕窝及制备方法。燕麦葡聚糖即食燕窝包括如下质量份的组分：燕麦 β-葡聚糖 5～8 份，冻结燕窝 5～8 份，谷物膳食纤维 8～10 份，中药混合粉末 5～6 份，植物酵素 1～3 份。制备方法包括如下步骤：①燕窝预处理；②制备冻结燕窝；③制备胶状燕窝，将去离子水加热至沸，加入燕麦 β-葡聚糖 5～8 份、冻结燕窝 5～8 份、谷物膳食纤维 8～10 份、中药混合粉末 5～6 份、植物酵素 1～3 份，小火熬制 15～20 h，得胶状燕窝；④制备成品。本发明制备得到的燕麦葡聚糖即食燕窝具有良好的保健效果和助消化吸收的功效，制备方法简单，成品率高。

8. 一种预酶解燕麦粉的制备方法及其应用（CN201210350985）

本发明涉及一种预酶解燕麦粉的制备方法，所述方法包括：将淀粉酶与水混合均匀并拌入燕麦粗粉中，之后将得到的混合物经挤压膨化并烘干，最后磨成细粉。本发明的制备方法通过将膨化与酶解相结合，既使燕麦得到熟化，又使淀粉得到酶解，大大提升了燕麦粉加工应用性能。同时，根据本发明的制备方法，在燕麦粉酶解后不需要采用喷雾干燥或滚筒干燥等较为复杂的干燥程序，极大地降低了加工能耗与加工成本，因此与现有的加工工艺相比，本发明的制备方法更加节能环保，且成本更低。

9. 一种可衍生 DHA 的营养燕麦片及其制备方法（CN201210082283）

本发明公开了一种可衍生 DHA 的营养燕麦片及其制备方法，属于营养食品领域。本发明的营养麦片原料及质量比例为：干燕麦片 90～95 份、芡欧鼠尾草（*Salvia Hispanica* L.）种子粉末 5～10 份。本发明产品适用于各个年龄阶段，能有效补充 DHA，具有润肠通便、降低胆固醇、平抑血糖、促进大脑发育的功效。

10. 一种燕麦片熟制方法（CN201110224904）

本发明适用于食品加工领域，提供了一种燕麦片熟制方法。该方法包括：通过对燕麦原粮的焙烤进行第一次熟制；利用蒸汽蒸燕麦进行第二次熟制；对蒸后燕麦进行焖制；不切粒而将完整的燕麦粒轧制成燕麦片。本发明在燕麦籽粒熟化的同时通过烘麦、蒸麦和焖麦等工序多次高温钝化了燕麦中的各种酶类，保证了产品在正常环境下不会产生哈败现象；燕麦片在冲泡时即形成第三次熟制；经此“三熟”工艺加工制作的麦片风味浓厚、持久，汤汁呈乳白色、有光泽、黏稠度较大，燕麦粥有嚼劲、不黏牙、口感滑润。本发明同时采用不切粒、轧大片技术，使制成的燕麦片形状完整，碎片细粉较少，感官质量良好。

11. 一种燕麦亚麻（胡麻）营养麦片的生产方法（CN201110096798）

一种燕麦亚麻（胡麻）营养麦片的生产方法，属于食品加工技术领域，具体涉及一种以燕麦、胡麻、红枣为主要原料，加工方便、即食、营养的燕麦亚麻食品。发明的目的是充分发挥燕麦及亚麻（胡麻）籽的营养价值，将两者有机结合，提供一种即食、简便、营养的燕麦和亚麻（胡麻）籽营养食品。具体方法是将燕麦淘洗干净后经过润水、蒸熟，一部分经酒曲发酵后装入小袋杀菌得到燕麦颗粒包，另一分部轧片、干燥、分装，与亚麻籽粉、枣粒混合成一个独立包装。食用时，冲泡即可。

12. 一种燕麦米的加工方法（CN201110224974）

本发明公开了一种燕麦米的加工方法。工艺流程为：裸燕麦原粮→清除麦秸等轻杂→去石→擦麦→抛光→剔除壳燕麦→剔除苦荞和霉变粒→烘麦→破皮、划痕→去除碎米→去燕麦壳、去瘪粒→蒸麦→焖麦→冷却干燥→分级→真空包装。

本发明采用研磨与划痕相结合的燕麦籽粒破皮技术，既保留了燕麦的全部营养，又提高了燕麦米的破皮率，使所生产出来的燕麦米能够与大米等谷物同淘、同煮，保持剪切度和糊化度一致，使产品做法简单、食用方便，易于推广。采用高温反复灭酶技术，彻底钝化燕麦的酶活性，使产品在正常环境下不会产生哈败现象，延长了货架期，提高了产品的食用安全性。

13. 一种燕麦熟化方法（CN201019185021）

本发明公开了一种燕麦熟化方法，工艺过程是将燕麦清除杂质、清洗，用温水浸泡，再进行催芽。催芽过程中，用温水对燕麦喷淋，当燕麦芽生长至 0.5 mm 时，将其蒸煮，再经烘干、膨化即可。本燕麦熟化方法简单、易操作，燕麦经过催芽后，使燕麦中的部分蛋白质分解为氨基酸，部分淀粉被转化为小分子糖类，从而使燕麦原有的醇香浓郁、清香爽口的独特口感和口味充分释放出来，产品的品质得到极大的提高，燕麦富含的各种营养成分更有利于人体的消化吸收。

14. 含有荞麦粉、莜麦粉的低 GI 面皮和包馅糕点及制备方法（CN200810011630）

含有荞麦粉、莜麦粉的低升糖指数（GI）面皮和包馅糕点及制备方法规定，包馅糕点皮的总面量中荞麦粉或莜麦粉或荞麦粉与莜麦粉的混合物占 75%～85%，高筋面粉或面包粉占 15%～25%。包馅糕点皮的全部面粉与湿物料和至均匀后静置 150～200 min。本发明制得的糕点皮 GI 值约为 65，GI 值波动较小，保证了低 GI 值糕点的安全性，特别适合糖尿病患者食用，也适合要求低血糖生成指数食物的人群食用。

15. 高纤燕麦鲜食面条的制造技术（CN201310123826）

一种高纤燕麦鲜食面条的制造技术是将高纤燕麦粉、小麦粉、淀粉、增筋剂固形物充分混合后过筛，加入真空和面机料斗，再加入食盐溶液，在真空度下搅拌揉成面团，饧制，延压，切条，陈化，包装。本发明具有口感劲道、易煮、具有燕麦特殊香味的优点。

16. 一种复合膨化燕麦全粉及其制备方法（CN200910064485）

本发明涉及一种复合膨化燕麦全粉及其制备方法，包括以下质量份的组分：燕麦 25～40 份，玉米 45～65 份，淮山药 10～15 份。本发明的复合膨化燕麦全粉呈淡黄色粉状，香味浓郁，膨化率（体积法测定）达 150%～170%。用开水冲调后即成糊状，直接食用，口感细腻，水溶性好，复水比达 6～8，气味纯正芳香，不仅保持了燕麦全粉和淮山药的营养保健成分及特有风味，而且使玉米达到了粗粮细做的目的，符合消费者健康要求和社会时尚，具有很好的社会效益和经济效益。

17. 燕麦麸皮生产燕麦膳食纤维、营养粉的技术（CN200610102264）

本发明涉及一种燕麦深加工技术，具体为一种燕麦麸皮生产燕麦膳食纤维、营养粉的技术，解决了现有技术中存在的燕麦不能有效综合开发利用的问题。主要步骤包括将燕麦碾皮得到燕麦麸皮，微波灭酶，麸皮酶解，离心分离，对分离出的沉淀物干燥、超微粉碎后得到纤维粉，分离后的上清液经过真空浓缩、喷雾干燥后得营养粉。本发明可以有效提取燕麦皮中的有效营养物质，提取率高，而且纯度高，生产过程环保无污染。

18. 微波制备速溶燕麦粉、燕麦全粉的生产工艺（CN200610102021）

本发明属于食品加工技术领域，具体为一种微波制备速溶燕麦粉、燕麦全粉的生产工艺，解决了现有技术中存在的安全性低、能耗高、炒制不彻底及不均匀、容易焦化、易氧化和难以控制的缺点。主要步骤包括清除燕麦中的杂质、洗麦、润麦、微波处理、脱皮、抛光、磨粉，其中微波处理工艺的参数为：功率为 300～350 W，时间为 3～5 min，最后将燕麦冷却到 40℃以下磨粉。利用微波处理，增大了细胞比表面积，使燕麦籽粒中被束缚的可溶性活性成分得以释放和活化，而且对不溶性的活性成分实现了多功能转化，同时具有预熟化、膨化、控制脂肪酸值升高和杀菌灭酶等多种功效，有效地解决了火炒、蒸炒口感粗糙和生理活性低的不足，加工特性和食用品质均得到明显提高。

19. 一种具有良好口感、色泽及稳定性的燕麦乳制备方法（CN201210499652）

本发明涉及一种具有良好口感、色泽及稳定性的燕麦乳制备方法，属于谷物深加工领域。本发明利用燕麦中的蛋白质、β-葡聚糖、膳食纤维、微量元素等营养素，通过原料洗净、熟化、磨浆、酶解、离心、沉渣、二次磨浆、离心、上清液调配、灌装、杀菌等工艺，得到色泽乳白、有燕麦特殊香味、口感顺滑、体系稳定的燕麦乳饮品。本发明工艺设计科学合理，可提高燕麦资源的综合利用价值和经济效益。

20. 一种燕麦营养调理植物奶（CN201210208594）

本发明提供了一种燕麦营养调理植物奶，通过如下步骤生产：准备原料（燕麦、大麦芽、花生和黄豆）→清理→烘焙→浸泡→胶磨→酶解→过滤→调配→均质→灌装→灭菌→冷却→质检→成品。该产品具有燕麦、花生和黄豆的特有风味，保持了其原有的营养成分和特殊功效，口感香甜，食用方便，满足了人们对营养调理植物奶的需求。

21. 含燕麦 β-葡聚糖的番茄、桃和梨混合果蔬汁饮料的制法（CN201210182125）

本发明公开了一种含燕麦 β-葡聚糖的番茄、桃和梨混合果蔬汁饮料的制备方法。采用如下步骤：①取 CMC 和饮用水制成 CMC 凝胶；②取体积浓度 75%的番茄汁、桃浓缩液、梨浓缩液，加饮用水，混匀，得配料 A；③取甜菊糖、柠檬酸、纯度≥70%的燕麦 β-葡聚糖粉末，加饮用水，混匀，得配料 B；④将全部的配料 A 和全部的配料 B 混合后，加入桃香精、CMC 凝胶和饮用水，经高压均质和脱气，得饮料初始料液；⑤将饮料初始料液水浴后冷却至 75～85℃后进行热灌装，然后将容器加盖密封后倒置 10～20 min，从而实现对容器瓶口进行杀菌；自然冷却至室温后，得含燕麦 β-葡聚糖的番茄、桃和梨混合果蔬汁饮料。

22. 一种燕麦谷物早餐饮品及其制备方法（CN201110362459）

本发明属于早餐食品技术领域，具体涉及一种燕麦谷物早餐饮品及其制备方法。本发明的目的是提供一种营养均衡、味道淳厚的早餐饮品。本发明的燕麦谷物早餐饮品包括燕麦、小麦、花生、小米、芝麻、白砂糖、辅料和水；具体制备方法为先将燕麦、小麦和小米在烤箱中烤熟，粉碎成粉末；然后将花生和芝麻烤熟，研磨成酱料；再将粉末、酱料、白砂糖和辅料混合制成饮料浆；最后杀菌、消毒灌装制成。本发明饮品采用无菌灌装，有较长保质期，易携带，即开即饮，符合方便早餐、快捷早餐的特性；本发明饮品以纯谷物杂粮制作，不会增加动物源性食品的比例，有益于人们的健康。

23. 一种燕麦肽乳及其制备方法（CN201110296441）

本发明公开了一种燕麦肽乳及其制备方法。该燕麦肽乳包含燕麦肽液、鲜牛奶、蔗糖、乳化剂和稳定剂；其中，燕麦肽乳中的蛋白质含量为 2.5%～4%（质量分数，余同），蔗糖为燕麦肽乳的 5%～7%，乳化剂为燕麦肽乳的 0.02%～0.10%，稳定剂为燕麦肽乳的 0.04%～0.12%。本发明通过将燕麦于 100～125℃焙烤 10～30 min，加入水过胶体磨，得到燕麦浆液；向燕麦浆液中加入复合水解酶和碱性蛋白酶，酶解；当燕麦浆液的水解度达到 6%～12%时，终止酶解反应；离心分离得到的上清液为燕麦肽液；将燕麦肽液、鲜牛奶、蔗糖、乳化剂、稳定剂和水混合搅拌均匀，均质，罐装，灭菌，得到燕麦肽乳。本发明所述的制备方法简单，所提供的燕麦肽乳蛋白含量高，稳定，风味好。

24. 一种添加苦荞麦粉和莜麦粉的液态乳制品及其制备方法（CN201010574110）

本发明涉及乳制品加工领域，具体地为一种添加苦荞麦粉和莜麦粉的液态乳制品及其制备方法。本发明添加苦荞麦粉和莜麦粉的液态乳制品包含：牛奶 30～80 份、稳定剂 0.6～1.5 份，苦荞麦粉和莜麦粉 5～20 份；所述的稳定剂包括增稠剂和乳化剂；所述的苦荞麦粉与莜麦粉的添加比为 4∶1。本发明提供的含苦荞麦粉、莜麦粉液态奶产品，含有特定比例的牛奶、苦荞麦粉及莜麦粉，将牛奶和苦荞麦粉、莜麦粉的营养有效结合，并且消费者在饮用过程中可从中感受到特殊风味的存在，从而给消费者带来货真价实和愉悦的感觉。

25. 一种燕麦红曲啤酒及其酿造方法（CN201010183157）

本发明涉及一种燕麦红曲啤酒及其酿造方法，以大麦芽、燕麦麦芽、大米、焦香麦芽及酿造水为原料，经糊化、糖化、过滤、添加酒花、煮沸、冷却制得麦汁；在蒸煮后的燕麦中接种红曲霉制备燕麦红曲米，经粉碎后浸提制成燕麦红曲液，将上述麦汁和燕麦红曲液复配后接种酵母菌进行发酵，酿造成燕麦红曲啤酒。本发明酿造的燕麦红曲啤酒呈红褐色且泡沫洁白细腻，不但保持了传统啤酒的风味，而且含有燕麦和红曲霉代谢产物中的营养成分及功能因子，提高了啤酒的营养保健价值，使本啤酒成为集营养与保健于一身的新型啤酒，填补了国内燕麦红曲啤酒的研究和生产的空白。

26. 具有治疗高脂血症、高血糖症和改善肠胃道的低聚糖燕麦饮品（CN200910164086）

本发明提出一种可治疗高脂血症、高血糖症和改善肠胃道功能的低聚糖燕麦饮品及其三酶水解与微细化研磨制造方法。这种方法是将燕麦片经微细化研磨粉碎处理（平均粒径小于约 100 μm），使其溶解于水中形成燕麦浆，并加入 α-淀粉酶、β-淀粉酶和转移葡萄糖苷酶进行酶处理，从而得到富含功能性成分的燕麦饮品。它除完整保留了燕麦 β-葡聚糖，更含有高于一般燕麦产品的低聚异麦芽糖成分。使用前述制法可完整保留整粒燕麦营养成分，并省略过滤操作，有利于提高原料利用率，此步骤可避免燕麦浆在加工过程中发生产品酸败的可能性。对该低聚糖燕麦饮品进行人体试验评估生理功效，证实其可降低血液中总胆固醇、低密度脂蛋白胆固醇、甘油三酯和空腹血糖值。本发明的低聚糖燕麦饮品口感香醇顺滑与牛奶相似，并具有天然燕麦风味，不仅改变了传统燕麦的食用方式，也大大提高了燕麦加工产品的营养保健价值，并且具有预防与治疗高脂血症、高血糖症等生活习惯病和改善肠胃道功能的潜力。

27. 燕麦复合营养浓浆及其制备方法（CN200810071449）

燕麦复合营养浓浆及其制备方法涉及一种非酒精饮料。原料组成为燕麦、芝麻、黄豆、糙米、荞麦、小麦胚芽、白砂糖、液态原淀粉抗老化剂和复合磷酸盐。将燕麦、芝麻、黄豆、发芽糙米、荞麦和小麦胚芽烘烤；将烘烤过的燕麦、黄豆、发芽糙米和荞麦粉碎，加水调成糊得浆液 A；将烘烤过的芝麻和小麦胚芽研磨得芝麻小麦胚芽粉；将液态原淀粉抗老化剂与白砂糖混匀，加入热水得液态原淀粉抗老化剂溶液；将复合磷酸盐用水溶解得复合磷酸盐水溶液；将浆液 A 和芝麻小麦胚芽粉混合，加入液态原淀粉抗老化剂溶液和复合磷酸盐水溶液，煮浆得浆液

B；将白砂糖用热水溶成糖浆 C；将浆液 B 和糖浆 C 用水定容后得调配液，冷却，预热，脱气，均质，灭菌，充填，包装。

28. 燕麦干啤酒的制备方法（CN200410075008）

本发明公开了一种燕麦干啤酒的制备方法，主要技术特征是原料除麦芽、大米酒花外另加有燕麦。工艺过程包括将麦芽糖化和燕麦、大米粉糊化，将糖化醪液与糊化醪液混合，加糖化酶、普鲁兰酶，保温、升温、过滤后分次煮沸，添加酒花，经沉淀、麦汁冷却、发酵、储存、清酒过滤、包装，即制成燕麦干啤酒。本发明的原料使用不经发芽的燕麦，由于燕麦营养优于大米，所以燕麦干啤酒的营养和风味也更加丰富。同时，由于燕麦干啤酒具有 72%以上的高发酵酒精度，产品具有低糖的特点。

29. 一株适用于青贮燕麦的乳酸菌及其应用（CN201210450983）

加速燕麦青贮成熟和改善燕麦青贮品质的一株适用于燕麦青贮饲料发酵的植物乳杆菌及其应用。其特征在于：所述植物乳杆菌（*Lactobacillus plantarum* Ps-6）是从 100 株植物乳杆菌中筛选出来的，具有良好的耐酸性，是生长能力强、产酸速度快的乳酸菌；该菌菌株已于 2011 年 12 月 31 日保藏在中国微生物菌种保藏管理委员会普通微生物中心，保藏号为 CGMCC No.5685。本发明还公开了其应用方法。

30. 一种能生物降解天然雌激素的燕麦食酸菌菌株及其应用（CN201010119350）

本发明涉及一种能生物降解天然雌激素的燕麦食酸菌（*Acidovorax avenae* SS-1）菌株及其应用，其保藏编号为 CGMCC No.3633，能以天然雌激素作为唯一碳源生长，能够高效降解雌酮、17β-雌二醇和/或雌三醇，可以用于去除雌激素的微生物降解技术。SS-1 菌株能在 12 h 内将初始浓度为 1 mg/L 的雌酮降解 99%，在 24 h 内能分别将初始浓度为 1 mg/L 的 17β-雌二醇与雌三醇降解 99%。降解 17β-雌二醇的过程中有雌酮的生成，其雌酮也被逐渐降解。由于燕麦食酸菌 *Acidovorax avenae* SS-1 菌株具有有效降解环境中天然雌激素的特性，因此 SS-1 菌株可以应用于含雌激素废水、污水治理技术或土壤的修复技术中。

31. 添加燕麦膳食纤维的泡椒牛肉的加工方法（CN201210268271）

本发明涉及一种添加燕麦膳食纤维的泡椒牛肉的加工方法，以牛肉、泡椒、燕麦膳食纤维（粉碎粒度为 100 目）为主要原料，以食盐、白糖、味精、酵母抽提物、乳酸、乙酸为主配料，经原料验收、修整、注射、滚揉、煮制、冷却、分割、包装、杀菌而成。本发明由于采用注射滚揉法进行加工，将燕麦膳食纤维混入其中，改变了牛肉制品不含膳食纤维的特点，有效改善了泡椒牛肉的产品质构，达到动植物营养协调互补的效果，提高了泡椒牛肉的嫩度，而且出品率提高，降低了成本，有益于扩大消费人群，并有利于广泛推广。

32. 一种燕麦牛奶及其制备方法（CN201110459363）

本发明提供了一种燕麦牛奶及其制备方法。所述燕麦牛奶含有以下质量份的成分：燕麦酶解液 20～70 份、牛奶 30～80 份、稳定剂 0～0.5 份、白砂糖 0～3 份、聚葡萄糖 0～2 份、果葡糖浆 0～2 份、蜂蜜 0～1.5 份、麦芽糊精 0～1.5 份、低聚果糖 0～1 份、低聚半乳糖浆 0～1 份、小麦胚芽粉 0～1 份、食盐 0～0.5 份。本发明在牛奶中添加了营养、易吸收的燕麦酶解液，使燕麦与牛奶的双重营养达到完美结合，满足了现代消费者对生活的营养需求和心理需求。

33. 一种莜面蛋筒及其制备方法（CN201010568157）

本发明的莜面蛋筒中，所述乳化稳定剂为分子单甘酯、黄原胶和刺槐豆胶，基于 100 质量份的原料，所述乳化稳定剂包括分子单甘酯 0.1～0.3 份、黄原胶 0.04～0.06 份和刺槐豆胶 0.04～0.08 份；优选地，基于 100 质量份的原料，所述乳化稳定剂包括分子单甘酯 0.2 份、黄原胶 0.05 份和刺槐豆胶 0.08 份。本发明由于添加了莜面，保证了莜面的营养，在不影响蛋筒成型的情况下丰富了产品种类，填补了市场空白。

34. 一种香菇柄甘薯渣燕麦酥的制作方法（CN201310248424）

本发明涉及一种香菇柄甘薯渣燕麦酥的制作方法，用水漂洗甘薯渣，滤网过滤沥干，香菇柄清洗、烘干并粉碎，取燕麦片、细砂糖、红糖、椰蓉，加低筋面粉、甘薯渣、香菇柄和小苏打，充分混合后加入玉米糖浆和黄油中拌匀，成为较干的面糊，小块面糊捏成球形，压扁，烘烤，冷却得香菇柄甘薯渣燕麦酥。本发明用膳食纤维含量高的甘薯渣和香菇柄作为原料，甘薯渣和香菇柄再利用，减少环境污染，具有经济效益；产品总膳食纤维和可溶性膳食纤维高；在保持原有燕麦酥色、香、味的基础上，增加了维生素、烟酸、叶酸、蛋白质、矿质元素等，可作为减肥和调节血糖、血压、血清胆固醇的食品；成型效果好，食用安全，工艺简单，连续性好，操作费用低，产生废料少，不污染环境。

35. 一种富含 β-葡聚糖的燕麦制品的制备方法（CN200910040354）

本发明公开了一种富含 β-葡聚糖的燕麦制品的制备方法，该方法以燕麦麸为原料，加水混匀，碱性条件下加热，进行碱溶破壁，然后将形成的燕麦糊挤压脱水、干燥，将干燥后的燕麦麸采用分步碾磨、筛分，对燕麦麸皮进行再加工后即得富含 β-葡聚糖的燕麦制品；该制备方法工艺简单、易操作、成本低，制得的产品黏度高、麸皮中 β-葡聚糖含量高，适宜应用在烘焙食品中。

36. 制备膳食纤维食品用大麦麦麸或燕麦麦麸的制法及用途（CN200710055842）

本发明的制备方法使大麦或燕麦中的可溶性膳食纤维特别是β-葡聚糖得到最大限度地释放，使其溶解在水中的含量由4%～5%提高到6%～9%，产品中大麦和燕麦总膳食纤维含量高达25%以上。此产品口感好，不仅改善了麦麸纤维粗涩的口感，而且提高了大麦或燕麦纤维的保健功效，大幅度提高了大麦或燕麦加工产品的档次和质量，促进传统食品生产的提升和改造。本发明制备的大麦或燕麦麦麸能直接、有效、安全、方便地补充人们饮食中非常缺乏的膳食纤维，使人们的血管和肠道清洁健康，有益于改善下列慢性病及纤维素缺乏症，如糖尿病、高血脂、高胆固醇、肥胖症、功能性便秘、脂肪肝、冠心病等。

37. 一种利用酶膜反应器制备燕麦抗氧化肽的方法（CN201110112515）

本发明公开了一种制备燕麦抗氧化肽的方法。通过考察不同蛋白酶酶解燕麦麸蛋白所得产物的抗氧化活性和产物得率，确定Alcalase酶作为制备用酶；并通过考察Alcalase酶对燕麦麸蛋白的酶解速度，可知Alcalase酶解燕麦麸蛋白速度的降低主要是由底物消耗和酶活损失共同造成的。同时，通过研究酶膜反应器系统对酶活的影响，可知酶膜反应器系统对Alcalase酶具有很好的保留效果，其中蠕动泵运转过程对酶造成的破坏和超滤膜对酶的吸附是导致Alcalase酶酶活损失的主要原因。通过利用Design-Expert 6.0.5设计四因素三水平的响应面分析试验，求得酶膜反应器制备燕麦抗氧化肽的最佳工艺条件为：底物浓度3%，加酶量3.2%，料液流量45 L/h，操作压力0.07 MPa，温度55℃，pH 7.3。经过验证，在该条件下产物的DPPH清除率可达57.39%。

38. 一种燕麦β-葡聚糖的制备方法（CN201110052851）

本发明以燕麦麸为原料，经低温浸提、高温浸提、果胶酶与淀粉酶处理、一次醇析、真空干燥、二次醇析、真空干燥得到燕麦β-葡聚糖。本发明所得产品纯度可达67.1%，得率为4.2%，蛋白质含量1.7%。其主要优点在于提取纯化工艺简单，其特色之处主要表现为工艺中独有的低温浸提步骤和果胶酶处理过程。低温浸提去除了原料中大部分淀粉，使后续工艺能够更好进行。果胶酶的使用让工艺摒弃了传统的去除蛋白质步骤，巧妙地在去除果胶的同时离心除去蛋白质等杂质。最后工艺采用二次醇析进一步纯化，得到了溶解性好、性质稳定的产品，这对大规模生产和开发利用都具有重要意义。

39. 一种燕麦提取物及其制备方法与应用（CN201010130697）

本发明公开了一种燕麦提取物及其制备方法与应用。该制备方法包括如下步骤：①用蛋白酶对燕麦麸皮进行酶解，将得到产物即蛋白酶酶解产物；②用淀粉酶对所述蛋白酶酶解产物进行酶解，将得到的产物离心，取上清液，即得到燕麦提取物。本发明提供的制备燕麦提取物的方法，不需要有机试剂，提取分离方法简便。本发明的燕麦提取物具有即时紧致肌肤的效果，可以使皮肤产生瞬时紧绷感，并对成膜、保湿、光滑肌肤及延缓衰老有协同作用，可作为延缓衰老、保湿、紧致肌肤类添加剂。在制备化妆品领域中，尤其是制备延缓衰老、保湿、紧致肌肤系列的化妆品，具有广阔应用前景。

40. 一种从燕麦中提取 β-葡聚糖、淀粉、蛋白质和油脂的方法（CN200910092831）

本发明公开了一种从燕麦中提取 β-葡聚糖、淀粉、蛋白质和油脂的方法。该方法包括如下步骤：①用油脂萃取溶剂对待提取燕麦进行萃取，分别收集溶剂相和固相，收集溶剂相即得到油脂，收集固相即得到脱脂燕麦；②浸泡脱脂燕麦；③将步骤②中浸泡过的脱脂燕麦破碎成浆，过 150～200 目筛，分别收集筛下物和筛上物，收集筛下物即得到淀粉；④提取所述筛上物，收集上清液，即为提取溶液；⑤将所述提取溶液进行等电点沉淀，收集沉淀，得到蛋白质，收集上清液，得到 β-葡聚糖。本发明方法可同时得到 β-葡聚糖、淀粉、蛋白质和油脂，为燕麦高附加值转化提供了可能，实现了副产品（淀粉、蛋白质及油脂）的充分利用，减少了资源浪费。

41. 共生燕麦冰淇淋及其制备方法（CN201110346090）

本发明的共生燕麦冰淇淋及其制备方法属于功能保健食品领域。共生燕麦冰淇淋的主要成分有燕麦酸奶基料 20%～60%、玉米淀粉糖浆 10%～30%、基础混合物 5%～35%、植物油 5%～20%、卵磷脂 0.5%～2.0%和香草香料 0.3%～0.6%，余量为水；所述的燕麦酸奶基料成分为全麦燕麦粉、大豆分离蛋白、糖、菊粉和果胶。制备方法有燕麦酸奶基料的制备和冰淇淋的制备两个过程。本发明产品具有高营养价值，能够降低血液中的胆固醇、甘油三酯等的含量；此外，产品中含有益生菌、膳食纤维和低聚果糖等，可促进肠道消化系统健康。本发明为燕麦的相关产品提供了一种相对简单的加工方式，加工方法易于操作，并节省能源。

42. 一种亚麻燕麦冷饮的生产方法（CN201110117930）

一种亚麻燕麦冷饮的生产方法，属于食品加工技术领域。具体涉及以亚麻燕麦浆为主要原料，再配以白糖、奶粉、食品添加剂，经过倒模冷冻包装加工后得到亚麻燕麦冷饮。亚麻燕麦浆是亚麻籽和燕麦经淘洗除杂、熬煮、高压均质加工工序得到的产品。本发明的目的是充分发挥燕麦及亚麻（胡麻）的营养价值，将两者有机的结合，提供一种即食简便的燕麦、亚麻籽营养食品，解决了燕麦、亚麻食用方法单一的问题，在充分保持燕麦、亚麻籽营养成分的同时丰富了燕麦、亚麻籽食用方法。

43. 一种燕麦酱的制备方法（CN201010102463）

本发明涉及食品加工领域，具体为一种燕麦酱的制备方法，解决现有将燕麦加工成食品的量很小、应用范围窄、口味单一等问题。制备方法包括：①在由燕麦和大米制成的制曲原料中接入复合菌种，翻拌均匀，保持室温培养，待孢子大量繁殖、外观成块、内部松散时即可作为种曲；将制曲原料装入发酵通风曲池，接入种曲进行发酵，得到燕麦曲。②将燕麦曲、豆类、燕麦、大米混合均匀，倒入发酵池内，并加入食盐水，发酵，二次加入食盐水，充分搅拌，再次发酵即得燕麦酱。燕麦酱颜色鲜艳、有光泽，具有独特的酱香，味道鲜美，甜咸适口；燕麦含量高，长期食用可以调节血压；与豆类搭配合理，营养科学，适合长期食用，是一种方便、有效而且安全的保健食品。

附件 3　有关莜麦的专利

在中华人民共和国国家知识产权局网站上，按发明名称为“莜”进行搜索，共搜索到 163 条专利数据，2000～2019 年涉及莜麦加工的授权专利有 50 多个。主要集中在主食食品、休闲食品、植物蛋白饮料、药品、功能食品、化妆品等方面，主要信息见附表 3.1。

附表 3.1　莜麦专利情况

序号	申请号	专利名称	申请日期	法律状态	申请人
1	CN201610141665	一种无糖莜麦膳食纤维咀嚼片的制作方法	2016.03.11	授权公告	江苏洋河酒厂股份有限公司
2	CN201510301656	一种莜麦面油条及其制作方法	2015.06.05	授权公告	合肥工业大学
3	CN201410826004	一种全谷物莜麦面筋及其制备方法	2014.12.27	授权公告	湖南省玉峰食品实业有限公司
4	CN201410259810	纯莜面泡食面	2014.06.12	授权公告	河北绿坝粮油集团有限公司
5	CN201410076522	一种高发芽率青稞莜麦复合饮料及其制作方法	2014.03.04	授权公告	湖北百点实业有限公司
6	CN201410056570	一种红枣莜麦复合酒的酿造方法	2014.02.20	授权公告	陕西师范大学
7	CN201010574110	一种添加苦荞麦粉和莜麦粉的液态乳制品及其制备方法	2010.11.30	授权公告	内蒙古伊利实业集团股份有限公司
8	CN201010568157	一种莜面蛋筒及其制备方法	2010.11.26	授权公告	内蒙古伊利实业集团股份有限公司
9	CN200810011630	含有荞麦粉、莜麦粉的低 GI 面皮和包馅糕点及制备方法	2008.05.30	授权公告	大连寿童食品有限公司
10	CN02124655	速溶莜麦粉饮料的加工方法	2002.06.21	授权公告	山西大学

摘要收录：

1. 紫薯莜麦保健酒催陈的方法（CN201811085507）

本发明属于酒类催陈技术领域，特别是指一种紫薯莜麦保健酒催陈的方法。

将发酵获得的紫薯莜麦保健酒进行超声陈化，超声功率为 80～200 W，超声温度为 20～30℃，超声时长为 20～60 min，超声次数为至少一次。本发明解决了现有技术存在的已有催陈技术应用于紫薯莜麦酒对花色苷和 β-葡聚糖的损失较大、不适用于紫薯莜麦酒的催陈等问题，具有可促进酒体老熟、去杂、增香，使酒体柔和老熟、成分平衡协调与稳定，提高酒质，可以缩短酒的陈酿，加速酒老熟，对花色苷破坏少，可提升紫薯莜麦酒内 β-葡聚糖的含量等优点。

2. 一种莜面擀面皮及其制备方法（CN201810630221）

本发明公开了一种莜面擀面皮及其制备方法，包括以下制备步骤：①取小麦面粉，加水和面，得面团；向面团中加水进行洗面，得面筋和面浆液；②对面浆液进行沉淀，去掉面浆液表面的水，得淀粉；③向淀粉中加入莜麦面粉，搅拌均匀，发酵，熟制，得熟制物；④对熟制物进行成型，包装，灭菌，即得莜面擀面皮。该莜面擀面皮在维持擀面皮原本特色的同时，加入了莜面，增加了擀面皮的保健功能及改善了外形的美观程度，莜面擀面皮的口感较硬，韧度高，有筋性，可满足不同消费者的需求；该莜面擀面皮老少皆宜，营养全面，是一款不可多得的小吃；其制备方法简单，成本低，适用于企业规模化生产。

3. 一种营养莜面圪姥姥及其制备方法（CN201810492761）

本发明属于食品技术领域，具体涉及一种营养莜面圪姥姥及其制备方法。以莜面粉、糯米粉、小麦精粉、山泉水、黑柴胡微粉、黄瓜干微粉为原料；将上述质量份的莜面粉、糯米粉、小麦精粉依次放入和面机，搅拌均匀；将上述质量份的黑柴胡微粉、黄瓜干微粉放入配料罐，搅拌均匀，再加入山泉水，搅拌均匀，制得多种微粉水；将多种微粉水也加入到和面机中，进行和面；将和好的面置于揉面机内揉面，通过加工制成营养莜面圪姥姥。本发明具有非常丰富的营养价值、口感好等优点，深受人们的喜爱。

4. 一种发芽莜麦粉面包及其制作方法（CN201810137948）

本发明提供了一种发芽莜麦粉面包，属于面包制作技术领域，由以下原料制备而成：面粉料、牛奶、酵母料、白砂糖、氯化钠、第一蛋液、第二蛋液、水苏糖和黄油；所述面粉料包括发芽莜麦面粉和高筋面粉。本发明提供的发芽莜麦粉面包在不添加花生衣粉、洋葱粉和香葱粉的条件下，依然能够提高面包的抗氧化效果和抗老化效果。

5. 改进的紫薯莜麦保健酒的制备方法（CN201810032815）

本发明属于酿酒技术领域，特别是指一种改进的紫薯莜麦保健酒的制备方法，包括原料的处理、发酵、陈酿等工艺步骤。本发明解决了现有技术中存在的酒入口及回味略带苦涩、协调度有待进一步提高等问题，具有产品色泽呈现透亮的紫红色，香气悦人，口感协调醇厚，铅、甲醛、沙门氏菌和金黄色葡萄球菌等技术指标符合国标相关要求等优点。

附件 4　燕麦国外专利

通过欧洲专利局专利网站 http://ep.espacenet.com/网站和美国专利网站 http://www.uspto.gov/网站查询，并摘录部分代表性专利，分别见附表 4.1 和附表 4.2。

附表 4.1　国外燕麦专利概况（美国除外）

序号	中文题目	英文题目	公开号	申请日期
1	燕麦基和发酵燕麦基产品黏度的增强	Enhanced viscosity oat base and fermented oat base product	AU2017244728（A1）	2017.03.30
2	由含有 30%～65%的麦芽的燕麦制成的啤酒	Beer made from malt, consisting of 30 to 65% of oat malt	CZ31972（U1）	2018.03.22
3	基于燕麦的产品和制造工艺	Oat-based product and process of manufacture.	MX2018006539（A）	2016.12.02
4	可溶性全谷物燕麦粉制作的产品	Food products prepared with soluble whole grain oat flour	AU2018202011（A1）	2018.03.21
5	含燕麦的米糕的制作方法	Manufacturing method of rice cake containing oat	KR101849733（B1）；KR20170130746（A）	2016.05.19
6	燕麦零食的制作方法	Method of manufacturing oat snack	KR20170085387（A）	2016.01.14
7	富含燕麦生物碱的燕麦产品	Avenanthramide-enriched oat product.	MX2016015114（A）	2015.05.21
8	燕麦饮料和燕麦饮料的生产方法	The manufacturing method of oat drink and oat drink by the same	KR101763587（B1）；KR20170015950（A）	2017.01.31
9	用燕麦条做的韩国年糕	A korean rice cake with oat groats（tteokbokki tteok and garae tteok）	KR20160090100（A）	2015.01.21
10	功能性燕麦饼干	Functional purpose oat cookie	RU2561474（C1）	2014.05.14
11	含有燕麦谷粒和牛肉的果酱产品的制备方法	Method for production of preserves “shchi with oat groats and calamaries”	RU2558135（C1）	2014.09.22
12	以大豆为馅料的燕麦-大豆饼	Oat-soy cake with soy culture-lyophilized filling	CZ28404（U1）	2015.05.19
13	一种制备含燕麦乳制品的方法	Method of preparing an oat -containing dairy beverage.	MX2014000568（A）；MX358952（B）	2012.07.12
14	植物燕麦冰淇淋的制作方法	Method for making a vegetable-oat ice cream	UA104348（C2）	2012.06.20
15	燕麦乳制作方法	Method for making milk-oat drink	UA79978（C2）	2005.02.14

续表

序号	中文题目	英文题目	公开号	申请日期
16	燕麦蛋白复合防晒霜及其使用方法	Oat protein complex sunblock and method of use	US6368579（B1）	2001.08.02
17	制备燕麦凝胶的方法	Method of preparing oat gel	RU2204265（C2）	2000.09.14

附表 4.2　美国专利情况

序号	中文题目	英文题目	专利号	公开日期
1	燕麦乳饮料的制法	Method of preparing an oat-containing dairy beverage	10,092,016	2018.10.9
2	用可溶性全麦燕麦粉制备的食品	Food products prepared with soluble whole grain oat flour	9,510,614	2017.04.18
3	分离燕麦的方法，由此获得的产物及其用途	Method for fractionating oat, products thus obtained, and use thereof	9,433,236	2016.12.13
4	燕麦植物具有增加的 β-葡聚糖水平	Oat plants having increased β-glucan levels	9,414,558	2016.08.16
5	生产还原麸质燕麦混合物的方法和系统	Method and system for producing reduced gluten oat mixture	9,364,866	2016.06.14
6	制备燕麦蛋白和纤维产品的方法	Method of preparing an oat protein and fiber product	9,241,505	2016.01.26
7	燕麦提取物：精制，组合物和使用方法	Oat extracts： refining, compositions and methods of use	8,815,268	2014.08.26
8	制备富含 β-葡聚糖的燕麦麸和由其制备的燕麦产品的方法	Methods for preparing oat bran enriched in β-glucan and oat products prepared therefrom	8,784,927	2014.07.22
9	即食燕麦食品	Ready-to-eat oat-based food product	8,778,441	2014.07.15

索　　引